唤醒

从人类、后人类到超人

From humans
Descendants
superman

刘广迎 —— 著

新华出版社

图书在版编目（CIP）数据

唤醒：从人类、后人类到超人 / 刘广迎著 . -- 北京：
新华出版社，2023.11
ISBN 978-7-5166-7177-1

Ⅰ．①唤…　Ⅱ．①刘…　Ⅲ．①未来学—通俗读物
Ⅳ．① G303-49

中国国家版本馆 CIP 数据核字（2023）第 223100 号

唤醒：从人类、后人类到超人

作　　者：刘广迎

出 版 人：匡乐成　　　　　　　　　出版统筹：许　新
责任编辑：林郁郁　　　　　　　　　封面设计：华兴嘉誉

出版发行：新华出版社
地　　址：北京石景山区京原路 8 号　　邮　　编：100040
网　　址：http://www.xinhuapub.com
经　　销：新华书店、新华出版社天猫旗舰店、京东旗舰店及各大网店
购书热线：010-63077122　　　　中国新闻书店购书热线：010-63072012

照　　排：华兴嘉誉
印　　刷：三河市君旺印务有限公司

成品尺寸：170mm×240mm
印　　张：24　　　　　　　　　　　字　　数：297 千字
版　　次：2024 年 1 月第一版　　　　印　　次：2024 年 1 月第一次印刷

书　　号：ISBN978-7-5166-7177-1
定　　价：78.00 元

图书如有印装问题请与出版社联系调换：010-63073969

卷 首 语

　　未来不在过去的延长线上。人类的故事必定演变为超越人类的故事，我们必将与不同的历史叙事不期而遇。

　　在《唤醒》中，开启《撞见未来》之旅，《重塑：智能时代的未来图景》，走向海洋，走向深空，走向后人类纪，走向超人纪。在这个过程中，重新定义人以及生而为人的意义。

说 明

必须先说明一下，这本书原本称作《星际时代》，写到一多半的时候，才决定改名为《唤醒》。

为什么要叫《唤醒》呢？人类即将进入一个崭新的历史时期，以后还会迈向更新与更新更新的历史时期。一个时代是新的，一部分人就会成为旧人。即将到来的这场前所未有的巨变，将让老年、中年、青少年，几乎所有年龄段的人都成了旧人类。这会带来什么问题呢？过去，旧人类烧死了一个布鲁诺；未来，旧人类很可能会毁灭人类，甚至是整个地球。

一切都源于科技革命。科技的发展即将到达一个转折点，拐过弯去，人类便进入一片神秘莫测的玄妙之地。在这里，人类经过数万年积累的生活经验、形成的思维方式、建立的思想观念与丰富的情绪体验大多变得不合时宜。想想看，假如元谋人穿越到现在，他们会怎样呢？他们大概不会感到新鲜、不会感到神奇，而会深感恐惧，恨不得马上逃回到他们熟悉的世界。也就是说，过了这个转折点，旧人类会恐惧，当然他们不会也不能逃回到过去，但他们会恐惧到千方百计地阻止这个转折点的到来，甚至不惜毁掉这个"玄妙之地"，并因此导致地球文明的灾难。更可怕的是，他们提出的理由会让大多数人深以为然，并坚定地付诸行动。反动将被公认为"正确"。

科技一直在进步，即将到来的这次科技革命有何不同呢？至少有两大不同，一个是改变了人的劳动价值，一个是改变了时间对人的价值。AI 可以用极高的效率与极低的成本来代替一般人类劳动，从而让大多数人类劳动变成毫无价值的消耗活动。从此，劳动不再是人类的必需。不是说劳动最伟大最光荣吗？不用劳动了、不能劳动了，那人活着的意义又是什么呢？不是说，劳动创造了人吗？不劳动了，人会不会退化为一般动物？工业科技加上生物科技，将使人的寿命持续大幅度延长，一方面是劳动没有了价值，一方面是时间越来越多，那么，用这些时间干什么呢？过去是"一寸光阴一寸金"，未来是光阴与金都闹心。人类首次进入了吃不愁、穿不愁，为找意义愁白头的时代。简而言之，人类即将进入活着不是问题，为什么活着成为问题的时代。物质丰富了，意义就短缺了；可以不干事了，就生出许多心事了。

　　这就需要进行价值更替与意义升级，而且已经到了关键时期。如果不能完成这个更替与升级，仍然只专注于科技创新，那么人类的"法力"就掌控不了科技的威力，让科技成为不祥之物。过去，我们常说，科技进步是不可逆转的，历史的长河是滚滚向前的；现在与未来的情况将完全不同，由于科技的赋能，几个甚至一个神经病就可能毁掉整个世界。在找不到新的价值与意义之前，科技在推动生产力快速发展的同时，也在加快制造抑郁症与神经病。

　　真正卡住人类咽喉的不是什么高科技、黑科技，而是我们自身，最主要的是思想观念与思维方式。财富无法赋予我们人生意义，科技不能保障我们生活幸福，军事更不能保证我们的生命安全。我们渴望幸福、需要安全、爱好和平，可为什么总是适得其反？原因就在我们自身，一个是基因，一个是思想。我们的基因逻辑与思想观念，都是在资源紧缺的条件下产生的，已经完全不能适应生产力高度发达、物质充分涌流的历史新阶段。

那么，价值如何更替、意义又怎样升级呢？

那个神秘莫测的玄妙之地，无人曾经到达，没人知晓情况，又怎能知道价值如何确立、意义又在何处呢？办法总是会有的，其中一个办法就是构思。通俗地说，就是创作故事。

历史是故事塑造的历史，故事是历史构成的故事。所谓的价值与意义都是人类创作的故事。近代百余年来，人类历史主要上演着三大故事：自由主义的故事、社会主义的故事、法西斯主义的故事。大约是在 1939 年，三个故事登上历史舞台，法西斯主义一度成为最能激发人们热情的故事。到了 1969 年，法西斯主义的故事落下帷幕，只剩下自由主义与社会主义的故事。到了 1999 年，社会主义的故事听众减少，自由主义的故事信众大增。进入 21 世纪之后，中国特色社会主义的故事又传播开来。那么，到 2029 年以后，世界又会上演什么样的故事呢？在更遥远的未来，世界肯定需要新的故事，那一定是"三大故事"之外的故事。

"三大故事"有一个共同点，就是都强调对立斗争。自由主义搞价值对立，社会主义搞阶级对立，法西斯主义搞种族对立。未来的故事或许是摆脱对立斗争的故事。虽然我们无法知道这个故事的具体内容，但我们可以构思一种"应有状态"，比如：如果世界是这个样子，我会很喜欢！如果与这样的人相处，那该多舒服！如果大家都如此想这么做，人间该是多么美好！如果我能具备这样的素质能力，那该多棒！这种"应有状态"与现实状况之间的差距，就构成了若干问题。有了问题，才可能在解决问题的过程中找到具体方法。

我们不太可能预测到未来一定会怎么样，但我们可以构思一个理想的未来，然后去探索与修建通往这个美好未来的道路。科技只能提供通往未来道路的材料与技术，我们需要用人文精神对未来做出概念设计，然后利用各种技术使得各种材料成为美丽新世界的组成部分。

未来一定会怎样？你怎么想也是白想。清楚地知道自己希望未来是什么样子，就有了努力的方向。未来会怎样，取决于我们从当下到未来之间每一个瞬间的想法与行动，它是所有人所有瞬间行为集成之后的结果。

我们需要琢磨能不能，更要好好想一想好不好、美不美和要不要。预测未来的最佳方式就是去构思一个美好的未来，然后去追求它创造它实现它。

最后，还得说一说什么是旧人类。旧人类是长期被劳动异化的"囚徒人"，只要不"在狱中"就无所适从。他们是用老眼光看待新时代、用老思维研究新事物、用老方法解决新问题的人。这与年龄、经验、职业、职位等没有多少关系。那些一看到出生率下降，就想办法逼迫年轻人多生孩子的人；那些感觉 AI 可能替代人类劳动，就为人们可能失去工作而恐惧不安的人；那些极力排斥基因等生物技术的人等都属于旧人类。他们的共同点是拿老观念来分析新事物，用老经验去解决新问题。他们根本不是解决问题，而是扼杀问题。他们似乎解决了问题，其实阻止了发展抑制了进步。

我们不只需要科技创新，还要改变一些看法，然后去创新制度与文化。比如，改变对劳动的看法、对人生的看法、对社会的看法、对世界的看法。不改变看法，就不会有走向美好未来的办法。

前言

庄子最拿手的事，是善于改变看法。不随波逐流，因而可以逍遥游。

我对庄子，过去喜欢他的不争，如今喜欢他的逍遥。庄子在《逍遥游》里，讲了这样一个故事，说在北方有一条名字叫鲲的大鱼，想飞到南方去，后来就变成了大鸟，叫作鹏。鹏起飞时，激起了三千里的波涛，一下子跃升到万里的高空，开启了自己的逍遥游。一只小鸟看了，很不屑。它说，我在草丛间一跳一跃，日子过得很好，干吗要那么折腾呢？

庄子是什么意思？或许可以有这么几种理解。

梦想是可以有的，也是可能实现的。鲲渴望换一个地方，到另外的世界过不同生活，于是就有了飞翔的梦想。或许经过了上万年的试飞、上万次的失败、上万年的坚持，才终于变成了扶摇直上万米高空的大鹏。有梦想不一定能够变成现实，没有梦想一定不能改变现实。人类自古就有飞的梦想，如今能飞到月球，很快就要飞到火星，未来还会飞到今天我们想象不到的地方。

无知与偏见普遍存在。小鸟无法理解大鹏，因为它不知道还有外面的世界。小鸟生活的圈子很小，圈子决定了认知，认知拘禁了想象力。不同圈子之间，很难相互沟通、相互理解。无知与偏见是普遍存在的，也不可能完全消除，但认识到自己无知，便是智慧，就可以逍遥。我们人类大部分的焦虑与冲突，都源于无知与偏见。我们相互局限、自我局限，然后抱怨不自由，再用生命去争自由；又把争自由搞得特别伟大，却越争越不自由。

自由与逍遥并不完全相同。西方文化一直强调自由，中国传统文化却在说逍遥。现在，我们也在讲自由，而把逍遥看作一种消极的东西，也把庄子的哲学当作一种出世的东西。当我们理解了鲲的梦想、坚持与扶摇直上，便可以知道庄子讲的并不是逃避与出世，而正是现实世界的大逍遥。逍遥与自由的区别在于，自由更多强调向外抗争，争自由就像从监狱里逃出来或放出来似的；逍遥更多强调内慧，是对无知与偏见的降解与突破，也就是从自己的"监狱"里走出来。自己的"监狱"是怎么形成的，是自己学习来的。我们的所见所闻所学，都有可能是构成"监狱"的材料。没有独立思考的学习，都是给自己造"井"，结果都是在自己的积极努力下终于成为井底之蛙。

对生命的尊重。小鸟过着"老婆孩子热炕头"的小日子，蝉一辈子都在树枝上飙"海豚音"，它们都没有什么伟大梦想，却也有快乐的生活。鲲可以由大鱼变大鸟，可以由海洋到天空，将伟大的梦想变成神奇现实，也活得十分快意。蝉、小鸟与大鹏，各有各的生活、各有各的存在价值，它们应该相互欣赏，而不应该相互嘲笑，更不能强迫别人接受自己的生活。相互欣赏，便可各自逍遥。

庄子讲了很多故事，但他从来不用"要""必须""应该"之类的词语。庄子清楚自己的有限、人的有限、万物的有限，同时又清楚生命的无限、万物的无限、宇宙的无限。他希望能够唤醒众生，也知道唤醒是困难的。唤醒是庄子的梦想，至于能不能唤醒，他不去纠结，所以逍遥。最好的坚持、最佳的坚韧、最美的入世，便是逍遥。

韩国人拍了一部影视剧，叫《鱿鱼游戏》，讲的是在残酷的生死游戏里，人性的表现与演变，生动而残忍地揭示出人在规则面前的无奈与挣扎。这个故事正是对现实社会的投射与浓缩，我们都无意识地接受了某些游戏规则，成为被动的参与者，却很难自知。我们把接受游戏规则的过程，视为成长与成熟；我们把游戏中的胜出者，当作成功者，并渴望与努力使自己成为那样的人。我们可能一辈子都不知道，其实还有另外的天地与不同的游戏。

一般来说，我们会认为好学是好品质好习惯。其实未必。学的东西多了，可能成为你进步的阶梯，也可能成为遮蔽你的"天井"。小孩子什么都好奇，什么都敢尝试，是因为学得少，自我局限少。贾宝玉拒绝长大，是怕自己走到"天井"出不来了。孔子强调的每日"三省"，不是天天检讨自己有什么毛病，而是天天去拆"天井"。自省主要是唤醒，使自己不被已知的固有的理论、观念、知识、习惯等固化为行走的机器人。

我们如今特别相信科学，但科学的主要使命是证明自己的不科学。科学革命就是向已知、常识挑战，开拓新的已知，发展新的常识。创新遵循"三段论"：不可能，了不起，极平常。

今天的司空见惯，多是昨天的绝不可能；今天的不可能，多是明天的平淡无奇。尽管未来充满不确定性，但依此原则来展望未来，基本靠谱。预测未来的真正难点，是我们想不到还有哪些不可能。

过去是神话昭示着人类前进的方向，如今有科幻引导着人类发展的航向。科幻相当于梦想，神话相当于幻想。科幻太过局限于已知，太过拘泥于物理定律。物理定律既是用来应用的，也是用来打破的，并非不可改变的。所以，只有科幻是不够的，我们还需要新神话。

人类的结局是什么？是成为神，继而更神，也就是越来越神。人类把神话全部变现了，那就是神了。人类想象的神就是未来的自己，人类想象的仙境就是未来的人间；人类想象的魔鬼就是需要避免的自己，人类想象的地狱就是需要避免的人间。今天的人对于原始社会的人来说，个个都是神，也有点像鬼。我们不觉得自己是神或是鬼，因为我们对神与鬼的想象也是与时俱进的。因为与时俱进，我们越来越神，又觉得离神还很远，也让我们对于可能成为鬼有了更多的担忧。

是什么决定了一个个体、一个组织、一个民族不同的现状与未来？是神话、梦想与理想。神话是长期愿景、概念设计，梦想是规划纲要、行动方向，理想是主要目标与内在动力。

不是贫穷限制了想象力，而是想象力不足导致了贫穷。从历史尺度来看，一个组织、一个民族的核心竞争力就是想象力。教育的主要任务是激发人的想象力。没有神话的民族，不创造新神话的民族，是不可能引领未来的。他们的命运就是做别人的背景，成为别人自尊心与自豪感的无形"地毯"。没有丰富的想象力，所谓脚踏实地就是踏踏实实地做成了"地毯"。然后，就是"地毯"与"地毯"争夺被别人踏在脚下的机会，并因获得了这样的机会而生出阿Q那样的自豪感。

不论天气如何变化，我们都可以心中自带阳光；无论生活有何遭遇，我们都可以怀揣童话；正因为人生充满险阻，我们更需要拥抱神话、热爱童话。

我不懂科学，特喜欢神话。可惜经年累月的按部就班、循规蹈矩让我丢掉了想象力。因此特别渴望重新踏上寻找想象力的道路。我打算用两种方法开启这趟旅程，一种是依据现有的不可能，去想象可能的情景；一种是尽可能地幻想未来的神到底有多神，以及诸神创造的情景。

这趟旅程主要有三个"景点"，一个是智能时代，这是以可能性为主题的理想之旅；一个是生化时代，这是以似乎可能为主题的梦想之旅；一个是星际时代，这是以想象更多"不可能"为主题的幻想之旅。

迄今为止，人类历史可以说是一部关于光的历史。进入智能时代后，人类将拉开关于"黑"的历史序幕，并在星际时代唱响"黑"的主题。因为黑洞、暗物质、暗能量才是宇宙的主体，而在这些"黑"之外，还有左右"黑"的"黑"。"黑之黑"才是人类光明的未来。

没有脱离想象力的科学，也没有脱离现实的艺术。科学界有这样一句话："思索，更多地思索，这就是宇宙学。"未来就是宇宙全部秘密的澄明。如果宇宙是无限的，未来的可能性也是无限的。

丢掉现实，放纵幻想，也是一种逍遥，也是一种快乐，也是一种活法。忘记人性，向往神性，神游宇宙，醉于虚幻，不是神仙，胜似神仙。

总 论

　　人是一种特有趣的动物，没有目的与动机就活不下去；同样是活着，目的与动机又各有不同，还相互打架。人做事必有目的与动力。主要的目的可分为两类，一类是生存与延续，一类是意义与价值。基本的动力类型就是两种，一种是推动力，另一种是牵引力。生存与延续的压力形成推动力，对意义与价值的追求形成牵引力。

　　"一"生万物。人类的元目的、元动力就是生存与延续，其他的目的与动力都是由此发展而来的。由生存与延续发展出过更好的生活，以及过有意义的生活。更好的生活是比较而来的，都想比别人更好，这就有了竞争与斗争，催生持续的推动力。更好的生活是没有止境的，可以憧憬与幻想，这就有了创新、创造与奋斗，带来强大的牵引力。有意义的生活，是区别出来的。只有一种意义，就谈不上意义。人们追求不同的意义，就有了多种多样的牵引力。

　　进入工业时代以后，人类从整体上解决了生存与延续问题，开启了以更好生活为主题的"奥运会"。这个"奥运会"的规模正在扩大，竞争愈演愈烈，其中两个项目是焦点，一个是"马拉松"，一个是"百米大战"。前一个是科学竞赛，后一个是技术竞赛。科学的"马拉松"，比的是谁最先突破认知；技术的"百米大战"，比的是谁最先将科学认知转化为现实生产力。这场没有闭幕式的"奥运会"，将持续改变人类的命运，也将让宇宙变得更为精彩，或许最终将改变宇宙的命运。

人们除了有对更好生活的追求，还有对人生价值与意义的追问，这可是大事件。没有这种追求与追问，就没有人类的今天，也谈不上未来。有了这种追求与追问，就让人类的未来有了无限可能。比如像牛顿、爱因斯坦等大科学家，以及一些宇航员，大多是由精神追求驱动的。对人类做出开创性贡献的，基本上都是他们这类人。

这场宏大的"奥运会"，将个体竞争转化为民族、国家竞争，将无意识的自然竞争转变为自觉的社会竞争。

竞争是残酷的，又是人类进步是不可或缺的。没有竞争，人类就缺少合作的意愿，就喜欢"躺平"。良性的竞争，必须有共同遵守的规则。奥运会能够吸引全世界的目光，源于比赛的精彩纷呈。比赛的精彩，来自共同规则与激烈竞争的统一。没有竞争，人才就很难得到施展才华的舞台；没有合作，人们就会用才华相互拆台。冷战时期，只要一提到苏联，美国国会就会打开账户，科学家们就得到了经费与机会。冷战结束后，世界经济的大繁荣，是建立在二战与冷战时期科学家们大发现的基础之上的。

竞争与冲突并不可怕，可怕的是不遵守竞争规则与不能有效地管控冲突。人会高估自己，误判别人，因此可怕的事情难免会发生。战争是不容易杜绝的，战争的形态是不断变化的。其趋势就是以更低的破坏性换取更高的创造性。当然，几个疯子暂时改变这一趋势的可能也是存在的。前者是大概率事件，后者是小概率事件。

没有竞争与冲突就难有大发现，没有大发现就没有经济大发展，没有经济大发展就没有文明大进步，没有文明大进步就没有人的大解放。

人类的大发现，主要有三大领域，一是地理大发现，二是资源大发现，三是物理大发现。

地理大发现带来了人类的迁徙并伴随着开疆拓土，带来了全方位的交流、碰撞与创新，也制造了人种的多样性与文化的多样性。近代西方的崛起，就是从地理大发现开始的。而近代中华帝国的衰落，则是从自我封闭开始的。

资源大发现拓展了人类生存与发展所必需的物质资料的来源，带来生活改善与人口增加，促进了社会分工，催生了技术进步。比如火的发现与利用，以及煤炭、石油等化石能源的发现与利用，都推动人类发展跃升到一个崭新的阶段。

物理大发现极大地丰富了人类的可利用资源，极大地提升了人类利用资源的效率，极大地拓展了人类的时空观念，使人类逐渐进入了由利用自然到改造自然的新阶段。牛顿力学、相对论、电磁力学、量子物理等每一个物理大发现，都让人类世界的面貌由此焕然一新。物理大发现也可称为科学大发现。

除了上述三大领域的大发现以外，还有一个领域的大发现将愈来愈重要，那就是生命领域的大发现。因为这个领域的竞争，将决定另外三大领域的竞争结果。道理很简单，大发现要靠人，大发现是为了人。过去的竞争，是自然人、社会人的竞争，主要看人的自然属性与社会组织协调能力；今后的竞争，是"科技人"的竞争，主要看科技对人的"加持"能力。未来，人必须是"科技产品"，靠男女"双人运动"而来的自然人是没有竞争力的。

生命的大发现，包括所有的生命，人类生命只是其中的一部分。未来，所有的生命，甚至大多数自然存在物，都将得到人类科技的普惠。

这四大领域的大发现是相互联系、相互促进的。未来人类世界的竞争主要围绕这四大领域展开，但是，资源的大发现已经越来越依赖科学，基本上与科学大发现合二为一。可以说，未来世界格局的变化主要取决于三大领域的突破。谁率先取得大发现，谁能够高效地将大发现转化为现实生产力，谁就有更大的主导权。

大发现引发人类世界的周期性变化。大发现带来经济发展、贸易扩张，也带来内部社会结构的变化和外部国际关系的调整，由此引发社会动荡与国际冲突，并激发思想观念的大交锋。经过相互折磨、相互攻击、相互伤害后，大家终于重回理性，逐渐达成新的共识，完成新一轮的思想大解放、认知大跃升，形成更广泛的大合作，迎来新一轮经济大繁荣。大繁荣之后，又会产生新的矛盾冲突。又一轮新的大发现则会在这样的环境下，破土而出。寒冬过后，万物复苏，气象万千，万紫千红。

三

地理大发现的路径，是由陆地、到海洋、到天空、到太空，然后是宇宙、平行宇宙，或许是没有尽头的。宇宙或许没有天涯海角。今后，人类竞争的重点是海洋、天空与太空。星星点灯，将成为人类走向宇宙的燎原之火。当前的热点是"源、暗、黑"。就是宇宙起源、生命起源、暗物质、暗能量与黑洞。陆地时代是东方时代，海洋时代是西方时代，如今是东西方在竞争空天时代。其实，海洋开发还具有巨大潜力，只是还没有被人们充分认识。谁能够更有效地开发海洋，尤其是大洋，谁就可以居于领先地位。接下来，谁能够利用空天资源，谁将占据世界舞台的中央。由于空天资源的巨大优势，国家之间的差距将由数量级转变到指数级，因此世界必定进一步整合，国家的数量将大大减少，直到消亡。

物理大发现的路径，就是寻找世界是什么、物质是什么。之前的大发现，都是基于人类的直接感知。感知到了，有困惑，然后去追问，由追问而发现。比如对光是什么的大发现，对引力、电磁力、弱核力与强核力的大发现。我们今天的所有现代化成果，都是基于这些大发现。未来的大发现，是超出人类自身感知范围的，必须依靠尖端设备。对世界是什么的追问，发展到对宇宙是什么的追求，将和地理大发现融合起来。对物质是什么的追问，已经发展到极其微观的粒子领域。当前的热点主要是量子物理，还有统一力场的研究。大发现的难度越来越大，一旦突破给人类带来的改变也更加剧烈与巨大。过去的大发现，对人类的改变是线性的；近来与今后的大发现，对人类的改变则是跃升式的。

生命大发现的路径，主要有两条。一条是从追问人从哪里来、到哪里去开始的，由此发展出神学、哲学；一条是从治病救命开始的，由此诞生了巫师、医师、心理治疗师等等。如今，这两条路已经出现了相交，生命科学、基因工程等发现了人从哪里来，也知道了人到哪里去。当下的热点是如何晚到"那儿去"，今后的热点是如何不到"那儿去"，以及如何到更多的地方去。

绝大多数人都渴望长寿，也有人觉得活那么长时间没什么意思。随着对生命密码的大发现，人类对自身不再是修补，而是改造与再造，延长的不只是时间，还有青春。延展青春不是目的，能够到更多更远更好玩的地方去才是目的。

在宇宙的尺度上，人类的寿命不过是一瞬，如此短暂的时间根本不能满足宇宙对智慧生命的需要。一个人终其一生，都不能走出宇宙的一个"汗毛孔",这让帅气而又深邃的宇宙是多么遗憾、多么孤独啊!人类要完成为宇宙解闷的使命,就必须摆脱自然寿命的有限性,跨入"科技寿命"的无限可能之中。

人寿命长了,会有不同的兴趣。夏虫不知秋的多彩与冬的深邃。而人在宇宙时空中,远不如朝生晚灭的细菌。以为人活久了没意思,那是因为认知太有限啦!

四

我们经常讲科学技术是第一生产力。科学与技术是关系非常密切的两个事情。科学是破解宇宙的秘密,只能发现,无法创新。技术是利用宇宙秘密服务于人类发展与宇宙万物发展的方式方法,属于人类的创造发明。技术的进步又为人类破解宇宙的秘密提供新的装备与新的能力。

一个组织、一个民族长远的核心竞争力是想象力,现实的核心竞争力是科学发现与技术创新的能力。二者相互作用、相辅相成。

想象力引领科技发展,科技进步进一步激发人的想象力。人的想象力一般会向哪里发力呢?概而言之,就是突破现实的局限,核心是认知局限。无非是三个方面的突破:生命有限性的突破、资源有限性的突破、能力有限性的突破。这三个突破必然带来认知的跃升。比如,长生不老、上天入地、日行千里、点石成金、得道成仙等等,都体现了人们对突破限制的渴望。这些古老的想象,有的已经实现;有的在不断突破,接近实现。在实现与突破的过程中,人类对客观事物、对自身的认知也不断跃升。

由于认知的突破,人类的使命感也在提升,个体的理想与追求也在不断变化,人们目的与动机亦因此而丰富。如今,我们不仅关注个人、民族与家国的命运，还关注人类整体的命运；不仅关注人类，还保护动物、爱惜生态、共同应对气候变化。未来，人类将不仅关注地球的命运，还将关注宇宙的命运，并因此形成更广泛的合作。

这不是因为人变得无私，而是因为人类对"我"的认知在持续突破。"我"在变大，亦在变小；在向"道"靠拢，逐渐接近"其大无外、其小无内"，与万物为一。人类为了自身发展，必须服务万物。

五

科学大发现之后，工程技术又是怎样大变现的呢？

19世纪，以牛顿为代表的科学家们的大发现，让工程师们依据热力学定律，制造了蒸汽机，火车代替了人力车与马车，机器动力船代替了帆船等自然动力，并催生了工业革命，人类进入机械时代。

20世纪，以麦克斯韦等为代表的科学家们的大发现，让工程师们依据电磁原理，制造了发电机、电动机，生产出了收音机、电视机、雷达等，人类进入电气化时代。工程师们还依据爱因斯坦的相对论，以及力学、电磁学等，制造了飞机、火箭、卫星等，开启了探索太空的新征程。

20世纪中后期到21世纪初期，薛定谔、费曼、玻尔等一大批量子物理学家们的集体大发现，让工程师们依据量子物理，制造出超级计算机、互联网、现代通信、全球定位系统，人类进入信息化时代。

大发现带来的技术革命为人类提供了更多的能源与能源生产及利用方式，让人类有了更高效更充足的动力。机械化、电气化，让煤炭、石油、天然气，以及水能、风能、光能与核能等得以开发与高效利用。今后，人类将把开发利用能源的范围拓展到银河系与全宇宙。

大发现带来的技术革命不断提升人类信息传递的能力，让每个人都有了"千里眼"与"顺风耳"，即使相距千万里，也如同面对面。曾经"抵万金"的家书，已经一钱不值。但是，如果我们要进行星际传递，依然长路漫漫。今后，人类的目标就是让"星际家书"也变成一瞬间。

大发现带来的技术革命极大地改变了人类交通状况，让地球人变成了一个村里的人。当下，人类正致力于建构全球一小时交通圈，让在中国的人与在美国的人可以在下班之后，来一场说走就走的约会。在更遥远的未来，人类将能够在星际之间完成这样的约会。

能源、信息、交通等基础设施的每一次跃升，都会带来人类生产与生活方式的革命。每一次革命之后，都会激发人类新的幻想、梦想与理想。

六

宇宙在加速膨胀，人类的野心也只能加速膨胀，以阻止智慧生命的灭亡。不管有没有可能，人类决不会甘心接受死神的判决。

在百年尺度上，有可能出现全球变暖，《圣经》中的"末日审判"可能成为现实。几万年之内，地球将进入下一个冰川纪。10万年之内，会有火山大爆发。在百万年的尺度上，地球还面临着被流星撞击的危险，就像6500年前将恐龙灭绝的那次灾难一样。50亿年后，太阳的能量会耗尽，它的膨胀会将地球化为灰烬。

这些人类共同的危机，将迫使人们暂时放下对立，团结起来，共同寻求寻找破解之策。过去与当下，人的对手主要是人；未来，人与地球万物的共同危机是宇宙自然可能出现的灾难。太阳在衰老，宇宙在演变，人类只能改造宇宙、拯救宇宙才能改变自己的命运。人类只有建立跨越银河系的文明，发展遍布宇宙的文明，才能延续生命并催生出新的使命。下一个时代必将是建立星际帝国的时代。在这个过程中，依然有合作亦有竞争。

地球是人类的初生地，是人类的摇篮。人类不可能也不甘心永远生活在摇篮里。人类的命运与宇宙的命运紧密地联系在一起，与宇宙同命运是人类的宿命。人类的未来在太空，在宇宙。人类必定在改造宇宙世界的同时，不断改造人类自身。由自然人类，变成"后人类"，由"后人类"变为超人；由地球人，变为太空人、宇宙人，以及元宇宙公民。

不少人担心，当智能机器取代了一般人类劳动，人干什么。人将不再从事单调重复的所谓工作，一部分人将成为盘古、后羿、宙斯与佛陀，一部分人将成为老子、孔子、苏格拉底与笛卡尔，还有人会成为牛顿、麦克斯韦、爱因斯坦、玻尔与海森堡，也有人成为李白、苏轼、泰戈尔、莎士比亚与托尔斯泰等等。总之，每个人都将是神一般的存在。

人类一直走在通往神的道路上，这是一条长征路，这是一条"西天取经"路，现在才刚刚经过了第一难，才刚刚迈出了第一步。

七

需求、资源与通道，三者之间的相互作用，是我们分析当今时代发展阶段的主要框架。

需求需要资源来满足，二者之间必须有通道。这个通道可以比作立体的桥梁。有多种不同的通道，连接着多种资源，每个人都有自己的通道选择，社会治理体系就像交通管理，既要有规则也要有自由，否则，当两种力量在某一通道上产生激烈冲突时，就是诱发灾难的历史时刻。

历史与生活并不像河流那样是一个连续的流，而是像竹子似的由若干阶段组成。每个阶段都有需要解决的根本冲突和需要实现的主要目标。每个阶段都有两种或多种力量的冲突，这个冲突构成了这一阶段的基本特点。冲突的性质决定了这个阶段的性质。冲突得到解决，将进入下一阶段，并产生新的冲突；冲突得不到解决，形势就会恶化，甚至导致退回到上一阶段。

还是那句老话：前途是光明的，道路的曲折的。我们必须经由不懈奋斗，让曲折的道路变得光明。

目　录

/ 第一篇　智能时代 /

/ 第二篇　生化时代 /

/ 第三篇　星际时代 /

01

智能时代

人类在太空中的第一场体育比赛，可能是乒乓球比赛，运动员大概率会是中国人。火星上的第一场国际体育比赛，可能也是乒乓球比赛，运动员大概会来自中国和美国。

首届火星奥运会将引爆全球，参赛运动员以智能机器人为主，地球人主要参加表演类项目。火星奥运会将产生巨大商业价值，赞助商都是全球顶级企业。

第一章

概　述

智能时代的基本特征

做事是 AI 的事，做人才是人的事；

没有治不好的生理疾病，只有治不好的精神病；

物质丰富，意义短缺；做事易，做人难；

生产力要全球化，生产关系坚持地域化，"力"与"关系"便打架。

劳动发展史终结，精神发展史开启，精神需求首次从整体上成为矛盾的主要方面；

环境影响与改造人的历史终结，人类影响与改造环境的历史开启；

人类结束了自我异化的历史，第一次真正从精神上艰难地站起来了。

人类由采集狩猎时代，进入到农业时代，又建立了工业时代与信息时代，即将踏入智能时代。

智能时代是人类的青年时代。青年时代是多彩的季节，也是多事之秋。在这一时期，人类第一次具有了两种能力，可以轻而易举地毁灭地球上的一切，也可以让地球上的一切成为天堂一般的存在。

在这个时期，"我从哪里来？我到哪里去？"的问题，在科学层面上已经形成共识。而"我为什么活着？我活成什么样子？"之类的问题将会是困扰人们的新问题。凡是今天被人们认为闲出来的毛病，都会像"新冠肺炎"一样成为令人头疼的流行病。今天许多象牙塔里的哲学问题，都将成为人们生活中的现实问题。可以说，那时但凡不好治的病，都不是生理疾病，基本上都是精神病。精神健康取代身体健康成为最大的社会问题。概括来说，当活着不是问题的时候，为什么活着就成了大问题；身体没毛病的时候，精神就一定会出来惹是生非。

机器不仅制造产品，还制造问题。机器越智能，制造的问题就越高级。智能制造，制造产品，也制造人类精神问题。

智能时代的显著标志就是机器代替了一般人类劳动，也就是人类首次摆脱了必要劳动的限制。智能机器可以独立工作，不再需要与人合作。换一个角度说，就是人人都成了甩手掌柜，打工的都是智能机器人。从理论上说，人不用工作，照样可以吃喝玩乐。

智能时代最突出的特征是"在线"，也叫万物感知、万物互联、万物智能。工业时代，人们希望下班；智能时代，人们希望"下线"。一个人只要"在线"，就等同于上班；只要"在线"，就是做贡献。现在人人都自愿上网、热衷上网，未来"下线"是一种享受、一种自由。因为"下线"是需要被批准才能行使的权利。随便"下线"是要受纪律处分的，如同今天的迟到、早退与旷工。

智能时代的核心资源是数据。农业时代的核心资源是土地，工业时代的核心资源是资本，智能时代的核心资源是数据。因为数据决定了智能机器人的能力。没有数据，相当于农民没有土地、工人没有机器。因此，有人说数据就是"新能源"。

智能时代，"开放"的重点是数据开放。如何打通单位、行业、国家之间的数据壁垒是难点，又是必须突破的重点。智能机器人需要的"营养"是数据，"吃"的真实数据越多，本领就越高，贡献就越大。但是，个人要保护自己的隐私，企业、国家要保护自己的核心数据。这样一来，智能机器人就会"吃不饱""吃不好"，从而影响它们为人类服务的能力与效率。

智能时代的主要矛盾是生产力发展要求的全球化与生产关系的国家化之间的矛盾。生产力要求全球化，国家希望维护主权、独立自主，民众渴望自己的国家在国际事务中掌握更大更多的主导权，冲突便难以避免。冲突必将加剧民族情绪的高涨，带来矛盾的加剧，稍有不慎就会造成灾难性的后果。全球化与民族主义的旗帜双双高高飘扬，是这个时代的奇异景观。

工业时代是开放市场，智能时代是开放数据。工业时代需要贸易规则，智能时代需要数据应用规则。建立世界数据管理组织，制定数据共享规则，将会成为一项十分艰巨的任务。地缘政治将因此转变为数据政治、网络政治。

智能时代是科技唱主角的时代。科技竞争将成为人类竞争的主题。政治、经济、军事、数据、文化等领域的竞争，都更加依赖科学技术的支撑。科学大发现与技术大变现，将带来指数级的经济增长与综合实力的跃升，迅速形成"跨文明"式的巨大优势。

智能时代的人是"增强人"。人才竞争是"增强人"的竞争。所谓的"增强人"，一个是指人的身体与大脑被部分改造，另一个是指人有了先进装备的"加持"。没有这两个方面的"增强"，父母再怎么"封山育林"，个人再怎么努力奋斗，都没有任何竞争力。

智能时代的突出问题

任何一个时代，都是最好的时代，也都是最坏的时代，因为凡事都至少有两个方面。时代带来的身体享受越多越好，制造的精神问题也就越复杂越不好解决。身体太享受了，精神就太难精神了。

智能时代大致会产生这样一些困扰：

意义供给困难。智能机器人崛起，劳动不再是人的必需，人类几千年来的梦想终于实现了，但是人们却大多高兴不起来。为啥？人贬值了。从此，人类需要重新寻找活着的意义，以便觉得自己还是可以升值的，人间还是值得的。

文化冲突加剧。大家都寻找意义，一定会找到不同的意义，有些意义之间可能是好朋友，有些意义之间可以和平共处，而有些意义之间可能会打起架来。这和春秋战国的情况有些类似，但春秋战国是地域性的，而这一次是全球性的，并且是在虚拟与现实两个世界中同时发生的。

组织治理难度加大。大家找不到意义，或形成不了共识性意义，思想无法统一，行动就难一致，管理就很困难。还有一个前所未有的难题是，人们是衣食无忧的，你搞物质刺激是没什么用处的，重赏之下必有勇夫的逻辑不成立了。也就是说，今天所用的物质激励与精神激励手段大部分都失效了。

权力重塑困难重重。传统治理理论、思想、观念与方法途径不管用了，需要变革与创新，其结果是权力重塑。权力拥有者必然会阻止这场变革，极可能由思想上的交锋演变为不同利益集团之间的实质性冲突。思想交锋与集团冲突的过程，也是不同治理模式之间实验比对的过程，当然也是权力重塑的过程，并在激烈的冲突与动荡中形成新的权力游戏规则。

社会结构调整引发阶层冲突。在传统社会中，多以人与生产资料的结合方式，决定共同的利益群体，也可称为不同阶级；也会以不同的收入水平，划分为不同的阶层；也会以不同的工作性质，划分成不同的劳动者。智能时代，大家不再从事一般劳动；主要生产资料以共享的方式与创造性工作者相结合。这就意味着阶级、阶层等差别的消失，并带来社会结构的深刻调整，也就必然引发既得利益群体的抵制与反抗。

生育率大幅度降低带来诸多新问题。连自己活着的意义都不能确定，谁还愿意再生小孩呢？今天，人们不愿生孩子，还有许多物质条件方面的因素，未来人们不生孩子，几乎说不清什么原因，可就是不想生。现在，不少人认为不愿生孩子的原因是养不起。其实，养不起是表象，条件好了才是真相。过去，吃不饱穿不暖的时候，你不让生，他是很生气的。出生率降低，群体的年龄结构将发生深刻调整，并在生产、生活、观念等诸多方面带来一系列变化。

目前，老龄化问题引起广泛关注。老龄化是不是个问题？肯定是。但是，根本问题并不在年龄老，而在于我们的观念老。大家都在为养老发愁，愁来愁去，思路又回到"养儿防老"的老路上去了。至于如何解决，放在后面在聊。

最后一个问题最大最复杂最尖锐，那就是国际冲突，主要是大国博弈。大国博弈是智能时代科技进步、社会发展的主要推动力，也是可能造成人类文明倒退甚至灭绝的最大危险源。大国博弈主要在大洋和太空展开，因此绝大多数国家根本没有能力参与其中，但又不甘心作壁上观，因此国际竞争将演变为国家集团之间的竞争。竞争最可能的最终结果是，"地球村"由概念变成现实。

宗教回潮道家风流

有事心不乱，无事心不空；这得找悟空，悟空还得请唐僧。有事心不乱，有些人可能做到；无事心不空，难度可就大了。

尽管科学技术飞速发展，尽管社会文明不断进步，尽管人们受教育程度越来越高，但宗教并没有因为科学的发展、教育的普及而退出历史舞台；相反，世界三大宗教的信众都依然保持着增长态势，丝毫没有减少的迹象。目前，仅伊斯兰教的信徒，就已经超过 20 亿。伊朗宗教领袖霍梅尼在 1979 年回国时，有超过 200 万人到机场迎接。试问，有哪位科学家、哲学家或政治家能够获得如此庞大的铁杆"粉丝"队伍？

宗教可以给人的心理解压、精神纾困、灵魂安家，科学目前还做不到，哲学能做的也非常有限。科学不仅做不到，还时不时地添乱。比如，智能机器人啥都想干、啥都会干、啥都敢干，弄得人类无事可干，只好把寻找活着的意义当作大事来干。找意义这个事，科学没有招，哲学一时半会还拿不出管用有效的新招。此时此刻，宗教的机会就又来了。没有宗教，人们就可能进入虚无主义，觉得人生无意义、活着没意思。

什么宗教机会更大呢？这事很难有定论，需要看宗教自身的改革状况，看谁的改革能够满足人们的心理与精神需求。目前，基督教信众最多，伊斯兰教次之，佛教排第三。未来的次序很可能要反过来。因为三大教中，只有佛教的核心要义是人们内心的安顿，主要是内求。伊斯兰教温和派的改革主张，对未来社会的影响力也不可低估。

中国历史上并没有形成宗教传统，而且基本上是本土文化主导着人们的精神世界。长期以来，儒家文化虽然时有起伏，但总体上没有失去"控股"地位，只是有时是显性股东，有时是"影子"股东。我们习惯上把中国传统文化的主要"股东"称为儒释道，道家是排在最后的。智能时代，大概也会颠倒过来，道家文化超过儒家与佛家成为第一"大股东"。而且不仅在大中华文化圈产生重大影响，还有可能成为全球文化的"大股东"。

道家的机会来自它的"不争"、无为与逍遥。当然道家文化未来能否成为"大股东"，还得看它能否紧跟时代变化，抓住普遍问题，实现创新发展。

大一统的复杂系统初步形成

一只蝴蝶随意煽动一下翅膀，不知道会在什么地方弄出来一场急风暴雨，这样的情况在智能时代会成为经常发生的事情。

智能时代，世间万事万物初步构成了大一统的复杂系统。这个复杂的系统是由机械化、自动化、信息化、互联网、数字化与智能化一路发展演变而来的。在此之前，有些事物之间是弱联系的，相互影响是渐进的微弱的；而智能时代，万事万物都是紧密关联的，牵一发而动全身。

这个复杂系统有三大特点：一是多样性的个体和海量信息汇集成汪洋大海；二是个体能够自主学习或自适应，迅速突破局限，如同海洋生物与陆地生物的生活界限完全被打破了；三是个体之间强关联、强作用、强影响，没有什么人或事物能够置身事外。这些特点决定了这个复杂系统的基本属性。它是高维度的，超越国家，也超越人类，构成世界格局、全球视野与全生态维度。它是多层次的，有个体、有组织、有民族、有国家等，有植物、动物、机器与人类等，有孙系统、子系统、大系统等。它是开放性的，不断突破各种各样的边界与壁垒，包括人与人的边界、企业与企业的边界、行业与行业的边界，以及国家与国家的壁垒、不同民族之间的心理壁垒等。它是非线性的，不再是量变到质变的过程，一个偶然因素、偶发事件，就可能引发巨变突变，可能出现"黑天鹅"与"灰犀牛"，也可能出现"白天鹅"与"大奶牛"。无限美好与无比黑暗，可能在瞬间发生转换。

诺贝尔奖获得者、物理学家安德森提出，简单的基本单元构建为一个整体的时候，就会产生新的性质。当万事万物形成一个整体的时候，我们面对的世界就不再是之前的世界。其主要原因就是复杂系统的形成改变了若干关系，包括人与人的关系、人与组织的关系、人与万物的关系、人与时空的关系、人与自然的关系等，也包括物与物的关系、机器与机器的关系、行业与行业的关系、学科与学科的关系、系统与系统的关系、国家与国家的关系等，还包括经济与政治的关系、生产与生活的关系、信息与信息的关系、文明与文明的关系等。

曾经没有多少关系的变得很有关系，已经有的关系变成不同以往的关系，一系列关系的变革，将不可避免地带来一系列的尖锐冲突与剧烈动荡。在这个复杂的大一统的世界里，没有人能独善其身。一种流行病毒就可以搅动整个世界，俄乌之间的一次有限军事冲突就能够深刻地改变世界。人类应对新冠肺炎疫情的事实与俄乌冲突的事实都证明了，人类远没有掌握在大一统的复杂系统中如何与之相处的智慧。

原本就复杂的人类世界，由于科技的发展使得人们之间、人与自然万物之间的联系愈加复杂、愈加庞大。未来，这个业已复杂的系统还会变得更为复杂更加庞大，因而更加难以理解、不好控制。这种难，有技术上的，但最主要是观念上的。

观念不转变，认识无突破，人类创造的这个复杂系统，就可能成为地狱般的存在。一边是天使的召唤，一边是魔鬼的诱惑，何去何从，人类正面临着前所未有的考验。

由找工作到找意义

眼下，由于新冠肺炎疫情、极端民族主义盛行等多种因素叠加影响，经济不振、预期下挫，失业率上升，找工作变得十分困难，许多自由惯了的人都想重拾"铁饭碗"。这种状况会持续多久呢？

答案是会很久。首先，经济重振不是一朝一夕的事情。其次，经济重振意味着新经济的诞生与发展，而新经济是不需要多少人从事生产劳动的。也就是说，我们正在进入一个悖论：不发展，不能形成新的就业岗位；越发展，越不需要人作为劳动力。新经济的典型特征，就是由智能机器人从事生产劳动。

人类必须接受没有工作岗位这个现实，并重新安排日常生活、重新定义人生意义。这就意味着工作的价值需要重新评估，生活的意义需要转型升级。这个问题虽然暂时还不够突出，却需要足够重视。否则，社会就会出大事故。

智能时代，有一个历史上公认的优秀品质将被淘汰出局。它就是勤奋劳动、努力工作。相应的，有一个曾经行之有效的管理工具箱也会被扔进管理的"垃圾箱"，它就是绩效管理以及物质刺激。

网上曾经流传过一个关于解决"三个和尚没水吃"问题的文章，既幽默又深刻。其核心意思就是，为了管理、监督别人干活，不断地增加管理部门、管理岗位与管理人员，制造了许多无效岗位，搞出了大量"垃圾工作"。问题本来就是人多带来的，怎么可能用增加岗位、增加人员的办法来解决呢？其实，解决的办法非常简单，就是裁掉一到两个和尚。

如此简单的办法为什么不能在各类组织中实施呢？其一，这里面不仅有工作问题，还有分配问题。庙里是"三个和尚没水吃"，庙外则还有许多"和尚"连水桶、水源都没有。你若是再裁掉一两个和尚，恐怕庙就被砸了。所以，比较好的选择就是增加管理与监督岗位，通过提高挑水的和尚们的工作效率来满足那些不挑水的和尚们的生活需求。也就是一部分人的高质量工作，掩盖了另一部分人工作的"垃圾"性质，大家都可以似乎合理地拿到自己"应得"的薪水。于是，那些把管理复杂化的人就成了管理大师或优秀企业家。其二，这里面也有对人的价值判断和人生意义的定义问题。热爱劳动是一种美德，工作仿佛是人生的应有之义。"三个和尚"不去挑水，就一定需要有人管理吗？你不管他们，难道他们会渴死不成？肯定不会嘛！

看看我们身边，"垃圾"会议、"垃圾"工作是不是随时随地都在发生？那么多人，大家都得有工作，也就只能用"垃圾"工作来凑数了。"垃圾"工作会制造更多的"垃圾"工作需求，创造更多的就业岗位，这也算是"垃圾"工作的一个重要贡献吧！高质量的工作是减少就业岗位的，这也是高质量工作比较少的一个重要原因。

不过，我们马上要遇到新情况，并带来新问题。新情况与新问题就出在那些让人们既爱又怕的 AI 身上。AI 把人的劳动岗位剥夺了，那些管理别人劳动的管理人员也就不再需要了，大多数人都面临着下岗再"就业"。

在 AI 能够比人类更高效地从事生产劳动的背景下，人类勤奋劳动就不再是美德，不从事、不制造"垃圾"工作才是一种美德。那么，不劳动不工作，人生的意义又在哪里呢？"三个和尚"既不需要挑水也不需要念经，他们的生活会有惠风和畅吗？

物质充裕而意义短缺，将是智能时代面临的一个突出问题。找工作难将变成找意义难，这是人类历史上第一次碰到的问题。或许，"三个和尚"会散伙，各自去寻找自己生活的意义。

定义生活、发现乐趣、创造意义都将是非常重要的能力。或许，我们人类的价值就是为彼此创造心理满足与精神愉悦。

劳动发展史的终结

在此之前，人类的历史可以浓缩为一部劳动史。或者说，是劳动创造了人类历史。人类历史的进步集中体现在劳动内容、劳动方式与劳动成果上。在劳动内容上，进步的主要表现是工种日益丰富；在劳动方式上，进步的主要表现是效率日益提升；在劳动成果上，进步的主要表现是产品日益丰富与质量日益提高。虽然三个方面都发生了巨大进步，但人作为劳动工具的性质始终没有改变，人们不得不劳动的状况始终没有改变。事实是，生产力越发展，人们被劳动"绑定"得越紧越狠。

这在个历史发展过程中，人的劳动与生产工具的结合方式持续变化，人在直接生产劳动中的作用逐步减少。先是机械、机器的出现，使人的体力在直接生产劳动中逐渐贬值。然后是自动机器、智能机器的出现，使人的脑力在直接生产劳动中逐渐贬值。目前，在大部分直接生产活动中，人已经成为辅助者或守望者。进入智能时代以后，人类将彻底退出直接生产劳动，以劳动为主题的人类历史将终结。

人类一直渴望自由，也获得了很多自由，但在两个生产领域里一直很难有大的突破。一个是物质生产劳动，一个是人的生产劳动。也可以说，人类必须"亲自"的劳动主要有两种，一个是生产物，一个是生产人。不劳动就没饭吃，不生产人就后继无人，由不得人自由选择。

智能时代，人类不必亲自参加物质生产活动。谁来干活呢？当然是智能机器。那么人干什么呢？当然是回归自己的主业，去干人事。就是说，AI 负责做事，人负责做人；AI 负责生产，人负责生活。这并不是说，人们再也不参加生产劳动了，而是说人们不再被迫参加生产劳动，因而在生产劳动中也不再具有工具性质。

人最基本的不自由，就是必须劳动；最基础的不平等，就是有人不干活就没饭吃，甚至干活还吃不好，有人啥活不干还吃得贼好。发展生产力为什么特别重要？发展生产力的终极目的不是提高生产效率，而是让人从必要劳动中解放出来，从而获得全面自由发展的条件。人人都有不劳动的自由，都有自主支配自己时间的自由，而且照样吃不愁穿不愁，这才是人类的彻底解放嘛！

人类有了不劳动的自由，这将是人类历史上开天辟地的大事件。它必定催生人类思想观念的大变革大丰富大解放，同时也是对人类的大挑战大考验。渴望自由的人们能否成为自由的主人，能否创造与享受摆脱了物质束缚的精神生活，是一个没有经过验证的问题。但至少有这么几件事情可以说明，人类是有希望进入以精神世界为主题的新发展阶段的。

20 世纪六七十年代，意大利乃至全世界都在追逐同一个梦想，就是建设一个全新的世界。在新世界里，没有争权夺利、没有极端民族主义、没有法西斯、没有偏执狂热，那是一个充满自由的世界。在这里，人们可以为精神愉悦而劳动，但绝不是为了赚钱、地位或比别人更强等。那个时代的意大利年轻人，把爱与爱情当作生活的中心，几乎等同于宗教。这项波及当时世界所有发达国家的青年运动虽然失败了，但自由精神已经融入历史发展的血液里，并且昭示了人类历史发展的新的可能性。

人类生活中历来就有音乐、舞蹈等精神生活。如果我们稍微留意，就会发现动物世界里也有"艺术世界"与"精神生活"。小鸟唱情歌是随处可见的事情，马儿等则经常开展跳高、跳远、赛跑等"体育"活动。

我在电视纪录片中，曾经看到羊儿在冰雪舞台上舞蹈的场景，甚是优美，非常可爱。从动物世界里，我们可以看到，追求精神生活是有生物学基础的。

近几年，有些发达国家在搞一项社会实验。他们选择了一些有代表性的青年人，发给他们足够的生活费用，让他们自由地选择生活方式，不必再为生计去劳动，然后看他们怎样支配自己的时间。结果发现，他们会将更多的时间分配给体育活动。研究发现，体育运动可以同时满足生理、心理与精神上的某些重要需求。

从历史事件、动物生活与现实社会实验等三个维度来看，人类开启一段以精神生活为主题的历史是完全可能的，当然也是具有很大风险与挑战的。

等到生化时代，女人将不用辛苦地生娃，人们不必亲自从事人生人的劳动，届时人类将迎来又一次解放与又一次挑战。

生产目的回归

市场经济有一个悖论：一方面是物质资料的极大丰富，一方面是人们压根没时间生活。人是市场的奴隶，既被机器绑定，又被消费绑定。这边是企业、老板穷尽手段让你"五加二、白加黑"地工作，那边是市场上各种让你无效消费的花招使得你频频中招。仿佛你拼死拼活地赚钱，就是为了把自己的劳动产品买回来，放到自己家里的"仓库"里。干活永远在当下，生活只能在未来，而你买的那些并无多少实用价值的东西早就挤得更好的未来找不到落脚的地方。

机械化和市场化，让生产出现了异化。机械化带来社会分工的精细化与个体技能的专业化，大大促进了产品质量的提升与生产效率的提高，同时大家又必须通过市场来交换产品，以满足日常生活需要。资本为了获得更高的利润，就渴望交易持续扩大，便用尽花招忽悠消费者，使得消费活动脱离了生活需要，演变为满足市场需要的购买活动。于是，人们为追求享受生活而拼命工作，却根本没有时间没有心情去好好享受生活。

市场经济创造了一句哄死人的话，那就是"顾客就是上帝"。这个"上帝"负责干什么呢？透支身体去赚钱，透支账户去消费。请问哪有这么傻的"上帝"啊？

智能时代，生产的目的要回归到为人们的生活服务上来。那个时候，企业的生产设施，类似于今天的高速公路，谁用谁付费。不是企业生产出产品，忽悠消费者去购买，而是消费者需要什么东西，到企业去定制。消费者也可以自己设计，交由智能设备来制作。消费者的"手"才是真正的"一把手"。

农业时代是自给自足的自然经济，人们根据产出决定怎样过生活；工业时代是分工协作的市场经济，人们依据收入决定购买活动；智能时代是以生活为中心的市场经济，人们根据生活需要来付费定制产品。

由生活需要决定生产活动，这在人类历史上还是第一次。这也意味着，人类头一回掌握了生活的主动权。

第二章

能 源

食物与能源

能源是塑造人与人类社会的决定性力量。

能源品种单一，生存能力就很弱。现在，有不少人只吃水果蔬菜，不吃粮食与肉食。她们相信专家们的话，认为如此可以吃出健康与美丽。她们能够如愿吗？猴子整天吃水果，并没有貌美如花，也没有长生不老。人类只能吃水果蔬菜的时代，平均寿命也就是 30 多岁而已。可见，多吃蔬菜水果并不一定有好效果。当然，专家们的话并不是完全不靠谱。如果你整天大鱼大肉，他们的建议就是合理的科学的。有病，毒药就是良药；没病，良药也是毒药。

动物的演化史，也是食物的发展史。物种的丰富是与食物的拓展相伴而生的。人能够成为人，一个很重要的原因就是人吃的物类非常多，并且吃的方法异常丰富。人可以食用的东西最多，所以成了动物之王。在 600 万年前，人类与大猩猩分离出来，各自走上了不同的发展道路，并成为完全不同的物类。之后，人类又在不同的地区，面临着不同的生存环境，吃不太相同的食物，还有完全不同的吃法，因此变成了不同的模样，形成了各不相同的民族特征。

人类发现与改造食物，食物也在改造与塑造人。中华民族能够创造出辉煌灿烂的农业文明，神农氏居功至伟。没有神农氏遍尝百草，可能中华民族的农业文明来不了那么早。遍尝百草的过程，就是发现新能源的过程。能源品种丰富了，供给增加了，人口才能扩大；人口多了，农业才能发展起来。农业发展起来了，才有春秋战国的思想大繁荣与文化大跃升。

食物不仅直接塑造人，还塑造人与人之间的关系，以及社会游戏规则。1818年到1835年，新西兰的内部战争进入高发期。这事和欧洲人有很大关系。欧洲人给新西兰引进了南美洲的马铃薯。马铃薯的产量极高，因此余粮大增，可以养活更多的战士，部族之间就开始不停地打来打去。这就是说，食物增加了，组织形式与游戏规则等就得有变化，否则就会坏事。

我们可以看到，以野菜、野果为食物的时候，人们完全处于无组织的"幻游"状态；知道打个野味吃的时候，人类才有了"游群"这样的松散组织；在向农牧业过渡的时期，就有了"部落"这样的组织形态；在农牧业成熟之后，便出现了"联邦"这种更高级的组织结构；进入工业化，有了化石能源的利用，才有了国家、国际组织等现代治理体系。可见，食物、能源与组织形态之间的关联关系是十分清晰的。

对于人类来说，食物与能源最初是一个问题，食物就是能源，能源就是食物。直到工业时代，食物和能源才成了完全不同的东西。食物是人吃的东西，能源是机器"吃"的东西。

能源的"城府"

乡里人烧柴草的时候，城里人烧煤炭；乡里人烧煤炭的时候，城里人烧煤球；乡里人烧煤球的时候，城里人烧煤气。在这个过程中，乡里人与城里人都在变。从生活方式到外在形象与内在气质都在变化。为什么？因为能源是个决定一切的根本问题。

上帝让万物参与一个共同的游戏，这个游戏叫能源游戏。他们在寻找并利用能源的游戏中，发展成不同的物种，养成了不同的生活习性。

其中，有一种后来自称为人的动物，率先发现了火的利用价值，从而在这场游戏中胜出，走上了生物链的顶端，成为地球文明的主导者。他们走过了柴薪能源时代、化石能源时代，正向可再生能源时代迈进。每一次能源革命，都推动人类文明与地球文明进入一个崭新的时代。

如今，能源问题再次成为热点，其原因主要有两点：一个是人类利用化石能源带来的排放，影响到气候与环境变化，威胁到生物与生态安全；一个是化石能源的有限性，带来了人们对可持续能源供应的忧虑。

人类活动造成的排放对气候变化到底有多大影响，大家有不同的认知。有些人认为，气候变化在地球史上经常出现，与人类活动没有任何关系，如今所谓的减碳，不过是一些发达国家给发展中国家"下套"。这就是所谓"阴谋论"。也有一些人认为，在百年尺度上，人类活动对气候变化的影响是客观存在的，已经严重威胁到生态安全，应对气候变化是紧迫的与必需的。

气候变化与人类活动有没有关系呢？

二氧化碳在空中积聚，相当于为地球盖上了一层棉被。棉被太薄，地球就太冷，不适合生物生存与发展；棉被太厚，地球就太热，亦不适合生物生存与发展。如今，人类活动的确是让棉被变厚了。因此可以说，人类活动与气候变化是有关系的，采取行动也是必要的。

需要补充说明的是，二氧化碳构成的气层，是阳光的单行道，阳光可以穿透它，却不能反射出去。所以，用棉被来做比喻，容易理解，但并不准确。

但"阴谋论"完全没有道理吗？

地球在宇宙中不过是一粒尘埃。相对于宇宙的变化、银河系的变化对地球的影响，人类活动对地球的影响是微不足道的，不如一头牛放个屁的影响大。在百万年以上的尺度上，目前人类应对气候变化的努力，根本就没有什么作用。因此，"阴谋论"是有道理的，所以也就有市场。

都有道理，该怎么看、怎么办呢？其实还有另外的道理。

第一，能源不只是提供动力，其本身就是财富、就是精气神。能源是财富之源，也是综合国力之源，还是军事实力之源，更重要的是文明之源。谁率先发现并高效利用新的能源，谁就会进入富强的快车道，谁就成为文明的引领者。柴薪能源支撑了初期的农业文明，造就了农业帝国。化石能源支撑了工业文明的诞生，造就了工业帝国与商业帝国。太阳能等可再生能源将支撑生态文明的发展，造就智慧帝国与数字强国。核能、氢能、反物质等将支撑太空文明的诞生，造就星际帝国。

第二，现有能源品种无法满足人类的能源需求。有些人认为，化石能源足以满足人类百年以上的能源需求。人类的欲望是无穷的，对能源的需求必然是无尽的。每一个文明形态的变化，带来的能源需求增长都是指数级的变化。文明形态产生跃升，对能源的需求便不再是线性增长。以工业时代的经验来预测智能化时代的能源需求，是绝对不靠谱的。工业化以来，人类活动需要的能源消耗呈直线上升趋势。智能化时代，人类的能源需求是我们今天难以想象的。工业时代，人类一年的能源消耗，比农业时代一百年还要多。那么，我们有理由相信，地球化石能源的存量，大概不能满足智能时代人类活动几十年的能源需求。

第三，化石能源有更广泛更重要的用途。煤炭、石油等化石能源中，含有丰富的元素，其中的碳更是人类不可或缺的基本元素。我们的生产设备、生活用品，大多数都离不开碳元素。那些价值连城的钻石，便是碳的一种形态。还有比钻石还坚硬 200 多倍的石墨烯也是碳分子组成的。而且地球上所有的生命都是碳基的，人类身体本身就含有大量的碳元素。

综上，能源是能量、能力之源，也是国力、国运之源；事关人类富强，事关人类文明形态。因此，无论化石能源的生产利用对气候变化有无影响，无论化石能源还有多大的开发潜力，人类都需要持续开发利用新能源。没有能源革命，就没有文明的跃升。拒绝新能源就是拒绝新文明。

化石能源的前途

智能时代是可再生能源的时代，其主力是太阳能、水能与风能等，煤炭、石油等资源的命运已经发生了根本改变。

化石资源是老天爷给人类的"储蓄"。如果人类任性地挥霍它，必定陷入贫穷，最终会饿死与冻死。或者说，化石资源是老天爷给人类的"资本金"，我们必须小心谨慎地投资，努力获得最佳的投资回报率，否则我们就会破产倒闭，或者被别人"重组"，由"老板"变成"打工者"。

煤炭、石油等是一种资源，不仅仅是能源。我们习惯称其为一次能源，除了由于它的能量密度高以外，还因为我们还没有发现与掌握足以满足生产生活需要的其他能源。就像我们曾经喜欢投资房地产，是因为那是当时我们已知的最安全最高效的投资方向。化石资源是老天爷给我们的"储蓄"，我们用化石资源作为燃料，用于发电、炼钢等就相当于理财，如果有了更好的理财方式，当然就应该改变理财渠道。

智能时代，光电、风电等新能源已经完全具备了代替化石能源的能力，同时人类利用能源的效率已经大大提高，因此，化石资源在基本退出能源领域的同时，也已经被恢复名誉。化石资源家族回归到材料属性，在化工等领域彰显其独特价值，并获得了更高的地位。因为人类虽然需要降低二氧化碳的排放，却一刻也离不开碳。要知道，碳可是宇宙中最丰富的四种元素之一。

智能时代，化石资源还不能完全退出能源领域。这个家族在一些特殊场合、特殊行当，仍继续担负着特殊使命。

智能时代，化石资源仍然是一个国家最重要的"储蓄"手段。国家仍然需要保持一定的化石资源储备水平，以备不时之需。现代战争是不相见、不接触的战争，其背后拼的主要是能源与能源的利用水平。化石能源的可靠性与灵活性，在战争状态下依然具有强大竞争力。越是大国，越需要保持化石资源的储备优势。

化石资源的储备量，也是一种威慑力。

任性的太阳能

2022 年，光伏电站建设掀起一波高潮，导致原材料价格暴涨。尽管人们对光伏电站建设充满激情，但多数人对太阳能发电的前景存有疑虑，对光电持一种不信任的态度，绝大多数人对太阳能发电的重大意义几乎毫无认识。

一些人特别是电力行业的人，打心眼里不喜欢太阳能发电。因为它白天有、晚上没有，晴天有、阴天没有，像一位没正形的孩子，很是让家长头疼。用业内话来说，就是具有间歇性、不稳定性的坏毛病。电网系统的人一般称光电、风电为"垃圾电"。

光电的脾气不好，就得有脾气好的电能来平衡。最理想的方案是由性格温和的储能与其配合。但是，目前除了抽水蓄能以外，还没有其他能够满足大规模蓄能及廉价运营的有效措施。而抽水蓄能又受到自然条件限制，无法满足需要，也就只好请火电这个老前辈承受"上上下下"的折磨。这也让火电爱好者们坚信，只有煤电才堪担当大任。

光电能挑起能源保障的大梁吗？咱们放下这个话题不表，先聊一聊光电的特殊性与重要性。光电的特殊性表现为与其他电能的两大不同。

一是光电的科学原理不同。火电、水电、核电、风电等，运用的都是力学与电磁力学。光电直接利用光能，运用的是量子物理学。光电由光能到电能只有一次转换，其他发电形式都需要多次能量转换。这意味着光电可以有更低的成本与更高的转化效率。另外，机械领域的技术进步要靠长期积累，一般是线性的；电子领域的技术进步则多是指数式的，一般表现为跃升。光电有无限可能，可我们并不能确定它哪一天会发展到什么程度。

二是光电的来源不同。光电的能量来自太阳，是不需要付费的，总量还是巨大的。这一特点并没有引起人们足够的重视。轻易得到的东西，便不会珍惜。这是人的心理特点之一。火电需要的煤炭、天然气等都需要很高的开发成本；水电与风电需要的水能与风能虽然也是免费的，但可利用量要比太阳能小得多；因此，光电的优势是巨大的。

这两大不同叠加起来，便决定了光电可以是便宜电。便宜电对人类具有重大意义。电便宜了、充足了，许多因电能成本太高而干不动的事情就可以发展起来。比如，海水淡化、生态治理等，都需要便宜电。再比如，制造反物质，使用激光炮，发射光帆飞船等，都需要强大的电能保障，能源是否便宜十分关键。

到智能时代，光电将是好脾气的，也是便宜的。解决光电脾气不好的问题，需要经过"三步走"。第一步，充分依靠火电，提高火电机组深度调峰能力，使其更好地为光电服务，就像家长呵护孩子成长。第二步，建立"生态式"光电与储能体系。就是既有涓涓细流，亦有大江大河与海洋湖泊。涓涓细流就是千家万户的分布式光电加储能，大江大河就是大工业用户的自有光电加储能，海洋湖泊就是电力行业的大规模光电加储能。这种全民办电构成的大生态，呈现出的是无限生机。第三步，随着光电、光热与储能等技术的不断突破与联合，使得太阳能有能力担负起能源主力军的重任。同时，人类将探索建立太空太阳能利用系统，彻底解决白天有晚上没有、晴天有阴天没有的问题。

太阳能是天上掉馅饼的事。有了这种认知，我们就不会再纠结于要不要加快光电的发展。要不要的疑惑破除了，能不能的问题就会有更多的办法来解决。中国地表年辐射总量，相当于 17060 亿吨标煤的热值。面对如此巨大的"馅饼"，人们怎么能无动于衷呢?

活泼的水能与风能

水能与风能都具有多种功能。

水是生命的发源地。陆地生物、包括人类，都是从大海中走出来的。水孕育万物，滋养万物。江河湖泊大海湿地等，也是生物交流的平台。建设水电站带来的最大问题是破坏了水的网络体系，让水系成为"孤水"。我们知道，信息"孤岛"不利于人们对信息的有效利用，影响人类的高质量发展，所以我们要努力打通"孤岛"。我们也应该知道，对于水生物种来说，"孤水"对它们也是不利的。

人类建造水电站与建设火电厂一样，都是阶段性需要。当人类发现了新的可替代能源，对水电站的认识也会随之转变，对水的治理与利用方式也会因此而变化。

智能时代，人类对水的治理已经由堵转变为放。人类将给水以更多的自由，使它与环境、生物建立起自然而然的联系。水与水不再咫尺天涯、泪眼相望，它们将天天在一起，相互不分离。水将逐渐从"高墙壁垒"、地下沟道里走出来，与阳光相亲、与人类相近、与生物相依。每一座城市与每一个乡村，都是沟渠纵横、波光潋滟、诗情画意。总之，水将回归它的自然本性，回归它的"主营业务"。

水必须与土壤相亲、与阳光辉映，才能保持其独特魅力；水喜欢开放，只有自由流动才能保持其纯洁性与创造力。

当然，一些重要的水电站依然保留着。除了用于继续发电之外，主要起着调节水资源的作用。

宋玉在《风赋》中有这样一段文字："夫风生于地，起于青苹之末。侵淫溪谷，盛怒于土囊之口。缘太山之阿，舞于松柏之下，飘忽溯漭，激飚熛怒。耾耾雷声，回穴错迕。蹶石伐木，梢杀林莽。"舞动咆哮的狂风具有摧毁一切的力量，通常人们对大风没有什么好感。随着人类利用风能的能力提升，特别是有了风能发电技术之后，人们对大风也变得不再那么讨厌。但是，人们对风的心事还是缺乏理解。

风与水一样，都是生命之源。水在地面与地面之下，为生命与生命的多样性创造了宏大的平台体系；风在地面之上，为生命与生命的多样性创造了同样宏大的平台体系。流动性是这两大平台发挥作用的基本保障。失去了流动性，平台本身就会腐朽，生命也就无所依托。我们一刻也离不开的空气，如果没有风，就会成为毒气。许多植物，离开了风便无法授粉。生物的多样性，也离不开风的任性。

尽管专家们称风机对风的流动性影响不大，但如果陆地与海洋到处都插满了上百米高的风机，其危害就会显现并日益突出。量的积累必然带来质的变化。工业化之初，我们听到机器轰鸣如同听到美妙的歌声，看到高耸入云的烟囱便会诗情迸发；可仅仅到了工业化中期，便都成了重点治理的对象。风电的命运也是类似的。

智能时代，风电还是一种重要的发电形式。但其重点已经不是扩大规模，而是提高效率。

不动声色的氢能

可以说，宇宙是氢的作品。氢能的开发利用，具有重大而长远的战略意义。

氢是原子序数为 1 的化学元素，化学符号为 H，在元素周期表中位于第一位。其原子质量为 1.00794u，是最轻的元素，也是宇宙中含量最多的元素，大约占据宇宙质量的 75%。氢是浪漫多情的，和绝大多数物质都能擦出爱情的火花，并很容易产生爱的结晶。这个特点决定了它是人类的好朋友。

氢易燃，具有能源属性。在地球上，氢主要生活在水里，绝大多数生活在海洋里。目前，要把氢从海洋里请出来为人类服务，还需要付出比较高的成本。但是，由于光电与风电的大规模开发，一时又找不到解决光电、风电脾气不好的办法，人们便希望请氢出面居中协调。就是用不能即时消纳的光电、风电来制氢，让制氢变成一种储能手段。

这样一来，氢能就成了三次能源。先将光能、风能转化为电能，再用电能转化为氢能，氢能再转化为热能等其他形式的可用能。多次转化必然带来成本过高的问题。其前景只能建立在没有更好的电能储存方式的基础上。如果储能方式有了新的突破，氢能还有没有前景呢？

既然我们知道，氢占了我们已知的宇宙物质的 75% 以上，便可以断定开发利用氢能是前景光明、意义重大的事业。可以说，谁掌握了氢能开发利用的先进技术，谁就掌握了能源的主动权，谁就赢得了更光明的未来。

智能时代，氢能已经有了广泛的用途。它为大型移动设备提供能源，基本替代了天然气进入千家万户。它的发展基于两大突破：一个是氢能发动机技术的突破，使氢能有了更多的应用场景；二是光能发电技术的突破，使得光电价格有了大幅度下降。

智能时代，氢能的开发利用已经成为共识。氢能开发利用技术成为世界焦点之一。大家都明白，人类要走向太空、外太空，氢能的开发利用能力将起着关键作用。

在太空中寂寞了百亿年的氢，正等着智慧的人们去展开合作，以共同开创宇宙的新时代。氢成就了宇宙，人类将为氢赋予新的价值。氢的责任可不轻啊！

恶作剧的核能

核能超出人们的想象。化石能源以质量和数量取胜，核能靠数量与速度取胜。

核能的发现与开发利用，是人类文明史上一件了不起的大事件。它让看不见、摸不着、感觉不到的力魔术般地变现出不可思议的能量，并赋予人类改天换地的能力。

必须感谢那些"无聊"的物理学家！他们发现原子内部有两种力，一种是强核力，一种是弱核力。前者可以实现核聚变，后者可以创造核裂变。粒子极小极轻，可速度极快，因此能量极大。如果若干原子共同行动，就像多米诺骨牌一样，能够创造出惊人的力量。

能量大的往往脾气不好。光电、风电调皮任性，核能的能量巨大，却很难让它服从命令听指挥。所以，造一次性使用的核弹容易，让核能安安稳稳地服务于人类生产生活则很难。核裂变有极强的放射性，形成的废料很难有效处理，应用受限。核聚变基本没有放射性，却很难保持"多米诺骨牌"效应，稍有扰动就会出现"退相干"，使聚变中止。就是说，稍微有那么一丝不满意，它就罢工。这让工程师们十分头疼。核裂变的原料是铀，资源数量较少。核聚变的原料是氢，可以在海洋中提取，而且遍布宇宙，数量大、成本低。目前，核聚变是科技攻关的重点。

智能时代，核聚变技术已经基本成熟。核电站不再让人闻之色变、望而生畏。核动力已经能够在广泛的领域里为人类发展助力。核能利用研究攻关的重点由安全可控向小型化与多应用场景转变。或许用不了多久，中国"神光"系列核能技术就会在世界能源领域大放光芒。

我们心中那个美丽的太阳，每时每刻都发生着核聚变。因此，核聚变也被称为"人工太阳"。尽管人类可以自造太阳，但人们不会抛弃自然的光能。光能是免费的，光电设备的造价是低廉的，光电的运行维护几乎没有技术含量，运行成本也是超低的。因此，在这一时期，光电依然占据主导地位，只是核电的比重在逐步增加。

有了太阳能的高效利用和"人工太阳"的加盟助阵，人们心头的能源之患也就暂时得到解除。

微能源的崛起

微笑，能给人以温暖；微信，能给人以安慰；微点赞，能给人以"小确幸"。那么，微能源能够给人带来什么呢？

啥是微能源？顾名思义，就是那些微弱微波的能量。比如，穿的衣服上的摩擦起电，走路、跑步产生的能量，微风、微光、微小的热量，还有水的波浪等等。把这些能量采集转化为可用能源便可称为微能源。

目前，微能源发展的一个重要方向就是将其转化为电能，使用的技术主要是纳米发电。

纳米发电技术有摩擦式纳米发电、压电式纳米发电和热释式纳米发电，其中摩擦式纳米发电最有可能率先投入商业运营。

在发电领域，我们一直在追求"大"。比如：大机组、大容量、大功率、大规模等。未来，我们会更加注重小，集小成多，积小成大，让微光、微风、微动、微压等汇集成电能的汪洋大海。

微能源的崛起可能会给电力行业构成颠覆性的变革。想想看，如果每个人的衣服都能够发电，将会怎样？如果你的呼吸、你的茶水、你的行走等都可以转化为电力，又会如何？大概人人都可以成为"发电厂"，过去单纯的消耗都可以转化成新的可用能量。或许它会颠覆今天的光伏与风机等行业，也会给电网形态带来新的变革。或者说，微能源会带来真正的新型电力系统吧！新型电力系统可能让电力由"英雄时代"进入"大众时代"。

更重要的是，纳米发电技术将为海洋能的利用带来无限广阔的前景。我们知道，海洋占地球表面积的70%，而太阳送达地球的能量，有60%以上储藏地海洋里。有了纳米发电技术，我们就可以利用海洋的波浪能、温差能、压力能、径流能、潮汐能等，让人类能源进入海洋能时代。

能源互联网

中国在21世纪之初，率先倡导建设全球能源互联网，并着手绘制能源互联网的蓝图。到智能时代，第一代区域性能源互联网将基本形成。

目前，能源互联网的建设主要是围绕光电、风电等可再生能源的消纳进行的，并没有进入能源互联网的核心要义。能源互联网，不是电力互联网；能源互联网，不是单向传输的电力网。深刻理解这些差别，是非常重要的。智能时代的能源互联网，大概有这么几个特点：

它是一个开放的平台。能源互联网不再是封闭的系统，而是开放的友好的平台，任何人都可以在这里获取能源，也可以向它提供能源。大家都可以在这个平台上开"火锅店"或"淘宝店"。就是说，人人都是能源消费者，人人都是能源生产者，从而带动能源生产与消费的颠覆性变革。

它是各种能源综合生产与循环利用的复杂系统。每个用能单位在建设之初便有一套综合能源解决方案，而不是各种能源分别提供接入的独立方案。不同的能源不再各自独立运行，各打各的算盘，各过各的小日子，而是归于同一网络平台，共同经营能源生活。各种能源在发挥各自独特优势的基础上，相互配合、相互转化，实现高效综合生产与循环清洁利用。绿色能源体系的根本在循环。没有循环便没有绿色。绿色是循环的结果，循环是绿色的保障。

能源互联网是掌握庞大数据资产的超级系统。能源系统不再仅仅是一个重资产的体系，也是一个掌握巨量软资产的体系。它的软资产就是海量数据。能源互联网运营的主要是数据，能源不过是它的一项辅助业务。就像通信系统起初经营的主要是通话业务，后来被五花八门的新兴业务取代一样。

它是一个富有高级智慧的生命体。人的使命就是给万物赋予智慧，给万物以生命形态，为万物赋予新的价值，让万物成为生命共同体，团结万物与人类一道发展地球文明与宇宙文明。能源互联网是用智慧武装起来的强大系统，智慧地自我运行，智慧地为客户服务。

能源新危机

太阳能的高效利用，核聚变技术的成熟，给人类提供了相对充足的能源，能源短缺的局面得到短暂消解。随后，便进入新一轮能源短缺。

故事是这样展开的。

源于能源、主要是电力的充足与便宜，人类有了更多的欲望与更大的野心，以及更快速地行动。

一是"增强自然"。人要让生活更舒服的诉求是无止境的。为了使生活环境更加舒适、更加美丽，人们开始对环境进行大规模的改造升级。城市与乡村都是绿树成荫、四季如春；北方与南方、东部与西部，已经没有明显的区别。人类为了保护与发展生物多样性，综合采用多种手段，对生态进行修复与升级。清理土壤与水中的有害物质，建设水的微循环系统，改造荒山丘陵，治理沙漠化等。总之，自然是经过人类增强的自然。它是人类创作的巨幅"山水画"，也是生物的天堂，还是美的创生之地。

二是"虚拟现实"。人类需要现实，也需要虚幻。由现实到虚幻，让虚幻成为现实，再创造新的虚幻。"元宇宙"的建立让人们可以在虚幻中得到真实一般的体验。人们在"元宇宙"中摆脱身体的局限、自然的局限、能力的局限，尽情地享受感官的愉悦、畅快地体验星际旅行的刺激、任性地感受放飞自我的快乐，每个人都成为小宇宙。

三是进军太空。人类在月球上建立了科研与生活基地，在火星上进行水资源的开发与农作物种植，对木星、金星及其卫星等开展深度探索。各类太空飞行器频繁往来于地球与星球之间，如同今天的舰船穿梭于大海之中。

以上并不限于上述人类活动，使人类的能源需求巨量增长，能源紧缺的警钟将再次敲响。人类不得不再次探索新的能源品种与开发利用方式。

能源阶段论

让我们引以为豪的人类文明，目前处于什么阶段呢？答案是 0 级文明阶段。

能源利用水平，决定了文明程度。有科学家认为，我们现在的能源利用水平，大致上处在 0.7 级；在这个水平上到达一级文明的发展过程，是人类最危险的时期。因为这个时期，人类拥有了毁灭地球生命的能力，却没有形成控制风险的能力；达到一级文明的时候，人类才能形成有效管控风险的体制机制。

科学家们划分的三级能源利用水平分别是什么样子呢？

能够充分利用星球上的全部能量，就是一级能源利用水平，相应的人类文明也就是一级文明。在这个阶段，智慧生命可以直接转化太阳投射到地球上的全部能量，甚至能利用火山的能量、操纵气候、控制地震，基本上能够控制地球的安全运行。

能够充分利用恒星释放的全部能量，其能源利用水平便达到了二级，同时形成二级文明。此时的能源利用总量要超过一级文明的 100 亿倍。智慧生命能够成功有效应对地球温度变化，可以避免行星的撞击，可以比较有效地应对宇宙变化对地球的影响等。这是一个完全不再受到自然灾害困扰的文明。

能够充分利用整个银河系的能源，就是三级能源利用水平，并形成三级文明。此时能够利用的能量是二级文明时期的 100 亿倍。智慧生命能够开发建设银河系，并走出银河系。三级文明是宇宙文明，已经初步具备了改造宇宙的能力。

三个阶段的差距有多大呢？打一个不太恰当但容易理解的比喻：如

果把三级文明比喻成人，二级文明就是猿猴，一级文明则是蚂蚁，那么0级文明就相当于细菌。

细菌的特点就是短视、贪婪，拼命繁殖又朝生暮死。0级文明阶段，极端民族主义、原教旨主义等极端思想与行为会时常爆发，人祸在经济、军事等诸多领域以不同形式危及文明的发展进步，人们有时会坐在历史倒车上欢呼雀跃，稍有不慎就可能摧毁现有文明。所以，有些科学家认为，由0级文明向一级文明过渡是最艰难的。

难就难在这个时期的所谓"智慧生命"，有一定能力但没有真正的智慧。宇宙足够大，足够智慧生命共同开发。但目前的地球生命更热衷于玩分蛋糕的游戏，都不想让别人多得，搞得纷争多多，无谓的消耗太多。

能源背后的能源

人类历史是一部生存权的斗争史与演化史。生存权的斗争集中表现为能源领域的激烈竞争。这个斗争的逻辑随着科学技术的发展而悄悄地改变，但人们一时难以改变惯性思维，大多以保证自身能源安全的积极作为，造成了能源的巨大浪费，丧失了发现发展新能源有利时机，自己的日子则陷入水深火热之中。

采集狩猎时代，人类的能源是植物与生物。这些植物与生物便成为人们之间发生冲突的主要来源。农业时代，土地成为最重要的能源生产资料，家国之间的冲突集中表现为对土地的争夺。工业时代，化石能源成为能源领域的新宠，中东等优质化石能源丰富的地区成为大国博弈的焦点，中东人民因此饱受战乱之苦。即将到来的智能时代，可再生能源将登上能源舞台的中央。

表面上看，不论是什么时期，能源都是与土地、空间密切相关的。这就给人们带来一个误区，那就是对扩大土地占有的执着追求，寸土必争成为一种信仰。在这个过程中，土地逐渐被抽象出来，对土地的追逐演变成个人的面子与国家的尊严。能源之争经常转变为情绪冲动，群情激愤经常演变成刀兵相见。最终以惨重的生命消亡与巨大的能源消耗为代价换来短暂的和平发展。发展又带来了新一轮能源争夺，战争悲剧则循环上演。

划定土地边界是必要的重要的，但它的意义只是为了人类游戏的有序进行。足球比赛需要划定一定区域，但这个区域并不能决定谁胜谁负。决定胜负的是参与者在这个比赛场地之外生成的能力。中国能够成为世界历史上的强国，源于曾经先进的农业文明。大清拥有前所未有的国土面积，却因为观念的落后、制度的落伍，使得历史上的泱泱大国沦落为任人欺负的弱国。现代历史上的强国，均不是疆域大、人口多，更不是能源丰富，而是科技水平高。科技水平高，则源于制度文明的领先。

能源背后的能源不在土地上、不在空间里，它储藏在人的大脑里。最优质最丰富的能源是让人成为人才的制度土壤，或者说是能够人才辈出的社会环境。

有些科学家之所以认为，在进入一级文明后，人类爆发大规模武斗冲突的可能性将大为降低，极可能安全地过渡到二级文明、三级文明，并创造出辉煌的宇宙文明。就是因为随着科学技术水平的持续提高，人们将清楚地认识到，真正有益有效的竞争是自我提升，是观念、制度等社会文化生态的持续优化。如果没有科技上的领先，一味地"秀肌肉"、动枪炮是愚蠢的也是必定会自取其辱的。

第三章

交　通

交通行业的转型升级

你说，佛教与交通有没有共同点？我说有，共同点都是度人，由此岸到彼岸。佛教有大乘和小乘。小乘强调人要自悟自救，自己才能到彼岸；大乘主张普度众生，帮助你到彼岸。交通有公共交通系统，借助别人的交通工具到彼处；也有私人交通工具，开着自己的汽车、飞机等交通工具到彼处。

智能时代，交通事业会有很多变化。其中最重要的变化，是交通工具的功能与过去有了显著不同。过去，交通事业的发展进步，主要是围绕着动力、安全、速度、舒适等方面展开的；智能时代，这些方面的提升仅仅是基本要求，还需要在功能与体验上出新东西新花样。

手机最初的功能就是通话，现在通话已经不是手机用户的"主菜"。交通的发展也是如此。人们乘坐交通工具，不只是简单的转移地点，还要能干自己喜欢干的事，或者能够获得更为丰富的时间体验。在单位时间内，能干的事越多越好，获得的体验越丰富越好。

现在许多搞自动驾驶的科技公司，主要精力都用在了怎么才能让汽车自己行驶得比人工驾驶更安全更舒适更有效率。但是，要让人放弃把握"方向盘"的权利，只有这些是绝对行不通的。小乘说，没有神或先知能够救人，人只能自己救自己，任何人只要觉悟了，便可成佛。大乘说，只要敬佛信佛，佛便会救你，这才有了那么多的寺庙与施主。自动驾驶要走向市场，自动驾驶只是前提，能够给乘客带来更多的益处更大的价值才是根本。否则，人们是不会轻易交出"方向盘"的。自动驾驶汽车只有变得不再是"车"，才能成为人们乐意乘坐的车。

如果人们在交通工具上有了更多的自由选择与私密空间，准不准时、快不快等时间问题就不再是突出矛盾。春宵苦短，掼蛋可以通宵玩，追剧可以整夜不眠，迷上编程的人能够连轴转，乐在其中的人根本就没有时间概念。

所有的交通工具都具备了自动驾驶能力之后，行驶就仿佛不再是乘客的需求，行驶之外的需求才是乘客们最看重的最需要的，这就是交通事业转型升级的方向。

好酷的恣行车

智能时代，自行车将变成恣行车。

自行车曾经是私家车，后来轿车取代了自行车的地位。轿车更快、更舒适，有更大的载荷能力。但是，自行车更方便，在"最后一公里"上仍然具备一定优势。因此，在轿车走进千家万户后，自行车又以另一种形式复活，成为城市的一大风景，也就是共享自行车。

共享自行车在热闹了一阵子之后复归平静，处在半死不活的状态。其主要原因就是没有照顾到骑行者的体验。劣质的自行车，拥堵的道路，尘土飞扬的环境，让骑行者非常不爽。

在海边，在一些风景区，骑自行车是一件浪漫的事，许多年轻人乐意花钱来骑自行车。这里的自行车便是恣行车，这里也蕴含着自行车的未来。

自行车要成为恣行车，需要两大条件：一个是骑行环境的改善，一个是自行车本身的升级。

这里重点说一说自行车本身的升级。首先，恣行车是酷的，而且是多样化个性化的酷。其次是更加舒适，它的座子、轮子等要有更高的科技含量。再次是动力可选择，可以人力也可以自动。另外，应该有单人车，也需要有多人车。最后，它也是智能化的移动平台，具有多种功能，能够满足人们多样化的需求；还要有自动停靠的功能，能够自行泊车是非常重要的。

其核心就是骑着酷、行得恣。恣行车给人们带来的是行走中的快乐。

好玩的汽车

汽车发展进入到又一个新阶段，其标志就是变得越来越好玩。安全、环保是基本的，自动驾驶是必需的，好玩才是最关键的。

所有的交通工具未来变革的方向都是为时间赋予更多更高的价值，让旅途不再是时间损耗，也就是让旅途变得高效而有趣。用一句话来说，就是让人们对时间价值的追求有更多选择的自由。将来汽车当然也是如此。

要实现这样的目标，就必须选择自动驾驶。一心不能两用，没有自动驾驶，人就是车的一部分，就不能在旅途中做其他的事情。当然，也有人喜欢驾车的体验，他们也可以在规定的区域任意飙车。就像喜欢书法的人，尽可以享受用各种笔来书写的快乐。

汽车是可以变形变色的。可以是轿车、可以是敞篷车，也可以是越野车等，还可以任意改变颜色，也可以是为你提供一些临时服务的智能机器人；总之，它可以随乘客的需求而变化。

汽车的功能是丰富而强大的。它可以是舒适的卧室、雅致的客厅、优雅的餐厅与小巧的办公室，也可以是休闲娱乐的私人空间。总之，汽车将成为移动的综合性服务平台，乘客可以方便地享受多样化的服务。

汽车的速度还将有新的提升，其目的并非只是为了更快，而是让乘客有更多的选择。

汽车使用的能源将以电力为主。这既可以更加方便灵活地实现变形，又能够为多样化的服务提供充足的能源保障。但它并不需要携带强大的电池，而是采用无线供电的基本模式，电池只作备用。

货车、工程车等特殊车辆，都将成为一个完整的智慧服务平台。

私密火车

智能时代，火车与汽车一样，将成为综合性服务平台。

目前，火车是公共交通工具，而汽车有更高的私密性。人们只是为了节约时间成本而选择火车。未来，火车要增加与汽车的比较优势，大致上有三个发展方向：一个是提高行驶速度，一个是增强私密性，一个是增加服务功能。

磁悬浮列车将成为主流，其运行速度将比现在的动车至少再翻一番。北京到上海赴个饭局，比今天在北京的东城到西城用时更短。当然，那时的北京将不再有堵车。

乘坐火车有一个恼人的问题就是相互干扰。成人的喧哗、喋喋不休的电话、熟睡者的鼾声、孩子的哭闹，还有由此引起的冲突，都会影响到人们的乘车体验。未来，火车的服务功能越来越多，而许多服务体验都需要私密空间。你要处理公务或个人事务，你便希望不被外人听到、看到、感知到；你和朋友交流，你不希望有人旁听；你要阅读与休息，你不希望有鼾声与喧哗相伴。因此，私密性将成为火车乘客的刚性需求。火车作为公共空间的属性将让位于私人空间属性。这个私密或公共空间，乘客是可以选择的。乘客不是购票定座，而是定制服务。

在解决私密性之前，火车还要解决一个舒适性问题。胳膊挨着胳膊、眼睛对着各种后脑勺的情景，人们将不再接受。未来，火车上不会再有所谓的硬座。

二战时期，首长可以骑马，或者乘坐吉普车，普通士官只能靠双腿。现在，步兵已经完全实现了机械化。如今，领导可以有专列、包厢，有钱人可以坐商务座，普通人只能坐硬座。一个行当的发展趋势，就隐藏在这些表面现象之中。领导或有钱人享用的绝大多数东西，都是未来普通人可以享受用的。然后，领导与有钱人又会有更新的成果可以享用。前浪引领，后浪追赶。

火车速度如此之快，旅途是如此短暂，还需要搞得那么复杂吗？当然需要。每一秒时光都可以有更多选择，这就是给时间赋予个人价值，这就叫自由。

自有飞机

在智能时代，飞机行业的发展会有全新的变化。飞机不再需要飞得急，因为人们坐飞机图的就是一个"浪"。

飞机行业受到前后两个方面的夹击：一个是火车的快速、准时、舒适，使得中短途的旅客不再将飞机作为出行的最优选择；一个是航天与航空技术的结合，让国际长途旅行有了飞机之外的新选择。但这并不是飞机行业的末日。

"旧时王谢堂前燕，飞入寻常百姓家。"飞机将迎来私人飞机时代。继马车、自行车、汽车之后，飞机将成为私人配置的新宠。不弄架飞机玩玩，显得不上档次。届时，机场会成为紧缺资源，可以躺平了赚钱。

大多数飞机都是垂直起降的，停机比停车还容易。飞机的外形更加多样、更加个性化；其内在布局更为宽敞舒适，并且可以根据需要任意调整其功能；当然，增强现实也是必不可少的。

人们拥有私人飞机的主要目的，不是把自己转运到某一个地方，而是直接在飞机上"浪"。在飞机上有啥好"浪"的？翱翔于蓝天白云之下，原本就是人类的梦想之一。在飞机上，约个会，谈个情、说个爱，浪不浪？邀二三好友，品个茶、聊个天、吹个牛，浪不浪？凌空送目，仰观白云变幻之奇妙，俯察山河画卷之壮阔，一吐胸中浩然之气，快不快意？低空巡游，穿峡谷奇险、跃山峦奇峻、阅林海奇秀、览沙漠奇胜、观大海奇幻、瞧人间奇迹，好不好玩？早上，赏"日出江花红胜火"；中午，观"茫茫九派流中国"；下午，阅"山随平野尽，江入大荒流"；傍晚，看"平林漠漠烟如织"；开不开心？

在地上"宅"，在天上"浪"，是为时代时尚；空中旅游，移动娱乐，是为休闲新方向。

这船已非那船

智能时代，船有了新的内涵。它不只用来摆渡身体，还用来摆渡生活。

货轮发展的主要方向是提速，氢能与核燃料动力将成为主流。客轮也与飞机一样，其功能主要不是运输，而是移动游玩。也就是说，所有的客轮都成为游轮。

此游轮非彼游轮。

此游轮的功能更多样、更强大、更先进，其方向是更加生活化、休闲化、娱乐化、私密化，还有供个人选择的工作化。总之，在陆地可以做的，在船上都能办到。

此游轮不仅有在水面上走的，还有在水底下游的。深海游览、水底休闲成为游艇的另一种存在。到海底约个好友、喝场小酒，来它个与世隔绝，诉它个人生闲愁，那是啥感觉？

私人游艇与私人飞机一样，成为个人生活配置的大件之一。同时，游艇开始向"海上别墅"演化，少数人将拥有可移动的"海上别墅"加小型游艇的配置。他们的休闲时间将更多地在海上度过。

太平洋就是你家的游泳池，深海就是你家的大鱼缸，这日子过得豪横不豪横？

在大海大洋里玩，那是洋气；在地面上玩，那是真"土气"。

全球一小时交通网

马斯克被称为"马疯子"，他叫嚷着建立全球一小时交通圈的时候，很多人报之一笑。但是，在创新这种领域，不痴、不疯、不魔障的人，是没有多大机会的。

"马疯子"是懂些科学的商人，极其聪明。他做事情成功的概率比较高，因为他做事有三大特点：一个是围绕人们的共性需求，一个是别人已经有了成功的工程实践，一个是用故事提高人们的预期。

交通是人们的共同需要，更是人们的普遍需求。马斯克经营的都是这类人人都需要的项目。马斯克基本上不搞原始创新，他只是在别人创新成果的基础上，扩大应用场景，降低运行成本。因此风险相对小、成本相对低。马斯克是特别会讲故事的企业家，通过故事来提高市场预期，达到低成本融资和快速培育客户的目的。马斯克把"马斯克"做成了产品，做成了品牌。

现在，从中国到巴西，需要近 30 个小时，仅飞行时间就需要 20 多个小时，消耗的时间成本高不说，旅途还是非常痛苦的体验。马斯克说，我要乘客在一小时内可以到达全球任何一个地方。这就抓住了旅客的痛点，剩下的就是如何做到。

马斯克用什么办法做到呢？他用的是成熟技术，也就是把航空与航天技术进行融合创新。火箭能够飞上天，自然也能飞到地球上的任何一个地方，唯一的问题就是成本。降低成本的方法很多，当前最主要的途径就是火箭的可重复利用。目前，马斯克已经取得了惊人的突破。

火箭是载人上天的，这是人们的固定思维。火箭也可以载人地对地，这是马斯克的突破。观念一变，现实很快就会改变。

这个过程大致要经过三个阶段。第一阶段，是垂直起飞垂直降落，类似现在的返回舱。第二个阶段是垂直起飞，水平降落，类似于航天飞机。第三个阶段是水平起飞，水平降落，这就实现了航空与航天技术的高度融合。第一和第二阶段，大致能够在智能时代完成。第三阶段，可能要到生化时代才能变成现实。

那个时候，你要从北京到东京，比现在你从北京的东城到西城还要快捷方便；下午有伦敦的朋友约你吃个晚饭，你从北京前去赴约，也是相当从容的事；在全球范围内，你想到任何地方，都不会超过一个小时的行程。此时，说地球村，说大家都是一个村里的人，才是真真切切、实实在在的。

建造太空电梯

智能时代，太空不再是宇航员的专属领域，进入太空也不再是富有牺牲精神的英雄壮举。其中一个原因就是人类有了"太空电梯"。进入天空，不一定高飞，也可以"脚踏实地"。"可上九天揽月"真的不叫事！

21世纪末，少数发达国家将组团建造"太空电梯"，中国将是其中主要的建设者之一。或许由中国牵头的"太空电梯计划"，名字叫"泰山一号"工程，地点在中国的西部沙漠地区。整个工程分两步走，第一步是穿越大气层，在那里搭建空中平台，开展超级设备的制造，并进行太空开发利用太阳能等方面的尝试；第二步是到达月球，在那里展开太空开发的科学实验，建立制造业基地，并提供有限的月球旅行服务，或许会建造人类第一个月球儿童乐园。

这将是人类历史上具有里程碑意义的大事件。它代表着人类有了第一条星际高速公路。

建设太空电梯的困难不在物理学，而在工程实践。从物理学上看，如果塔足够长，那么离心力就足以保证塔的直立而无须任何外力。从工程上看，太空电梯上的张力非常巨大，现有的材料会断裂。科学家们给出的方案是用纯碳纳米管来建设太空电梯。目前，制造一厘米长的纳米管也是非常困难的，用纳米管来建设太空电梯的想法就显得可笑。

但是，我们应该记得，在20世纪20年代，戈达德制造火箭的想法与实践曾经遭到的嘲讽，并由此创造了一个挖苦人的句子："戈达德愚蠢"。可是，1969 年"阿波罗号"就被火箭送上了月球，这个过程只用了 40 年左右的时间。

"月上柳梢头，人约黄昏后。"将来是"月在脚下头，人约月心头"。相信到 21 世纪末或下世纪初，人们会乘坐"泰山一号电梯"到达月球之上，在"月老"的现场见证下，完成浪漫的定情之旅。

第四章

通 信

千里音缘无线牵

交通改变时间价值，通信改变智慧价值。这里说的是广义上的通信。

今天，我们能读到老子的《道德经》，能分享李白的诗，能看到莎士比亚的戏剧，这均得益于人类发明的通信技术。声音与文字都是人类最古老的通信技术。通信最重要的功能是分享智慧，交流信息只是它的一个次要功能。书以及戏曲是智慧的主要通信形式。由于现代通信技术的发达，人们渐渐忘掉了通信的本心，从此沉迷于通信的表层需求。

书信与电话都是通信形式，但传递的东西是不同的。电话可以清晰地传递信息，而书信则能够传递更深沉的情感与更深刻的智慧。现代通信在传达信息上取得了巨大进步，但在传递智慧与情感上却算不上成功。信息化最大的副作用就是去智慧化。

人类发明了口语和书面语言，口头语言是对声音进行编码，书面语言是用符号来编码，共同的作用是传递信息与分享智慧等。

由声音的口耳相传，到文字的有形传递；由声音的有线传递到无线传递，再到声音可以留存；然后又有了文字与图像的有线与无线传递。每一次通信技术的革命性变革，都极大地促进了生产力的发展，也极大地丰富了人们的物质与精神生活。同时，人们也付出了极高的成本，那就是低效无效信息在不断地抢占人们的时间、抢占人们的大脑，也就带来了智慧的退化。对于大部分人来说，他们不是在利用信息，而是在受信息支配。信息支配他们的购买、支配他们的感受、支配他们的生活。

农业时代是土地支配人，工业时代是机器支配人，信息时代是信息支配人。那么，智能时代呢？大概率会发生转变。转变到慢思考、慢生活的状态中来。

机器智能，人类智慧，将是智能时代的特点之一。物与物的通信将更加快捷更加全息，而人与通信的关系将产生分化。一部分人依然主要用来获取信息，一部分人主要用来享受娱乐生活，一部分人则主要用来分享与吸取智慧。总起来说，通信将由以服务于生产为主向以服务于生活转变。它不只是传递工作信息，更要传播人生智慧与生活乐趣。

通信的技术手段将更为丰富，尤其是无线通信将不断产生新的形态，不断塑造新的生活方式。

纸质书将成为文物

书是智慧的载体，书店是智慧的周转站。在人类古代史上，书与书店构成了最重要的通信方式。人们借助书，可以与当代人交流，也可以与前人、古人相谈甚欢。

互联网尤其是移动互联网形成之后，纸质的交流形态受到巨大冲击，"低头族"成为风景，"碎片化"阅读成为潮流。纸质媒介还有逆转的可能吗？

我们从书店里买来一本《红楼梦》，捧书阅读。此时，我们对曹雪芹有一种敬重，我们能嗅到书香，我们能体验到书本的质感，我们会心有珍惜，这一切又会引发我们的思绪与思考，这一切又是电子阅读不能给我们带来的。但是，这些好处并不足以让纸质媒介实现逆转，因为人们更喜欢方便与快捷。

智能时代，纸质媒介仍然有一定的地位，但总体上衰落的趋势并没有改变。书籍、报纸、杂志、书店等成为一种孤独的存在，只能受到极少数人偏爱。更多的人把纸质媒介当作过时的东西，他们把读纸质媒介的人视为落后于时代的"古董"，人类过去生产的书籍、杂志大部分被当作垃圾而处理掉。

因此之故，幸存下来的纸质媒介将慢慢成为历史文物，变得愈来愈稀少、愈来愈珍贵，年代越久越值钱；少数图书收藏者将成为儒雅且富有的著名人物。这也算是纸质书的另一种逆袭吧！

纸质媒介因信息技术的发展，由普遍性的东西演变为一种独特的东西，并获得独特的价值。这也是所有历史文物演进的一般规律。

手机时代终结

信息传递，有三个要点：快、全、真。通信技术发展的方向，就是更快更全更真，达到虽相隔千万里，如在眼前的效果。也就是场景化、现场感。

从书信传递，到无声的电报，再到有声的电话；电话从固定电话到移动手机，从单纯的声音到文字、声音、图像等，传递的信息要素日趋全面完整。智能时代的通信，将基本达到面对面的效果。

作为终端用户，不只需要"快全真"，还希望使用起来是方便的。首先，终端设备携带起来要方便，手机比固定电话方便，笔记本电脑比台式电脑方便；手机与电脑越来越薄越来越小；太小了阅读起来不方便，又有了可折叠。然后是使用起来方便，调取与输入都向着便捷的方向发展，可以用手动也可以用声音或者眼神。

智能时代，手机的历史将终结，就像电报退出历史舞台一样。因为手机还是不太方便。代替手机的是什么呢？可能是挂在脖子上或戴在手腕上的东西，或者是别的装饰物。你可以用眼神或意念进行操作。不管将来的智能终端是什么，它必定要有增强现实的功能。

现在，信息主要屏幕上显示；智能时代，信息将以投射的方式呈现。可以投射到手上、身体上，也可以投射到墙上或其他物体上。怎样提取与发布信息，要看场景与需要。再进一步，就可以选择直接在大脑中输出与呈现。

全息交互感知

智能时代的通信可称为全息交互感知。也就是信息交互由音像传递向增强现实和虚拟现实转化。

在接收端表现为"全"与"深"。

"全"就是感官的全面参与。信息传递需要诉之感官。过去，只有视觉与听觉能够参与信息交互，味觉、嗅觉、触觉是无法参与其中的。智能时代，除了五官之外，我们的手、腿、脚与皮肤都将参与信息交互，也就是所有感官都将参与到信息交互当中，它们把各种感知传递到大脑，实现全面的信息交互，获得更丰富的信息交互体验，做出更全面的信息判断。

"深"就是感官的深度参与。借助智能设备，我们可以突破自身感官的局限，使得过去看不到、听不到、闻不到、感觉不到的东西，清晰地感知到。比如，听力与视力的局限可以被打破。我们可以从轻微的气息变化中感受对方的情绪变化，也可以从细微的形态变化中体察到对方的心理起伏。

在输入端则表现为"自"与"场"。

"自"就是信息推送的自动化。智能感知、智能测量代替了人工输入，即时产生，即时输送。所有的信息传递，人是不能参与修改的。或者说，人的参与也是信息即时传送的一部分。它不只有制度保障，而且有强大的技术保障。

"场"就是信息传送的场景化。它传输的不是某一个方面的信息，而是整个现场，给接收者提供的是身临其境的感受与感知。

智能时代，处处都是现场，哪怕你在千里之外。

虚拟世界治理

《易经》在讲数，数学家与物理学家也是用数来解释世界。数字化就是用数来解释与构建世界，智能化就是让物理系统利用数来完成对世界的解释、构建与运行。数字化是智能化的前提。

数字化、智能化离不开数据信息的"快、全、真"。其中最难的是真。因为人有伪。有认知的伪，有人心的伪。这一方面要提高智能系统辨伪识伪的能力，另一方面要有防伪的措施。防伪的措施之一是立法。篡改信息或制造虚假信息将受到法律的惩罚。法制的重点将由现实世界转移到虚拟世界。现代治理能力等同于数字世界的治理能力。

智能时代，环境污染的主要形态不是现实世界，而是数字世界；最严重的垃圾不是工业垃圾与生活垃圾，而是信息垃圾。这将是智能时代面对的一大难题。现在，我们拥抱大数据，在大数据中获益良多；未来，海量的数据会让我们无处安身、无法安心。就像工业化初期，我们并不知道工业化会威胁到万物的生存。

智能时代，将对信息实行严格的分类管理。信息系统将像我们的大脑一样，有些信息作瞬间记忆，有些信息作短时记忆，有些信息作长期记忆。有些信息的获取需要付费，有些信息的发布也需要付费；而有些信息的存储也会像今天需要购买土地使用权一样，需要购买信息存储空间。今天，我们办工厂搞商业需要购买土地与楼宇；未来，我们要办自媒体、开网店也需要购买网络使用权。

智能时代，虚拟世界是硬通货，而所谓的现实世界将不再值钱。如果你在虚拟世界里没有财产，那一定是个穷人。

构建天罗地网

2022年的春天，不那么美好。新冠肺炎疫情的阴霾未除，俄乌两兄弟又打得头破血流，战争的乌云笼罩在人们心头，谁也不知道会外溢出怎样的风险。

大哥俄罗斯的战力占了绝对优势，但小弟乌克兰并没有不堪一击。其中有一个重要原因，就是信息不对称。有人说，乌克兰打仗类似"快递"模式。西方用强大的信息平台，将俄罗斯的军事信息传递给乌克兰士兵甚至拿枪的平民，这些人就成了"快递"小哥，随时可以准确地给俄罗斯军队"快递"子弹、炮弹与导弹。乌克兰打的就是升级版的现代游击战、运动战与闪电战。

数据网络体系是现代战争的命脉。眼睛看不见，耳朵听不见，即使再能打，也只能被动挨打。最好的帮人，就是让人看得远看得清看得准。最大的公平是信息收集、处理与分享的公平。实现这个公平的基础就是信息网络的全覆盖。现代社会，没有信息网络，人就相当于盲人、哑巴与聋人，生存与生活能力就会大大受限，压根谈不上什么竞争力。

公平都是由不公平转化而来的。互联网是美国军方先搞的，为的是获得军事优势，后来才转入民用。资本为了赚钱，只能不断扩大市场，那么这项技术也因市场的扩大而日益普及，使得全球绝大多数人能够从中受益。

目前，马斯克正加快实施"天链一号"，通过近地卫星实现信息收集与传输的全球覆盖。"天链一号"运用的是传统的射频技术，时间延迟较长，安全性也比较低，无法满足智能化的需要，更不能满足军事要求，自然就有了技术创新的新动机新需求与新方案。

一项新的方案已经出台并已有了初步成果。目前，美国与中国都在发力。这项技术叫天基激光通信。美国希望建设天基激光通信体系，满足全域作战需求，巩固自己在军事上的领先优势，并在2021年进行了多项测试。中国在2021年实现了天地之间的首次激光"握手"。

天基激光通信受到重视的原因有很多。激光器的工作波长比射频通讯短，数据传输速率可以提高一个数量级以上；更短的波长，可以实现更窄的传输波束，从而降低功率和天线尺寸，也就可以降低设备的重量和体积。这样就不容易被发现、不容易被拦截、不容易被摧毁。

建设天基激光通信体系，在技术上没有太大的困难，主要的问题就是时间与金钱。缺钱也是一个好事。缺钱就需要资本介入，资本一介入就会走向市场，进入市场也就走入了生产与生活。未来30年左右，天基激光通信也会和过去互联网的发展历程一样，从军事目的走向民间应用，并借助资本的力量服务于全球大众。

天地一体化广域量子物联网

量子物理及其应用，是科技史上的又一次大革命，将更大范围地深刻地改变人类世界。从经济、军事到政治、伦理、道德，再到国际关系等方方面面都将发生巨大变革，其结果必定超乎人们的想象。

这些巨大变革是从量子通信开始，是由一张网引发出来的。这张网可称为天地一体化广域量子物联网。目前，量子科技的主要应用方向有三个：量子计算、量子通信与量子测量。当然还有量子模拟、量子传感、量子计量等等。而计算、通信、传感与测量，正是物联网的主要构成要件，所以基于量子物理的量子科技成果，必然催生新一代物联网的诞生。又由于量子世界的神秘与神奇，未来的天地一体化广域量子物联网也是神奇的，可以说是近乎全知全能的。

量子计算是真正的"神算子"。量子计算机的特点是又准又快又全。2019年，IBM研制的"顶点"超级计算机，其运算速度为20亿亿次／秒。人脑要花63亿年计算出来的结果，"顶点"只需要一秒钟。但是，"顶点"算出的是一个问题的一个解法，而量子计算机可以同时计算出一个问题所有可能的解法，而且计算速度更快。量子计算和目前的计算机相比，差距有多大呢？前者是神，后者是普通的人。

量子通信是加密的"顺风耳"。我们都知道，今天几乎没有什么信息传递方式是安全的，即使是两个人面对面也不一定安全。而量子通信个性非常特别，只要稍有干扰，它就停止工作，让窃听变成了不可能的事情。谨慎一点说，起码在相当长一段时间内是不可能的。量子通信几乎无延时，而且自带保密功能，千里传书如同两人面对面地细说"心语"。这就基本解决了当前网络世界、虚拟空间面对的最大隐患，也就是信息安全问题。

量子测量的本事更是异乎寻常。量子测量"看"的本领超强，不仅看得精准、精细、精确，而且能够"偷窥"。可以看清隐秘的原子世界，可以感知来自古老宇宙的微弱回声；还可以穿墙破壁，不仅能够做到隔墙有耳，还能做到隔墙有眼。无论你躲到什么地方，都能看见你在做什么，听见你在说什么。你的身体里、地球的身体里，只要有任何异常，都能及时发现。可以说，没有它看不到、听不清、测不准的。当然，我们现在还不知道它对黑洞、暗物质、暗能量、超维时空等能否窥视一二。

可以想象，由这些家伙组建起来的天地一体化广域量子物联网就如同全知全能的神。可以读懂万物的心事，满足万物的需求，当然也包括人。同时，这个量子物联网也将是元宇宙开发与建设的基础平台。

事实上，万物原本就是互联的，只是我们并不懂。量子物联网可以让古老的万物联系更为紧密，也更容易交流沟通，从而加深理解与合作。它是万物命运共同体的重要载体，也是生态文明的实现手段。

神秘的元宇宙

在东方，那个唯一的"一"，创生出一个奇怪的"蛋"，有一个人昏睡在其中，一觉就是一万八千年，醒来发现周围一片漆黑，便伸手向四周去摸索。他摸到了一把大斧，就抡将起来，将这个"蛋"劈作两半，头顶一半，脚踏一半。他一天长一尺，又过了一万八千年，才将两半彻底分开，成就了天与地。然后，他又花了一万八千年的时间，把自己的身体化作山川万物。这个人叫盘古。

在西方，有一位万能的上帝，只用了六天时间，就创造了宇宙与世间万物，第七天就休息了。上帝打算让人作为自己的代理人，来打理世间事务，但人不守规矩，违反禁律，上帝就把人类逐出伊甸园，到大地上进行劳动改造。

东方的创世纪，强调创造的艰难；西方的创世纪，强调的是运营的不易。

不论是神话中的创世纪，还是科学认知的自然创世纪，人都是被动的。进入 21 世纪，人类要开启自己的创世纪。这次创世纪叫作"元宇宙"工程。

元宇宙概念一出，瞬时破圈，万众关注，各界响应。为何？它是宇宙发展的新纪元！它是人类文明的新纪元！它是智慧生命的新纪元！

虚拟即现实，网络成世界，这就是我们将要面对的现实。这个现实从元宇宙建设开始。也可以这么说，我们过去面对的现实世界是大自然的杰作，我们即将创造的"现实世界"是人类集体的创作。

元宇宙是个啥？说啥的都有，又好像谁也说不清它是啥。越是可能性多的玩意，越是说不清，越是潜力大。谁都能说清楚的玩意，即使是好玩意，也没多少潜力。

"元"是原始，是本来，是那个可生万物的"一"。也可以说，元宇宙是宇宙的"数字孪生"，也是对宇宙的数字再造。元宇宙建设就是 21世纪的"创世记"。它是新基建、新生产、新通信、新消费、新生活，构建的是具有无限可能的新世界、新文明、新人类。

与现实世界相比，元宇宙可以让我们轻松地实现五大突破。

元宇宙突破了时空局限。互联网是对时间的突破，间接地改造了空间，让地球变成了"村"。可互联网并不能让我们置身其中，实实在在地体验到这个"村"的空间感。元宇宙构建的是"真实"的时空，又远远超越了真实，真正是"其小无内、其大无外"，从根本上突破了空间对人类发展的限制。你想到哪里去，可以"抬腿"就到，不用考虑时间，也勿需算计盘缠。

元宇宙突破了认知局限。互联网带来的主要是视觉突破，元宇宙带来的是人类感知能力的全方位突破。在元宇宙里，我们的视觉、听觉、嗅觉、味觉、触觉等都能参与其中，并借助智能感知设备全面提升感知能力，享受到比现实世界更美妙的感觉，感知到在现实世界无法感知的东西。美景、妙乐、奇香、美味、柔情等都可以在这里尽情体验。

元宇宙突破了物质局限。在现实世界里，我们要搞一个工程，可能买不到某种材料；要制造某种设备，可能没有理想的材料。在元宇宙里，我们基本上不会遇上这样的烦恼。在这里，我们瞬间就可以建造一座城市，随时可以创造你能想象到的任何东西；你想喝啥有啥，想吃啥有啥，想玩啥有啥，压根就没有供应不足的问题。

元宇宙突破了力的局限。元宇宙里，没有引力，没有阻力，只要你有足够的智力，就可以任由你折腾。你可以是宙斯、可以是女娲、可以是哪吒、可以是孙猴子。总之，神佛道仙、妖魔鬼怪等那些个神力法术都是稀松平常的事。在元宇宙里，智慧等于力量；想象力就是生产力与生活力。

元宇宙突破了对人的定义。元宇宙里，人只有智慧上的差异，没有生物意义上的大人与小孩。人不只是生物性存在，也是数字化存在。也可以说，人成为数字人。生命的终结，也不再由大脑或心脏的运行状况来决定。元宇宙将会改变人的世界观、思维方式、心智模式与行为方式。人类创造了元宇宙，元宇宙再造人类。

元宇宙建设，前提是能源，基础是数据，核心是算力，关键是场景。

从东西方两个创世纪的故事中可以预计到，元宇宙的创造与运营都是一个艰苦复杂的过程，这个过程中又有着无限可能。

第五章

生　产

人的大解放

我们观察一个人的形态与气质，就可以大概判断一个人的职业。为什么？马克思给出的答案是，劳动创造了人。从事不同劳动的人，具有不同的外在形态与内在气质。人的自由全面发展，必然高度依赖对劳动的自由选择。

智能时代，人将摆脱了必要劳动的束缚，实现了较高程度的自由劳动。这里最核心的是，人不再是生产工具。人依然还要劳动，但这种劳动不是不得不劳动，而是我想要劳动。这种劳动是一种生活方式，是人生旅途的一种风景，与我们今天想打扑克牌、想品茶聊天、想秀一秀自己的才艺是一样的。

那么，未来人到底可以干些什么呢？现在没有人能够给出准确答案。可以肯定的是，一般性的重复性劳动是不需要人的，人可选择的主要是创造性劳动。机器越来越智能，许多人担心自己会失业。这种情况会出现吗？答案是肯定的。其实，工业时代也有不少人失业。正是失业的存在让人们努力提升自己，由此促进了人类整体技能的提高。落后的设备会被淘汰，落后的人也是一样的；每个时代都会有一部分人被淘汰掉。

淘汰是大自然演化的基本机制，也是人类社会发展的基本机制。没有淘汰机制，就没有生机勃勃的大自然；没有合理淘汰机制的社会，就会陷入落后与愚昧。

今天，我们的经济发展要转型升级，要淘汰落后产能，大多数人认为是必需的，也是赞同的。但是，许多人没有意识到，经济要转型升级，人就必然要"转型升级"；落后的产能要淘汰，落后的人就必然淘汰。人的"转型升级"与经济的转型升级是相互成就的；落后产能的淘汰与落伍之人的淘汰是相伴而生的。

智能时代与过往不同的是，即使是被时代淘汰掉的人也会有较高的生活保障。基本生活、基础教育等方面都是能够得到可靠保障的。如果你有陶渊明那样的心态，完全可以活得非常开心。

智能时代，人只创造不生产。生产是另外一些"人"的事，它们的名字叫智能系统或智能机器人。

"类鼠"机器人

AI 的"意识"水平，也是区分社会发展阶段的重要标志之一。就"意识"水平来说，目前 AI 的能力与虫子之类的动物差不多，到智能时代，AI 的能力大致与老鼠类动物相似。

AI 会不会有意识，是一个富有争议的话题。理论物理学家加来道雄提出了"意识时空理论"，强调意识是为了实现一个目标，比如繁殖、寻找食物、住所等，来创建一个世界模型的能力。在创建模型的过程中要用到多个反馈回路和多个参数，比如空间、温度、湿度、时间与他者的关系等。动物意识主要是处理与空间的关系和它们之间的相互关系。人类的不同之处在于，他们创建的模型还包含与时间的关系，包括过去与未来。

加来道雄把意识划分为四个等级。

意识的最低水平是 0 级。这个意识水平的生物是静止不动的或具有非常有限的移动能力。其反馈回路的参数只有几个，像植物只有温度与湿度等少数反馈回路，且没有中枢神经系统。像自动化机器也就是这个水平。每一个反馈回路，可以标记为"意识的一个单位"。开花的植物，大致有 10 个反馈回路，其意识水平可标记为 0: 10。

中国北方植物对温度特别敏感，南方植物则对湿度反应灵敏，而西北地区的植物则对温度与湿度都相当敏感。所以，能够在西北地区长期生存的植物就比较少，可以在南方长期生活的植物就相对多。我们说，艰苦的环境能锻炼人，就是因为在艰苦复杂的环境里，可以形成更为复杂的"脑"回路。生存环境越复杂，脑回路就越复杂。我们说农村人纯朴，主要原因是他们的生活环境简单。儿童一脸纯净，老人满脸故事，也是因为见过的事儿有多少之分。

能够移动的、有中枢神经系统的生物属于一级意识。它们有一组参数来反馈空间与位置的变化。由于反馈回路的增加，也就需要一个中枢神经系统来处理信息。爬行动物具有一级意识，目前的 AI 也处于这个水平。虫子、青蛙及大部分鱼类都具有一级意识。

二级意识对于一级意识是一次大跃升，它们的反馈回路呈指数级增长，最关键的是出现了情感反馈回路，有了更先进的指标和功能。可以识别敌与友，懂得吸引异性，知道建立联盟等。从老鼠、兔子，到狐狸、猴子等动物都具有二级意识，它们都具有不同程度的社会性。

三级意识最主要的标志是有了时间反馈回路，能够对过去进行反思，可以对未来进行谋划。达尔文说："人和高等动物的区别尽管很大，但肯定的是这是程度上的差别，而不是种类上的差别。"人类的大脑是一个"想象机器"，能够抽象、幻想现实世界中看不到的东西，依此规划与期待未来，能够设计行动方案与实施操作。

当下 AI 虽然在记忆与单项计算能力上远超人类，但其意识水平仍处在幼儿阶段，可以算是"类虫"机器人。到智能时代，AI 可达到二级意识的初级阶段，可称为"类鼠"机器人。

不劳动不快乐

在疫情影响下，就业成了一个突出问题。人得有"业"，一来养家糊口，二来安身立命。用来养家糊口的可以叫职业，用来安身立命的可以叫事业。干事业得有志与智，多数人很难二者兼备，只能从事某种职业。职业生涯比较枯燥，时间长了就会心生厌倦，所以职业岗位都有纪律约束。这种约束同样也让人不爽，所以大多数人都期待假期。

生活中，有80%的苦恼来自上班，可如果不上班就有100%的苦恼来自没钱花。在上班与没钱之间，只能选择上班。不能不劳动的时候，休假是爽心事；有钱却没事干的时候，会不会爱上劳动呢？

20世纪中期，一个家庭有三五个孩子。当孩子们开始生孩子的时候，都希望父母帮着看孩子，搞得兄弟起矛盾，弄得父母很为难。到了21世纪，大多数家庭只有一个孩子，当孩子生孩子的时候，双方父母都想看孩子，搞得双方有意见，弄得孩子们很为难。

许多在职人员，盼着退休，看着退休人员对工作的留恋，就觉得他们真的好傻，可到自己退休的时候，照样重蹈前辈的覆辙。

不得不干事，干事成了累心的事；没啥事可干，干事就成了求之不得的事。供需起变化，心理生反转。

智能时代，人们是会爱上劳动的，原因就是智能机器取代了人类一般劳动，供需起了变化。你爱劳动，劳动不爱你，咋办？出路大概有两条：一条是在现实世界里从事创造性劳动，比如政治家、科学家、工程师、医学家、哲学家、文学家、艺术家、探险家等；一条是在虚拟世界里进行劳动体验，劳动在虚拟世界里成为一类游戏，人们在这里参与某种劳动竞赛，从竞赛中可以获得劳动的快乐，也可以激发创造的乐趣，从中产生的创造性成果，有的可以应用于现实世界的生产活动，有的可以应用于虚拟世界的劳动游戏，使得两个世界的生产不断地发展进步。

两个世界的劳动，都演变为一种游戏，又都是真实的生产体验，人们可以在两个世界里相互转换。

现实世界的劳动生产与虚拟世界的劳动体验，都不带有强制性，不需要打卡，也不需要激励，但更可能出现自觉的"996"。正因为没有了强制性，反而形成了自觉性。正像人们玩游戏，没有任何强迫，人们反而乐在其中、无法自拔。

智能时代的生产劳动，制造体验，生产快乐，顺带着激发出无穷的创造力。

有感觉的材料

自从机器有了"大脑"，就获得"智能机器人"的称号。可我们仍然觉得智能机器人笨笨的、呆呆的，还希望智能机器人可以做更多的事情，以及有温度有情怀地做事情。

智能机器人与人的差别，可不只是大脑的功效不同。人的皮肤有感知，智能机器人没有皮肤；人的细胞是活的，智能机器人的材料是"死"

的。人工智能要进一步智能，就得进一步模仿人。其中之一就是使用智能材料，让它有皮肤，让它的细胞变成"活"的、有感觉的。

让材料"活"起来，是材料领域变革的重点方向之一。所谓"活"材料，用技术语言来说，就是具备感知环境刺激，能对其进行分析、处理和判断，并采取一定措施进行适度响应的材料系统。主要包括压电材料、记忆材料、电致伸缩材料、电流变体、磁流变体等。

目前，这一领域已经有了许多重大突破。人造皮肤能够感知内外部世界，还具备了一定的自我修复能力。可降解材料，可以与肉身融合，不再是体内的"异物"。想想看，当智能机器人有了皮肤，有了更强更全面的感知能力，会不会懂得人间冷暖？会不会生出人间情愫？

我们知道，世上无论是死的还是活的东西，都是由原子组成的；各种各样的存在，不过是化学元素的不同组合。材料物理学家们一直努力解决的，就是让某些材料既保持其原有的特性，又增添部分"细胞"的功能。直白地说，就是通过"杂交"，产生新的材料，使这种新材料变成"活"的，或者说是具有智能的。

智能机器人，有了比人类更强大的"大脑"，还有了"活"的智能材料构成的身体，能力就会大大提高，模样也就更加可爱。

虚拟工厂

数字平台是"新土地"，元宇宙是新世界。元宇宙成为新一代生产力表演的新舞台。企业由实体到数字孪生，再到虚实共生，虚强实威，实壮虚胆，带来生产形态的大革命与生产力的大跃升。未来，没有虚拟的现实是不现实的。"虚拟"就是经济的代名词，也是时尚的"代言人"。

2021年12月底，韩国首尔市首家虚拟工厂诞生。市民郑珉晶通过平台创建3D虚拟化身进入车间，用了3分钟时间制作了一款冰激凌蛋糕。任务完成后，虚拟工厂赠送了电子优惠券。这些优惠券可以在实体店里作为有价证券使用。这家店开张第一周，来客就超过100万人次，促进实体店营业额大幅上升。

2022年2月，麦当劳为基于元宇宙的虚拟餐厅提交了注册申请，为向顾客提供虚拟商品与服务做合法性准备。目前，世界各地都有一大批企业在为进军元宇宙积极热身。

智能时代，元宇宙外的企业都将成为原始社会的"手工作坊"。

虚拟工厂是什么？又有什么价值呢？

实体性虚拟工厂。它通过实体工厂数字化，孪生出数字工厂。利用数字工厂，对企业产品的设计、研发、制造等进行全流程的模拟优化，并控制全过程的生产活动。这种虚实融合，可以大幅度地降低费用、提高效率、保证安全与质量。

生产真实产品的虚拟工厂，类似于工业生产的"淘宝网"。准确地说，这是一种开放的虚拟平台，它的生产通过实体性工厂来完成，生产什么由客户提出需求；客户可以自己设计产品，也可以委托平台设计。个人也可以在这种平台上开办自己的"虚拟工厂"，类似于今天人们在淘宝网上开店。这样既可以集合大众的创造力，又能够让实体工厂的生产能力得到充分利用。

生产虚拟产品的虚拟工厂。这类工厂是虚拟的，提供的产品也是虚拟的。也就是说，它给大众提供的是产品体验，不是真实产品。或者说是无形的工厂提供真实的感觉。这将大大降低物质材料的消耗，减少土地占用，降低环境保护的压力，也为客户节省了生活费用。

不论是什么类型的虚拟工厂，都能够为人们提供三维空间的场景服务，顾客可以用虚拟身份置身其中，并在得到授权后参与设计或生产活动。

实体性工厂是根，生产真实产品的虚拟工厂是本，而生产虚拟产品的虚拟工厂是枝头的花与果。它们共同组成了无边无际的"森林"体系。

虚拟产品

你想带着恋人到超五星级酒店里浪漫一把，可恋人舍不得让你破费，弄得你心里不知是啥滋味；你想开着豪华跑车，载着心上人，在滨海大道上潇洒一回，可你买不起豪车，弄得你心中有点酸；你想浑身名牌，体验一下小姐公子的感觉，可你钱袋子瘪瘪，弄得你的心情不够甜。一分钱难倒英雄好汉。因为钱不够，你的许多愿望都转化为失望或沮丧。未来，钱不够可以在虚拟世界里让你满足个够。

智能时代，我们使用的很多产品，将不是真实的，又是真实可感的。实物产品用来满足人们生理上的硬需求，虚拟产品用来满足人们生理、心理与精神上的各种需求。

万物皆可虚拟，千般不必实有。现实世界的一切都可以虚拟，你能想象的一切都可虚拟为现实。只有你想不到的愿望，没有实现不了的虚拟。每个人都可以像贾宝玉那样，在"太虚幻境"里爽一把"天上人间"。

虚拟产品不只在虚拟世界里使用，在特定的环境下，也可以应用于现实世界之中。比如舞台演出，演员将不再需要化装，也不需要更换服饰，更不需要频繁更换道具，因为所有这一切皆可虚拟。比如你参加公共活动，也不需要带那么多服装，只要有虚拟设备，什么样的服装都可以为你配备。再比如，你的一间陋室，就可以是《红楼梦》中的大观园，怡红院、潇湘馆、稻香村等可以随意转换，你想住在哪里，它就可虚拟为那里；你还可以选择让宝玉哥哥、黛玉妹妹、李纨嫂嫂等与你朝夕相伴。

虚拟产品与体验消费，将带来经济的新一轮繁荣与生活的新一波繁华。

当然，不要以为这一切都是白给的，虚拟产品也是有专利权的，使用它们也是要花钱的，只是它们便宜得多方便得多而已。

隐身产品

不少人担心，无处不在的摄像头、传感器，加上脑子超级好使的AI，将使每一个人都成为"透明人"，整个世界也就成了全景式监狱。这种担心是不是多余？是，又不是。

"透明社会"已经到来，只是人们正痴迷于它的便利，还没有对它的弊端产生反感。当问题被提出来、认识到，剧情就会开始慢慢反转。不透明时，人们渴望透明；完全透明，大家便希望遮挡。

小孩子喜欢玩一种叫"躲猫猫"的游戏。这个游戏的趣味就在于巧藏与会找。所谓巧藏，就是不太好找又不是找不着的状态。如果藏得不巧妙会产生因太容易找到而失去了发现的乐趣，或者因找不到而失去了继续玩下去的兴趣。

社会治理与社会生活，和小孩子"躲猫猫"是一个理儿。透明代表认知，遮蔽才有想象。没有透明，认知就难到位，管理就不完善，秩序就会混乱。什么都透明了，诗意、想象、浪漫也就丢光了，活力就丧失了，生活就没什么意思了。

发现的技术上不去，隐身的能力就不能太强；同样，有了透明技术，必定有反透明的技术。透明与反透明反复较量，就是人类进步可以走的路子、应该有的样子。所以，在智能时代，隐身技术与隐身产品一定是热门。

今天穿衣服出门，将来必须穿隐身衣出门；今天你睡觉要拉上窗帘，将来你睡觉就得打开屏蔽罩。在那时候，一款特殊眼镜就能够穿透衣服、窗帘，以及普通的墙壁。不穿隐身衣出门，类似于今天裸体上街。

隐身是人类最古老的梦想。过去，人们想隐身是希望获得更大的自由；未来，不能隐身就完全没有任何自由，隐身也将成为刚需。

大多数人认为隐身不过是骗子的把戏，将来能进入现实吗？

隐身这件事，说难很难，说简单也很简单。只要让光穿过去、绕过去、散射出去等，反正只要不让光反射回去，就能够实现隐身。空气可以让光穿过去，我们看不见它；黑洞可以让光逃不出去，我们也看不见它。隐形飞机可以让光散射出去，所以雷达发现不了它。

隐身、隐形就是和光做游戏。隐身与隐形并不是完全看不见，而是让什么看不见与让谁看不见。隐身既是古老的梦想，也是自古就有的艺术。变色龙就是隐身高手，青蛙的皮肤也是高级隐身衣。蛇与蝉等为啥要蜕皮？就是更换隐身装备嘛！

控制材料的折射率，就能让物体隐形。固体大多是不透明的，它们的原子之间的密度高，光无法通过。气体、液体的原子之间的空隙大，光比较容易穿过，因此透明度就较高。也有一些固体是透明的，比如玻璃、水晶等等，它们的原子是以精确的网格结构排列的，其中有着有规则的空隙。

从光学原理上看，隐身不仅是可能的，而且是一直存在着的。隐身的难点在材料。材料的难点有两个，一是如何能够弯曲不同波段的光，一个是怎样做到柔软且有强度。

这里的关键是纳米技术的突破，也就是能够操控直径为十亿分之一米的原子尺寸结构的能力。有了这个能力，我们将能够制造出自然界中没有的超级材料，其中就包括用于隐身、隐形的各种材料。

在此之前，人们也不会放弃隐身的追求与行动，那就是保持向大自然学习的传统，继续发扬光大"视角伪装"的游戏。比如，利用全息图像制造全息隐形等等。

多用途的激光

你知道科幻作品为什么喜欢战斗题材吗？战斗充满激烈的对抗，既富有悬念又非常刺激，有利于得到较好的市场回报。这固然是重要的原因，可还有另外的因素也起着重要作用。

自20世纪下半段，激光就经常出现在军事题材的科幻作品中，激光炮、激光枪威力无比，《星球大战》中绝地战士手里的激光剑，从古老中放射出崭新的魔幻，简直是不能再酷了！

如今，激光炮、激光枪已经不是新鲜玩意了。但是，能够拿在手里，便于携带又威力强大的激光枪，目前还真没有。能够集中到一束光上的能量，并不存在物理定律上的限制，其中的难点主要还是材料。我们需要一种微型动力装置，它具有一座小型发电站的能力，又要小到像手电筒的电池。我们使用的激光放射性材料是极不稳定的，如果泵入过多的能量，激光器就会过热，并导致破裂。

我们对激光应用的所有畅想，科学方面是完全赞同的，只是工程材料方面目前只有这样的表态：暂时办不到，一直在努力。

目前，激光在两个领域应用最多，一个是军用，一个是医用。因为这两个领域都是保命的，命是无价的，能够保命的用品也就是无价的。所以，创新多是军方引领的。能够引军方上钩，科幻变现的步伐就会加快，这也是科幻作品偏爱军事题材的原因之一。优秀的科幻作品，都希望改变现实并引领未来。要实现这样的目的，就需要吸引不计成本的投资者。军方是目前最理想的投资方。战争是残酷的，可没有战争，人类科技发展的进程就会大大放缓。

科技是第一生产力，军事斗争是科技进步的第一推动力。历史、当下与可见的未来，这个残酷的现实将一直存在。

智能时代，激光应用将进入更广泛的领域、具有更广泛的场景。概括来说就是两个方面：激光制造与制造激光。

制造芯片的光刻机就属于激光制造。精密制造，没有激光参与不成。不用激光上手的活，都是粗活。机械制造将让位于激光制造。

新材料与新的激光形式还会层出不穷。比如原子激光、X 射线激光器等。X 射线激光，波长极短，可以测量原子的距离，能够破译复杂分子的原子结构，还可以进行原子层面的操作。

同时，激光将更广泛地应用于我们生产与生活的方方面面。在更长久的未来，我们可能将骑着激光去旅行。

原子级机械与制造

20 世纪，大是制造业的主旋律。有制造大型设备的能力是工业实力强大的标志。当年，我们制造出万吨液压机、万吨巨轮等，那是举国欢腾，比许海峰拿到首个世界冠军还兴奋。20 世纪末到 21 世纪初，精密设备、精密仪器成为高端制造。未来，达不到原子层面的制造，都算不上精密、够不上高端。

在头发丝上，雕刻图像文字，只能拿放大镜才能看到，这样的手艺十分令人惊叹。但未来的制造，这样的手艺压根就是雕虫小技。原因在于我们将熟练地掌握纳米技术，具有操控直径为十亿分之一米的原子尺寸结构的能力。

1981年，在IBM实验室里取得了一项惊人的成就，他们制造出的扫描隧道显微镜，可以获得由单个原子排列成的完美"图像"。IBM公司随后展示了用原子写出的三个字母IBM，迅速燃爆了科学界。

扫描隧道显微镜的主要作用是"看见"，然后用电信号来指挥原子行动。这样的制造就像搭积木游戏，原子是组件，可以搭建成任何东西。

任何一项重大创新，都有一个漫长的成熟过程。目前，纳米技术制造的"装置"大多是一些玩具，康奈尔大学的科学家们就制造出了世界上最小的吉他，其体积只有一根头发丝的1/20，使用的是硅材料。这也预示着，原子制造距离我们的生产生活已经越来越近。

我们为什么要制作如此精密的设备？

我们已经进入了量子世界，量子领域需要量子级别的制造技术。未来的发展，"看不见"的时空是极重要的一个方向，掌握并运用量子时空的能力，将成为一个国家综合实力的重要组成部分。

我们还将进入"生化"制造的时代，而原子制造是通往"生化"制造的一条必经之路。至于什么是"生化"制造，我们将在本书的第二部分讲述。

大自然就是在原子层面进行"制造"的。也就是说，我们将要掌握的先进技术，其实是大自然的一项古老技艺。

"城市先知"与智慧城市

计划与市场到底哪个好，一直是经济领域争论的焦点，至今难有共识。现实是，发展改革委员会的活很不好干，里面的人干得很辛苦。经济发展好了，少有人说"发改委"功劳不小；经济一出问题，便有不少人说"发改委"的毛病不少。

经济运行是一个复杂的体系，变量太多，不好预测，也就极难计划与管理。城市发展也是一样，而且更为复杂，变量更多。怎样让城市资源更好地转化为经济发展的效率与市民生活的福祉，也是困扰管理者与市民的一大难题。

物理学告诉人们，任何可见物质都有物理极限，超过了这个极限就会出问题。人也是有局限的，单靠人自身的能力不足以支撑经济的合理运行，也不足以支撑一个城市的高效运转。"云大物移智链"等相继出现，并结成"英雄联盟"之后，人们的雄心再次勃起，有好琢磨事的聪明人就提出了"城市大脑"、智慧城市等概念，又吸引了一些有梦想、不安分的人"撸起袖子"便开干。

理想与现实之间隔着千山万水。城市是如此复杂，里面还有那么多自主运行的人类大脑，怎么给它安上一个管用有效的超级"大脑"？梦想都是由不安心、不甘心、会用心的人实现的。有人又提出了"城市先知"的构想。啥意思？这可不是概念翻新。它其实是一个城市模拟与再造系统。它能解决什么问题呢？也就是模仿人类大脑的功能，建设一个超级"大脑"。

人类大脑最强大的能力就是构建与规划。它从感官获得有限信息，通过对有限信息的深度加工，构建图像、概念或模式，并以此规划未来。

比如，你看到一个人脸的一部分，就可以知道这是人脸，以及性别、大致的年龄或者是谁，然后会决定是离开或者打招呼。我们的大脑是一个强大的"编辑部"，我们意识到的任何事物，都不是真相，而是大脑编辑的故事。要建设智慧城市，需要海量数据信息，我们无法采集与加工全部数据信息。"城市先知"可以依据有限数据信息进行模拟构建，并以此完成智慧城市的规划。"城市先知"和人一样，需要在科学家与工程师等师傅们的帮助下，不断地学习，持续地提高自己的能力。"十年寒窗苦"。"城市先知"大致也需要"苦读十年数"，方可成"先知"。

目前，智慧城市建设大多是从交通领域入手的，主要是解决通行效率问题。下一个领域可能就是能源，重点是解决多能互补、多能转化、循环利用等问题。这两个领域一旦突破，智慧城市建设将得到迅速发展。智慧城市建设积累的技术与经验也将很快推广到社会治理的方方面面，从而深刻地改变人们的生产与生活，进而深刻地改变人类社会的面貌。

第六章

商 业

从有限平台走向无限元宇宙

从搭建平台到构筑中台，再到元宇宙，我们经历了平台的神奇与中台的神秘，又转入到对元宇宙的好奇。单从商业角度看，其实它们都是在重塑产品服务与消费者的关系。

这些年，我们见证了淘宝、腾讯、易购等大众消费平台的风起云涌，也感受到了它们的无奈与挣扎。进入21世纪的20年代，基于移动互联网的商业服务公司几乎个个陷入困境，由"香饽饽"变成了"臭狗屎"；有的创始人几乎在一夜之间由"金主爸爸"沦落为贪婪的"恶魔"。

"金主"是如何生成的，"恶魔"又是怎样缠身的呢？

一切都源于"流量"。"流量"产生数据信息，还创造从众效应。平台公司使用各种花招吸引流量，掌握了海量数据信息，使得生产者与消费者都成了"盲人""聋子"与"瞎子"，不自知不自觉地失去了选择与议价的权利。平台公司在这一侧迫使生产者降价，在另一侧诱导消费者掏钱。一头是"割肉族"，一头是"剁手党"，共同养育了平台老板们的"意气疯"与"胆儿肥"，使他们有了"金主"的光环。

平台公司之间竞争激烈，它们先是给消费者让利，然后把消费变成娱乐，制造消费狂欢，将购物的实用性演化为某种心理满足，消费者持续地购买一堆便宜的无用之物，从而透支消费能力。当钱袋子里没票子的时候，忽然就感觉自己被"割韭菜"了，"金主"也就成"恶魔"了。

表面上看，网络平台挤掉了实体店，让一部分人失去工作岗位，带来了反弹。实质上，平台公司的问题是误导消费者，让为了便宜与方便的购买行为变成了社会的巨大浪费。人们在购物上支付的时间与金钱不是减少而是大大增加，这就背离了互联网的初心。虽然网络购物狂欢之后留下了一地鸡毛，但从长期来看，人们追求消费体验的趋势是不会变的。

人们将在元宇宙中实现更美好的体验式消费。这种美好首先体现在真实，是那种置身其中的真实。你要购买鸡蛋，你可以置身鸡的生活环境，可以直接体验鸡蛋加工后的色香味。如果你要买衣服，你便可以在虚拟环境中去体验，享受一把模特的感觉。所有的销售都场景化的、生活化的，购买行为不是额外的时间支出，而是生活体验的一部分。

销售由靠广告、靠流量走向靠场景。不能提供置身其中的场景体验，便无法赢得顾客。

货真价实、物美价廉、方便快捷，这是不变的商业逻辑。但是，这些东西本质上都是一种体验。元宇宙为丰富人们的体验提供了新的更多的可能。未来的商业竞争是争夺顾客体验感的竞争。

从明星、网红到虚拟 IP

北京冬奥会，火了"冰墩墩"与"雪容融"。这两个小家伙为啥如此遭人喜欢？因为它们是历史文化、体育精神与时代心理的具象化融合，当然也是一次成功营销的结果。

电视时代，流行的是明星代言。人们把对明星的喜欢投射到其代言的产品上。移动互联网时代，网红抢了明星的饭碗。网红用的是"人设"与传达消费体验，离产品更近了一些；而明星靠的是自己在另一个行业里产生的社会影响力，与产品的距离较远。但是，这些营销方式，消费者都是被动的。

未来，虚拟 IP 大概会取代网红。它们是一家公司或某种产品的吉祥物，类似于"冰墩墩"与"雪容融"，但它们是"活生生"的，可以与人互动交流的。它们靠形象吸引你的注意力，凭内涵与你产生共情，让你乐意到它们的工厂、商店里去游玩，并做你的导游，增强你的体验感，刺激你的购买欲。这里虽然还有引导、诱导，但消费者参与了虚拟现场的体验，与真实产品的距离更近了。

如果把营销比喻为婚介，明星代言是告诉你，这个人不错，是可以结婚的；网红是告诉你，和这个人结婚的感觉真好，你不抓紧机会就没了；而虚拟 IP 是告诉你，这个人很好，是理想的结婚对象，不妨先谈个恋爱试试。

异性结合是先恋爱后结婚，商品交易是先体验后购买。今后商业服务的核心是为消费者提供场景化产品体验的能力。未来的营销人员，高度依赖算力与创造力。营销高手都是幕后工作者。

实用与体验高度融合

人的心理是非常奇妙的。越是贫穷，越是物资稀缺，人们越追求同质化的东西，别人有的东西咱也有，心里就舒坦。兜里有钱了，物质丰富了，就渴望差异化，一旦与别人"撞衫"就觉得没面子。有钱了，有闲了，人们就不只需要实用性，还追求体验感。都到商店里买东西，不"撞衫"是难的，怎么办？那就自己参与到生产环节中去呗！

工业化与市场经济，带来分工的精细与效率的提升。生产者制造的产品，由商家去销售，顾客购买的是别人生产的东西。顾客的选择是有限的，但顾客通过让渡个性需求获得效率的提升与成本的降低。

任何事物发展到一定阶段，会在更高水平上实现回归。智能时代，厂家、商家与顾客的界限变得越来越模糊，消费者可以自己在虚拟工厂、虚拟商店参与到生产环节，也可以将自己制造的产品在虚拟商店里销售。消费者的参与主要在创意与设计等环节，制造是由智能机器完成的；创意与产品的展销是在虚拟世界里进行的。

智能生产与虚拟世界，使得生产、营销与消费向同一个方向融合，那就是生活体验。生产不只是制造实用性，也创造体验感；销售服务不只提供实用产品，也提供商品体验。生产与生活、销售服务与生活都不再是界限分明的，它们共同构成多样化的生活体验。

这些体验属于绿色体验。因为这些体验主要是在虚拟世界里进行的。

可买卖的情绪

从工业到商业，再到数字经济，买卖的逻辑也在随之变化。工业时代，质量第一，人们要的是实用；商业时代，品牌至上，人们要的是感觉；数字时代，情绪制胜，人们图的是一个"爽"字。买卖由理性转向感性。

未来的买卖，具有决定意义的不是使用价值，而是情绪价值。情绪本身就可以出售和消费。市场行情随情绪的变化围绕使用价值而上下波动。供求关系不由商品多少与需求强弱来决定，而由情绪的变化形成。价格围绕价值上下波动的逻辑已经不够周延。情绪将取代理性在消费活动中占据主导地位。

数字媒介最适合传递情绪。数字化让时间加速，一切都仿佛来不及，理性很难参与其中。"碎片化"阅读，影响的是主要情绪，基本不引发理性思考。信息的大量增加，成就了算力强大AI，人却成了AI的"玩偶"。AI并不给人说理，而是精准地调动人的情绪。

聪明的广告商，都在调动情绪。你看可口可乐的广告，从来不介绍产品，只用画面与音乐创造情景。马东的"花式口播"，重点也是让你情绪愉悦。文字相对于图像、音乐与声音，其传播力、感染力与影响力是较弱的。

情绪制胜的秘密是什么呢？情绪不产生罪恶感。情绪是本能的、半意识的，不进入深度思考。而罪恶感是一种认知，不属于情绪范畴。今天有很多"剁手党"。"剁手党"买了东西后会后悔，后悔来自负罪感，是理性思考的结果。后悔之后仍然下单。情绪总是先于理性出现。情绪是自动化的，十分勤快，还有热情；理性需要意志，比较懒，还不太坚定。

情绪可以买卖并不全是互联网与数字化的功劳，富裕也是一个重要因素。手里没钱，情绪就只能靠边站，只好让理性出来当家作主。理性说了算的时候，情绪往往会闹情绪。

沙漠旅行圣地

当下，南下成为一股潮流。我国继东北成为人口净流出区域之后，华北地区也成了人口净流出的地方，西部与北部常住人口越来越少。到智能时代，剧情会不会依然如此呢？

剧情反转是大概率事件。反转的原因，有传统因素，比如交通与通信技术的发展；也有非传统因素，主要是人们对自然环境的改造与城市、乡村生活设施的完善，使得不同地区的差异越来越小。还有一个最为关键的因素，就是人们心理诉求的变化。日常的生活条件越好，日子过得越舒适，人们就越需要刺激。战争片、恐怖片之所以有很好的市场，就是源于这种心理诉求。

看惯了江南小桥流水、烟雨朦胧的细腻婉约，猛然看到沙漠的古道西风、大漠孤烟的辽阔豪放，便会生出一种纵酒放歌的冲动。"大漠沙如雪，燕山月似钩。"这种浩瀚的细腻、博大的清秀，可以编织出豪气与柔情杂糅的侠士情怀。"阴风吼大漠，火号出不得。"这种神秘的凶悍与可感而不可知的凶险，可以激发出对人生命运的感慨与领悟。"大漠孤烟直，长河落日圆。"这种宏阔的视野与简约的意象，可以横扫胸中块垒，升腾浩然奋进之气象。

看惯了江南的青山绿水、万紫千红，再看到北国的千里冰封、万里雪飘，就会生出一种清爽的畅快与滑翔的热情。"乱云低薄暮，急雪舞回风。"此时在室内吃着东北乱炖，喝着东北小烧，那是何等快意！"山舞银蛇，原驰蜡象。"穿一身白衣，戴一顶红帽，穿行于林海雪原，是不是别样风流！

冰雪与沙漠与绿水青山一样都是宝，只是各有各的风情、各有各的美妙。绿水青山是金山银山，沙漠雪原也是金山银山，因为它们都是自然生态的组成部分。

差异就是生意的立足之地，商业的诀窍就是经营差异。未来，东北的冰雪与西部的戈壁、沙漠都将是旅游胜地。

买卖懂事的服装

俗话说："人是衣服马是鞍。"衣服可以给人加减分，它是一个人外在形象的添加剂，也是一个人内在特质的说明书。人们在衣服上的花费是非常高的，女人则不仅要打理自己的衣服，还要打理自己男人的衣服，除了花费很多票子还要花费许多时间。

女人打理服装，经常遭遇幸福的烦恼。有时候，美丽与冻人不好取舍；更多的时候，是美丽与美丽之间不好选择。人们穿衣服的痛点，就是服装发展的方向。智能时代，衣服将变得懂事。它不再是完全被动地等着主人的挑选，而是主动地满足主人的心理需求。

女人挑选衣服，是审美过程，也是决策过程，还是享受过程。当然，有的人有时候也会纠结焦躁。懂事的服装，不是替主人作主，而是懂得主人当下的心理。它知道主人此时是在享受审美，还是正难以决策。如果主人正享受审美，它就做被动状；如果主人正着急出门，它会帮助主人作出恰当的判断。

衣服是怎么做到如此懂事的呢？未来的衣服将成为人的"第二皮肤"，而且具有一定的智商。它可以通过触觉，感知主人心脏跳动与肌肉松紧的变化，从中解读到主人的心理状态。它能够自动变色变形，也能够自动调节温度。它还可以与主人进行简单的交流。

衣服可以变形，一件衣服就可以满足人们对衣服场景化、个性化、多样化的需求，那商家岂不是没有多少生意可做了？是有一定影响，却不必担心无钱可赚。只要你看看当下的手机生产厂家就明白了。未来的衣服需要创新的不只是款式造型，还有科技水平。

未来的服装行业将是最高端的制造业。一件衣服就是人类综合科技成果的集中体现，还是人们艺术创造力的集中体现。

感觉经营公司

"网红"带货的能力令人吃惊、让人眼红。一时间，产品广告的影响力完败于"网红"的感染力。这个"黑天鹅"是从哪里飞出来的？

移动互联网是它的"翅膀"，富裕生活是它的"身体"。社会进入全面小康，消费观念为之一变，移动互联网极大地加速了新观念的传播。穷的时候，消费主要是为了满足生理需求；富了以后，消费主要是为了满足心理需求。钱少的时候，花钱主要由生理作主；钱多了，花钱主要由心理当家。移动互联，方便了情绪感染，每个人都不再是自己情绪的主人，却都能体验共情的愉悦。"网红"是点燃情绪的那根"火柴"，直播带货卖的不是货而是情绪，"剁手党"买的不是商品而是感觉。

智能时代，是一个又富又强的时代，物质需求得到极大满足；准确地说，是现实世界的物质已经不能满足人们的心理与精神需求，只能在虚拟世界里去找感觉。而"元宇宙"能够提供各种现实世界里体验不到的东西，那么经营感觉就有条件成为一种最为火爆的生意。

如何经营感觉呢？

一种是"快餐"式的直给，通过电信号或化学信号直接刺激人的感官与大脑，让顾客获得某种感觉体验。这种方式的好处是方便快捷，坏处是缺少过程。

一种是提供场景，让顾客在互动中获得某种感觉体验；或者只提供要素，让顾客自己创造场景，然后进行互动。这种经营活动，主要是以游戏的方式进行的。这种方式的好处是过程更加丰富，坏处是获得的感觉受顾客个人能力的制约。

一种是与顾客进行意念交流，来引导顾客的感觉体验或创建顾客的精神世界。这种交流可以是心理互动慰藉，也可以是思想共鸣或精神共振。它通过读取顾客的情绪、想法、观念等，有针对性地向顾客输入某种情绪、观念与思想，在交流互动中满足顾客的诉求。它能够读人的心思，也能够给人"写"入某种心思甚至思想。它是虚拟世界里的知心大姐、贴心闺密、灵魂导师。这种方式的好处是可以满足顾客深层次的心理与精神需求，坏处是顾客可能会被塑造、被控制。当然，也不用紧张与担心，只要你愿意，随时都是可以删除的，就像我们清理电脑垃圾一样。

感觉经营公司需要有严格的资质审查、严密的营业监管与严厉的违规处罚。

青春运营公司

智能时代，现实世界里的硬需求变少，虚拟世界里的软需求变多。这便是虚与实、软与硬的相互转化。但这并不是说，在现实世界里就没有硬需求了，其中最大的硬需求就是延长青春与延长寿命。

现在，人们说有什么也别有病。智能时代，得益于基因工程与蛋白质管理，已经没有人会生病，但自然衰老的事暂时还不能完全解决，所以延长青春与延长寿命就成了现实世界里最大的生意。活得健康不是问题的时候，活得美就成了主要矛盾；活得美了，就希望活得久。

活得美，不只是外表的美，还有内在肌体的好。对"冻龄"的要求是由内而外的，而不是当下的"裱糊"式"冻龄"。实现的方式大致有两种：一种是修复，主要是运用干细胞技术，恢复细胞的功能与活力；另一种是控制，通过调节基因的运行工况，防止基因突变，降低基因复制的损耗，达到延长青春与寿命的目的。

那时候，已经没有带着红十字的各类医院，代之而起的或许是彭祖生命科技公司、潘安帅科技公司、西施美科技公司、椿寿科技服务公司、海伦青春女神服务公司等等。

这些公司的基础服务是维护与维修人的身体，预防疾病，其收费很低，带有半公益性质，提供的是普遍服务。其收入的主要来源是"冻龄"、塑型、颜值提升等业务。相应的，人们的主要支出也不再是房子、车子与孩子等，而是自己的身子。

有些公司还会经营"冷冻活人"的业务。一部分人可能拒绝成为死去的最后一代人，而自愿把自己"冷冻"，期待人类掌握了长生不老之术，再重新复活。

商业的新形态

与工业时代相比，智能时代的商业活动将发生诸多根本性变化，因为有一位隐藏着的"高手"有了更高的身手。

商业活动玩的是商品交换。这个游戏要有效进行，必须具备三个要件。首先是信用保证，否则谁也不敢交易；其次是价格机制，谁都想卖个好价钱，就需要有机制来定价；然后就是货币，否则交易就不顺畅。

目前，信用保证主要由法律规则体系来实现，实质上是第三方担保。这个第三方需要有强制执行能力。价格机制主要是市场定价，遵循价值规律。货币则主要由政府或货币组织管理调控。通常，人们认为商业活动受"两只手"操控，一只是"看不见"的手，也就是市场；一只是"看得见"的手，也称为"市长"。实际上，市场与"市长"都不过是"手"，它们都受一位共同的"高手"操纵。这位"高手"的名字叫作信息。

估计有些朋友一听到"信息"这个词就笑了。谁不知道信息，它怎么能操纵市场与"市长"呢？人间的事，本质上都是信息游戏。一个人活得开不开心，取决于他的内部信息与外部信息的相互作用。一个人做生意，怎样决定买与卖？取决于他曾经掌握的信息与新近获得的信息。作为公民，去行使选举权，怎样决定把票投给谁？还是取决于他过去与当下获得的信息。我们所说的形势、趋势、动机、需求等都是信息的产物。政治思想、政治制度、法律法规、市场体制、市场机制、货币发行与调控等所依赖的统统都是信息。

既然信息如此神通广大，为什么人们都说"两只手"，而不提信息这位"高手"呢？主要原因有两条：第一，人们收集、处理、分享信息的能力非常有限，根本掌握不了它。第二，基于第一个原因，有一部分人就顺势而为，利用自己掌握的信息优势去引导控制另外大部分人，从中获得某些方面的利益。但是，他们能否达到自己的目的，又受自身掌握与加工信息能力的制约。就是说，大部分人掌握的信息非常有限，还有一些获得信息优势的人则力图通过信息垄断获得利益。

所谓自作聪明，就是不知道自己受到信息局限。所谓井底之蛙，就是不知道自己身陷信息壁垒。井底之蛙才自作聪明，自作聪明必定是井底之蛙。

由于通信、计算等技术的不断进步，信息形态一直在不断变化，到智能时代将发生一次巨变。信息形态一直向可收集、可量化、可加工来演化。智慧物联网与数字化建设，以及云计算与区块链等技术的应用，让信息发生三大巨变。一是信息收集能力大跃升，让信息由隐身变为显形，几乎没有什么信息可以"潜伏"；二是信息处理能力大跃升，让复杂信息的内在机理得以显形，使人们处理综合信息的能力大跃升；三是信息流通能力的大跃升，让信息加速流动，使得信息分享范围与使用效率出现大跃升。

"三大跃升"会对商业活动带来哪些变化呢？

第一，信息显形，法律隐身。以区块链技术构建的"信任互联网"形成，信用靠个人创建与技术保真、信息透明，不再需要第三方担保与证明。不能、不敢、不想欺骗与违约有了技术保障，信任的边际成本趋近于零。法律则隐居后台，重点约束信息服务的提供者。前台受技术约束，后台受法律约束。或者说，前台享受技术保障下的自由，后台提供法律约束下的保障。

第二，个体突显，组织隐形。要想富，先修路。路是公共资源，可以让个人能力与资源通过流动而增值。万物互联与数字化，意味着人人都有组织、都有资源，组织的垄断性被打破。每个人都可以利用无形组织与云资源做自己想做的事，不再需要依赖传统的组织。新的组织形式是自主分布与协同共享的网格组织，以个人意愿与价值共识为基础，没有强制性。

第三，无形在前，有形居后。信用、资产、货币等数字化，加上云计算与区块链等，催生智能资产，智能资产构成"价值互联网"，带来交易的智能化，使商务谈判与合同签定向智能合约转变。智能合约是一种以数字化方式传播、验证与执行合同的计算机协议，允许在没有第三方的情况下进行可信交易，这些交易可追踪且不可逆转。智能机器、智能产品、智能资产、智能交易、智能履约等构成闭环的无形的智能生产、交易与消费体系。

第四，数字在前，实物在后。数字化是透彻透明的实，实物是表层表面的实。我们买东西，不只要看产品还要看产品说明书。在数字世界里，所有产品的内质与外形都以数字化的形式呈现，而且清清楚楚、明明白白。不用再亲自"尝一尝、看一看"，就可以买得放心，用得可心。

第五，体验在先，实用居后。不少女性买了新衣服，喜欢问别人：

"你猜多少钱？"如果别人的回答，高于她的实际支出，她就开心；如果低于她的实际支出，她就不高兴。有经验的人就总结出这样一句话："逢人减岁，见衣加钱。"有人要让你猜年龄，就往小里说；有人要让你猜衣服的价钱，就往高里说。人家让你猜价格，图的就是消费体验。这种倾向将随着数字化、网络化而更加突显，并且前置到购买环节。带有审美性质的消费活动，比如服饰、工艺品、书画类艺术品等方面的交易，主要受网络空间的情绪情感左右，其自身价值并不是敏感因素。

现金本身成为商品

2009 年初，比特币网络正式上线运行，中本聪挖出了比特币的第一个区块——创世区块。如今，数字货币将取代现金，已经成为共识，此处不必多言。那么，我们现在手中的现金将面临怎样的命运呢？

其命运有两：被时代淘汰，被未来选择。

世上任何事物事情都不是非此即彼，都具有多面性。通常来说，被淘汰是一件不幸的事，但其中也潜藏着新的机会。苏东坡被朝廷淘汰，却被文学接纳，成为中国文学史上的一座高峰。唱片被电子介质淘汰，如今玩"黑胶"成为一种品味。古瓷器被现代瓷器、塑料制品等淘汰，却成了价格高昂的收藏品。

即将被淘汰的纸币与硬币，未来将由商品的等价物变成可交易的商品。当然，它们不是一般的商品，而是收藏品。

淘汰之物，要获得另外的价值，大致需要具备三个特点：一是具有艺术性，二是存量少，三是占用空间相对较小。其中前两条是关键。

现金是具备艺术性的，它的问题是数量太多。因此需要几代人的时间来沉淀。世上没有多少人有这样的动机与耐心，而这恰恰就是少数人的机会。

数字化与虚拟世界，会让许多实物由实用价值转变为收藏价值，并顺带着改变了一些人的命运。

远见与耐心是时来运转的两大法宝。

第七章

生　活

无事心不空

有事心不乱，无事心不空。这是很高的境界。有事心不乱的人，易找；无事心不空的人，难寻！

近些年，人工智能虽然热闹，可发展的状况并没有之前的预期好。什么原因？这个产业的创业者，精力都用在 AI 身上了，严重忽略了人。AI 是技术问题，AI 的应用就不是技术问题，而是人的问题。

AI 的出现，让人与机器的关系发生了质的变化。AI 之前，机器是乐于让人帮忙的；AI 出现之后，就不愿和人一起玩了。

如果啥事都让 AI 包办了，人可怎么办呢？因此，搞 AI 必须回答好两个问题：AI 能够胜任什么，人还能另外做些什么。两个方面缺一不可。当前，AI 发展的最大阻力，不是技术难题，而是人。许多人都在有意无意地给 AI "踩刹车"，害怕它影响就业。

无事心不空，难于上太空。AI 是被动的，人是主动的。我们似乎有两个选项：一个是让 AI 且住，继续好好把人来帮助；另一个是人给 AI 让路，自己另辟新路。前一条路，有不少人喜欢，可事实上行不通。AI 前行的路，能够被人减缓，却无人能够阻挡。就是说，人类只能另开新路。既然是开新路，就一定不容易，就一时难有共识。

在开辟新路时，首先要考虑的基本问题也就是两个：人靠什么生活与过什么样的生活。人们真正担心的不是有没有工作，而是有没有生活保障；但人们将遭遇的真正问题却不是有没有生活保障，而是如何不让时间充满寂寞。

当我们不得不终日劳作的时候，顾不得思考生活；当我们有时间自由安排生活的时候，才会发现其实并不懂得什么是生活。

在 AI 代替人的工作这件事上，我们也需要先开渠后放水。这个所谓的开渠，就是让人们回归生活这个中心。

归来哟生活

电视剧《人世间》，搞得一大把年纪的我，唰唰地掉泪珠子，感动之余，又想到了一个问题：如何把不那么苦哈哈的日子，生活成阳光灿烂的样子。我们难道只能被苦难中的真情打动吗？

共患难容易，同富贵很难。周蓉与冯化成，在落难的时候，彼此温暖，幸福满满；随着日子一天天变好，他们却时常怒目相对，不断争吵。爱情在冬天里铸就，在春天里消散，那份残存的情感，细若游丝、时断时连，欲罢不能，却再也回不到从前。

患难出真情，富贵生闲气。在冬日，心是暖的，能够抱团取暖；春天到，心渐凉，不知与谁诉衷肠。生产力的发展，可以改善人们的物质生活，并不必然导向生活幸福，人们更可能把富裕的生活过成深仇大恨的样子。

"绿蚁新醅酒，红泥小火炉。晚来天欲雪，能饮一杯无？"农耕社会是富有生活气息的。季节规定了土地的工作内容，也规定了人的工作时间。在那些季节不让人开工的时间里，人们只能专注于生活。那些脱离了农业劳动的文人士大夫与乡绅秀才，创造了基本的生活范式。那些面朝黄土的农民，由于认识受限、信息匮乏，反而能够把单调的生活小火慢炖出土地与野草的气息。

农业时代是伦理导向、亲疏心理、服从文化、人情社会，人们遵从自然的节奏，过着季节性生活。而工业时代与信息化时代是绩效导向、比较心理、消费文化、倦怠社会，人们过的是机械式生活。求绩效必有比较，比较的心理满足落实于消费行为。最初的绩效导向极大地调动了人们的积极性，企业生产效率提高了，个人收入增加了，物质生活也跟着得到改善。但比较让消费变成了一种竞赛，从而远离了生活本身。持续比较与过度消费，先是催生出焦虑，继而形成倦怠。这便是抑郁症、"宅男""躺平"等心理疾病等持续增加的主要原因，"葛优瘫"能引起普遍共情亦源于此。这种倦怠不是不作为，而是挣扎着奋斗、纠结着行动。

我们在体育竞赛中，即便是最后一名，也可以坚持到最后，实在不行了，还可以退赛。体育比赛是暂时性的，但生活中的消费竞赛却一直伴随到生命的终结，没有退出机制，时间久了，落后的会感到绝望，领先的会觉得无趣，参与其中的人终究都会产生倦怠。

概言之，就是积极倦怠，无效休闲。

工业与信息化时代，很难出现电视剧《人世间》那样圆满的大结局。智能时代或许会出现社会转型、生活转向。上一个时代出现的问题就是转型的内在动力。生产力的发展又为转型创造了客观条件。智能时代，机器更智能，人类更智慧；智能机器人做有用功，人做"无用"功。生产劳动与休闲娱乐一样，都成为一种游戏体验。

智能时代有可能形成体验导向、移情心理、创造文化、沉思社会。由于物质的极大丰富，以及人们对绩效压迫的反动，人们不再像今天这样过度追求占有，而是追求体验。绩效压力缓解，心理得到放松，便容易与他者产生共情。节奏放慢之后，"碎片化"的阅读，将有可能转变为深浸性思考，使得专注力提升，创造力增强。此时，创造本身既是过程也是目的，创造是生活的最大乐趣。这个时候，人们才有可能将物质丰富的日子过成有滋有味的生活。

生活即工作

工业社会把人塑造成了机器，到处都是奔跑的机器、学习的机器、工作的机器；就连艺术领域也成了"机器"的舞台，无论线上还是线下，我们都会看到艺术工作者成为比赛机器的所谓艺术表演。

我们是怎么被塑造成为机器人的呢？起主导作用的是机器。我们需要机器来提高效能效率，机器需要我们的配合才能把它们的潜能完全释放出来。为了一个共同的目的，双方形成了深度绑定。我们毕竟不甘心做成了机器，还是渴望自主与自由，这时候另一个关键角色就出场了。这个角色就是资本，准确地说是资本所有者，俗称老板。他们主要使用三种手段，让我们自觉地成为创造机器与使用机器的机器。一种是约束，搞出许多规定办法，令我们不得不成为机器。比如打卡、遍布工作场所的摄像头等，像监控机器一样监督我们的运行状态。一种是激励，弄出各种奖励制度，搞各种劳动竞赛，像给机器加油、充电一样调控我们的"工况"。还有一种比较高级的，叫作企业文化建设，也可以称为自我实现。不管叫什么名堂，目的都是让我们不知疲倦、任劳任怨地成为机器的一部分。所以，许多企业的所谓企业文化本质上就是让人成为机器，也就谈不上什么文化。

当然，这种情况也不能怪罪谁。因为这是社会发展阶段决定的，是一个自有其道理的发展过程。什么时候能改变这个过程、进入另一个阶段呢？机器越来越像人的时候，人就有了做一个真正的人的机会。工业时代，工作约等于生活；智能时代，生活约等于工作。

作为常人，无非两件大事：胃要温饱，心要温暖。在温饱得不到可靠保障的时候，为了温饱顾不得温暖，温饱亦等同于温暖。当温饱不是事的时候，温暖就成为头等大事，还会生出一个新事，那就是心灵需要自由与共鸣。由此，生活与工作将被重新定义。

工作将被定义为一种创造性活动，生活将被定义为多样化的生理与心理体验。工作包含在生活之中，是生命展开形式之一种。这也意味着，所有人都将成为"艺术创造者"，而不再是机械式的劳动者。即使是军人与警察等特殊群体也是如此。打仗的与执法的是智能机器人，军人与警察都是指挥员。军人研究战略战术，警察研究高效执法。

当我们与机器分手之后，将会有若干转向。工作方式由雇佣关系转向合作关系，没有"打工仔"，只有合伙人。注意力由主要关注外在转向更多关注内在。我们会有更多的时间独处，与自己的内心做深度交流；社交活动由功利性的应酬转向情感与知性的交往，舒适性取代有用性成为人际关系的构成要件。阅读方式由"碎片"化转向沉浸式，更多的人开始深度阅读与追问思考，读书与听书成为日常生活方式。还有一个很重要的变化，就是文体走进生活。体育与文化艺术在我们生活中的比重将越来越大。

智能时代，人类才真正有机会做生活的主人，而不再是工作的奴隶。

虚拟自我

心理学上，将人分为多重自我。比如：本我、自我与超我，生理自我、自传体自我与理想自我等等。多个自我之间有时候玩得很愉快，有时候也相互打架。智能时代，每个人都会至少拥有两个"真实"自我。

一个是生活在现实世界中的自我。他是有血有肉有情感的存在物。一个是数字孪生的自我，也就是虚拟世界里的自我。前者可以在两个世界里生活，后者只生活在虚拟世界里。

那个虚拟世界的自我，也可以叫数字化自我。这个数字化自我并不是真实自我的数字化，而是对自我在虚拟世界的重塑。可以是你理想中的自我，或者是你想展示给别人的自我。一句话，这个自我可以自己设计，也可以请高手设计。从面容、体态到语言、声音与性格特点都可以设计，并形成独特的个人品牌。

我们将主要以这个数字自我开展工作、社交与休闲娱乐活动，而那个肉身的自我将成为自己的隐私，只与少数人相见。这个自我是神奇的、魔幻的，能够突破自身的局限与自然的局限，可以纵马驰骋于想象的世界，可以遨游于无垠的天际，可以奔腾于广阔的海洋，可以闯荡于宏大的职业天地，也可以享受虚拟世俗世界的快乐。

这个数字自我是另一个世界里的真实存在。现在，我们称这个世界为"元宇宙"。虚拟自我是"元宇宙"公民，遵守"元宇宙"的法律。"元宇宙"的法律，一部分是惩罚虚拟自我的，还有一部分是连带惩罚真实自我的。取消虚拟自我的身份，是"死刑"的一种新形式。

虚拟生活

智能时代，我们大部分时间都花费在虚拟世界里用于虚拟生活。

"元宇宙"给人们带来的是对真实的重新认识与定义，进而带来对生活的深刻思考与重新定义。数字自我过的是虚拟生活，真实自我也要过虚拟生活。虚拟生活构成了现实生活的另外一种方式。

虚拟世界的相对无限性与现实世界的相对有限性，人的欲求的相对无限性与人的能力的相对有限性，现实世界生活的相对艰难与虚拟世界生活的相对容易，决定了人的时间向虚拟世界转移的趋势。

今天，我们主要是在虚拟世界里玩游戏；智能时代，我们大部分的生活体验都来自虚拟世界。购物、社交、休闲娱乐自不必说，就连旅游、体育与餐饮也将从现实世界向虚拟世界转移。躺在床上，便可以环游世界、星际旅行与穿越历史；坐在室内，便可以参加体育比赛，想玩什么项目就玩什么项目；想吃什么，就可以任性地吃，不用考虑健康，不用顾虑肥胖，因为你吃的是一种感觉，并不摄入任何营养；只要你乐意，你就可以和志趣相投的人搞聚会，不用考虑场所，不必耗费太多时间做复杂的准备工作。更重要的是，你的这些虚拟消费，省力、省钱还方便，而感觉却比真实活动的体验更美妙。生活将因此变得更加灵活。

智能时代将有虚拟世界的奥运会，运动员以虚拟自我参赛，观众以虚拟自我的身份观赏。中国会有虚拟世界的足球超级联赛，当然国际上也会有虚拟世界的世界杯。虚拟世界的世界杯，算力是第一位的，智力将成为双方较量的重点，但是身体也是参与其中的，脚依然承担着主要的操作责任。如果你的脚法不好，力量不足，就不能将算力落实到位。

那时，或许中国队会成为世界杯上的常客，并能够时不时地高高举起曾经令国人伤心的"大力神"杯。

其实我从未走远

"我愿用一生等你发现，其实我从未走远。"爱情从未走远，也很难走远。曾经，看到你，心里便有三军交锋的兵荒马乱；惦着你，胸中便是倾国倾城的七色温暖；真的以为，我能念你冷暖、你可知我悲欢。哪承想，你我相互许下了一米的阳光，却彼此留下了半生的荒凉。千古爱情佳句，最美还是相思。

爱情那么地令人向往，又真切地让人受伤。当下的许多年轻人，在异性关系中，一边潇洒，一边挣扎。现实是，结婚人口断崖式下跌，与10年前相比，年登记结婚人口几乎减少了一半，而离婚人数却在急剧上升，由女性提出离婚的占了70%以上。

市场经济制造的现实世界，钱让一切变得没有什么不同，也令爱情变得越来越同质化。爱情在金钱、权力那里与利益算计获得了粗劣的统一。所谓的爱情大多变成了"买卖"，只是有人愿意多次交易，有人懒得交易或不愿再次交易。有金钱与权力参与其中的所谓爱情，本质上都是色情，却又没有色情的简便。因此，财务自由尤其是女性财务自由的普遍化，让越来越多的人开始"自恋"，而不是选择千篇一律的恋爱。爱欲半死不活，"买卖"尚算热闹。

"一寸相思千万绪，人间没个安排处。"那割不断的万千相思，果真就无从落实吗？梦想还是可以照见现实的，不过那另外一种现实。这个现实就是人类创造的虚拟世界。

智能时代，是一个重塑爱欲的时代，爱情将以崭新的方式绽放缩放出美丽的样貌。在这里，每个人的爱情都是不同的，因为她是自己定义的，是自己期望的样子。

　　在现实世界里，你与我的界限如此鲜明。但爱与爱情，不是你的，也不是我的，而是"我们的""我俩的"。爱是双人舞或群舞，爱情是双人舞。"我俩"是一个整体，无所谓奉献与牺牲，也无法产生交易。如果爱与爱情是以他者利益或感受为目的的自我奉献与自我牺牲，必然是不可持续的，更不可能天长地久。爱情恐怕只能挺进到心理与灵魂的融合之境，才能让人体验到恒久的愉悦；由爱情而催生的性冲动，才可能达到生理与精神的深度交融，从而让这种体验成为很难替代的，因为它是独一无二的。

　　但是，即使再美好的爱情也很难经得起柴米油盐的日侵月蚀，而虚拟世界给人们摆脱利益的算计与柴米油盐的琐碎提供了可靠保障。人们在虚拟世界里，以虚拟自我恋爱、结婚、做爱。这个虚拟自我是真实可感的，又是可以想象的。彼此也可以把各自的想象告诉对方，对方亦可以成为爱人想象的样子。

　　那么，他们会不会以真身相见呢？想是想的，但多数人不会。美丽的月亮引发了我们的无数情愫，如果我们果真到了月球之上，见到真实的月亮，它便极可能无法再成为我们共情的对象。无法认清、把握和占有另一半，正是爱情的核心密码。难道人们会接受一个假象吗？会的。因为我们在现实世界里见到的所谓真人，也不是那个人的本真。一旦你看到了那个本真，爱情就进入"坟墓"了。

　　爱情本质上是超越现实的、浪漫主义的，虚拟世界正是爱情的理想之城、栖息之地。在"元宇宙"里享受爱情，是人们的必然选择。

　　可是，问题来了！生育问题怎么解决呢？首先，仍然有一部分人会选择现实婚姻；其次，有些人会接受现实婚姻与虚拟爱情的共同存在；再次，生育可以用技术手段来实现。

现实世界的爱情仍然是"野火烧不尽，春风吹又生"。就像在"刷屏"时代，依然有人喜欢纸质书籍的沉香。由于有了虚拟世界里这个爱情的后花园，在现实世界受伤的人们便可以随时到虚拟世界来一段情感疗养。总之，虚拟世界，给爱情多了一个选项，多了一种可能性。

那个现实的自我

诗的国度里，有浪漫主义的李白，有现实主义的杜甫，有在现实与浪漫之间若即若离的王维。现实主义与浪漫主义是生活的一体两面，一个都不能少。

现实世界与虚拟世界，也可以理解为现实时空与浪漫时空。当然，这种理解是一种简化，两个世界里都有现实与浪漫。只是现实世界的土壤更适合现实主义生存，虚拟世界的"虚无"更适宜浪漫主义成长。

智能时代，我们大部分时间将生活在虚拟世界里，那么，还有没有现实世界的生活？现实世界的生活又是怎样展开的呢？

概括起来可以说是一个转变，一个增加，一个减少。

首先是生活态度的转变。虚拟世界真实化，现实世界虚无化。前者是感觉的真实，后者是物欲的虚无。绝大多数欲望都可以在虚拟世界里得到满足，人们在现实世界的生活态度，将向"老庄化"转变，越来越多的人进入"佛系"。我们不需要活在别人的定义里、不需要活在别人的眼光里、不需要活在别人的评价里，我也不需要与别人进行比较，我自己就可以认同自己。

其次是自由的增加。工业时代，源于生产力的提升与社会制度的进步，特别是工业化的生产与民主制度的建立，大部分人摆脱了他者的压迫和剥削，获得了某种形态的自由。但是，个人对成功的追求、与他者的比较，让每个人都成了自己的压迫者、剥削者，自己限制了自己的自由。这便是当代社会抑郁症患者不断增加的主要原因。我们找不到压迫者，没有反抗对象，便只能向内折磨自己。智能时代，源于虚拟世界的建立所带来的生活态度的转变，我们对世俗的成功，已经没有那么多那么强的"我要"与"必须"，由此让人们从自我压迫中解放出来，获得了更多的自由空间。

再次是社交范围减少。基于以上两个原因，我们在现实世界的社交范围将大为减少。我们不太会关注现实世界里的那个人是谁，更不会交换名片或自我介绍。我们只与少数人交流交往，而且只是休闲式的精神性的。好友在一起，把酒说闲话，不必话桑麻。这种闲适的相处，带来的是专注，是沉静思考与深度交流。人生得一知己足矣，将不再是无可奈何的感叹。

文艺人生

至今仍有不少人瞧不上戏子，但智能时代的景象可能是：青年都似小戏精，成人皆是老戏骨，人人都热爱戏台子。

听书看戏图的是一个乐子，也是一种非常有效的学习方式。过去，识字的人不多，听书看戏就是教育的主要实现形式。《红楼梦》里，贾母的许多治家理念与人生经验都是看戏看来的。那些说书的、唱戏的都是教育者，或者说是文化传播者，都是人类灵魂的"工程师"。听书的与看戏的就是学生。有位著名的相声演员说，大家来听相声，图的就是一个乐子，不是来受教育的。这话说对了一半。文体式教育，是寓教于乐、潜移默化的。最厉害的教育形式，就是不让人觉得在受教育。

现在，虽然孩子们要学习的东西越来越多，学业越来越重，家长们忙着辅导孩子做作业、参加各种学习班，但还是会挤出一些时间，陪孩子参加一些文体培训、文体活动。家长们都有这样一个理念，就是艺不压身。虽说这其中不乏功利性的谋划，却也反映了人们对文体的重要性有了新的认识。现在的年轻人大都多才多艺，他们的气质与上一辈人已经明显不同。

社会发展水平越高，参与文艺活动的群体就越大。专业在增加，专业人员在增加，"票友"在增加，观众在增加，文艺的样式也在增加。互联网为人们体验文艺生活提供了强大的舞台。业余与专业之间的距离越来越小，许多业余人员走进网络、电视等平台，其中不少人由此吃上了专业饭。更多的人在自媒体上秀自己的才艺，从中体验生活的乐趣，顺带着享受着玩且赚钱的小愉悦。在线下，各种各样的自发性文艺群体也在不断增加，退休人员尤其热爱文娱活动。大街小巷、公园湖畔，随处都能听到歌声看到舞者。

文艺是艺术化的生活，参与文艺活动就是体验生活、实习人生。可以体验现实的质感，也可享受超越现实的浪漫。文艺生活的全面、深刻、生动，使得任何其他形式的教育都无法与其相提并论。这并不是说，大家参与文艺活动是为了接受教育，而是说文艺活动成为人们休闲的重要形式。

智能时代，扑克牌与麻将桌可能会让位于文艺活动。人们将不满足于唱歌、跳舞，像小品、音乐剧等将会进入大众的日常生活；有些人会排演经典戏剧、话剧与影视作品。人人都可以是"跨界歌王""欢乐喜剧人""经典传唱人"与"脱口秀演员"，在文艺生活中体验人生的悲欢离合、喜怒哀乐。

增强现实等虚拟技术将为大众参与文艺生活提供便捷便宜、专业级别的舞台服务。

沉浸式生活

我们的生活严重缺乏停顿、间隔与闲适，每个人都成了刺激、反应式的机械式动物。在为了让自己活得更好的信念下，大家自觉地实施自己针对自己的暴力，过度生产、超负荷劳作与过量信息成为人们普遍的生存状态。

社会在发展，技术在进步，效率在提高，我们却越来越没有自己的时间。农业时代，人们有农闲时间；工业时代，人们有下班时间；信息化与移动互联，过度激励与过量信息，改变了我们注意力的结构与运作方式，将我们的感知分散化、时间"碎片化"。"碎片化"的自由，造成了整体的不自由，大家都成了手机的"奴隶"。我们手持移动终端，自己却成了庞大系统的一个移动"终端"。不离左右的手机，已经不是我们的工具，而是我们生活的实时监控者与实际操纵者。

快节奏的生产，"碎片化"的生活，使我们的人生变成了某种旅行。奋斗相当于上车赶路，睡觉相当于在某个休息区撒泡尿，实现一个目标、完成一项任务、获得某种成功就相当于到某个景点拍个照。旅行结束，除了带回一身疲惫，还有一肚子的后悔。匆忙赶路式的生存方式削弱了我们的情感体验，丢掉了我们的满足感。物质日益丰富，匮乏感却日渐强烈。我们眼睛里缺乏专注，心理上没有从容，行动中难见优雅。

这种境况，许多哲人早有反思。尼采认为，如果把一切悠闲深思从人类生活中去除，那么人类将终结于一种致命的积极性之中。他说："由于缺少安宁，我们的文明将逐渐终结于一种野蛮状态。行动者，即那些永不安息的人如今大行其道，超越以往任何时代。因此，人们应当对人性做出必要修正，在其中大量增加悠闲冥想的成分。"西塞罗也认为：并非积极的生活，而是深思的生活，才能使人类获得应有的状态。

物极必反。智能时代，机器节奏加快，人类节奏放慢；机器高质量生产，人们高质量生活。大概会发生五个方面的转变。

急于表达将转变为认真倾听。移动互联，人人"手滑"，不过大脑，"手指"表达，"碎片"阅读，即兴应答，网络暴力，时有爆发。这种短暂、仓促、过量的情绪化表达，将可能转化为悠长、专注的深情表达与静默用心的认真倾听。

积极行动将转变为优雅作为。人们将由应该做什么的机械式积极转向可以不做什么的思考式积极。这种积极不是"一定要"的压迫，而是可以拒绝的大解放。可以说"不"的自信与自由，使行动变得稳重、从容和优雅。

关注绩效将转变为关注品质。过度强调绩效，必然导向过度关注他人，然后就是自我的丢失。过度追求绩效，必然导向失速，进而丢掉品质。不能惠及自身的绩效追求迟早会发生转变，转向让绩效服务于品质。

否定他者将转变为反省自己。曾经，我们通过否定他人来肯定自己。相互的否定是一种交流，彼此可以在辩论、嘲讽、甚至是攻讦中得到某种警醒。现在，我们通过肯定自己来否定他人。这样一种自我确认方式，只能以相互敌视、相互抹黑、相互造谣来实现，无法实现有效沟通，让大家共同陷入困境。要走出困境，只能走向自省。

追求成功将转变为沉浸生活。对成功的过度追求，让生活变成了一束美丽的光，看着就在眼前，却永远也追不上。我们如逐日的夸父，不停地奔跑，饥渴难耐，饮尽了大江大泽，仍不解渴，最终渴死。他扔掉的手杖却化为一片美丽的桃园。适时停下来，沉静下来，桃花园即刻呈现。

成功让生活失败，闲适令生活成功。

与机器人相伴

老龄化很成问题。老年人多了，劳动力、社会活力、养老等等都成了大事。

怎么解决这个事？最简单的方法就是造人。咱不搞计划生育了，放开来生。哪承想，过去是罚款也要生，如今是给钱也没生育的热情了。好多人说，如今养孩子成本太高，生不起！这就是在找理由。没有那么大必要了，才是根本原因。原来生孩子就是发展生产力，就是投资理财；现在，生孩子就是降低自身的生产力，就是降低自己的生活品质。这样的事，多数人不愿干。

生活有保障了，没有多少人把养老寄托在子女身上了。六七十年代出生的人，还有传宗接代的念头，九零后、零零后们，大多不会有这样的念头，解决老龄化问题，还是得靠科技。

工作的机器人越来越多，劳动的自然人越来越少，劳动力不足的问题就没了，养老的问题也就解决了。一些智能机器人干活养家，一些智能机器人干家里活。干工作的机器人，不用你绞尽脑汁弄什么奖惩激励机制，也不用你巧舌如簧地做思想工作，永远都是任劳任怨、勤勤恳恳的劳动模范。干家务的机器人，不仅伺候你，还陪你聊天，哄你开心，决不会像孩子那样，经常惹你不开心。如果你愿意，也可以把它们当宠物，经常领着"宠物猫""宠物狗"之类出去遛遛弯、散散心。是不是比养孩子划算多了？

不管你喜欢不喜欢、接受不接受，你都只能适应由智能机器人陪伴你终生、为你养老送终的事实。可能有人担心，都不生，人就绝种了。这个自会有科技来解决。问题来了，办法就会有。

数字化永生

或许有一天，去世多年的亲人，能够为你赚钱养家；如果你的爷爷有爱因斯坦那样的大脑，就可能让你的子子孙孙不用赚钱也可以衣食无忧。也许有一天，你可以和孔子讨论伦理学、和莎士比亚讨论文学、和爱因斯坦讨论相对论。不管你信不信，这一天很快就会到来。

对于去世的亲人、前辈，我们会在清明节去扫墓，也会在某个特殊的日子去祭奠。当我们怀念他们的时候，也会在头脑中回忆他们的教诲与音容笑貌，或者看着他们的影像诉说自己的心事。可我们再也无法和他们交流，再也得不到他们的关爱，再也不能与他们共享天伦之乐。令人高兴的是，这样的情况就要成为历史。未来，他们可以在元宇宙里活着，只要我们愿意，随时可以到那里和他们见面交流，一起游玩，一起探讨工作与生活。

如果我们没时间去看他们，他们也不会寂寞。他们在元宇宙里，可以交友，可以学习，可以娱乐，可以与时代同呼吸、共命运。他们不仅闲不着，而且还可能继续赚钱。假如他们不能赚钱的话，那就需要你来付"生活费"。如果他们的房子不是一次性购买的话，你还要为他们支付"房租"。

假如不付费会怎样？他们就得长眠在元宇宙里，不能参与元宇宙里的任何活动，得不到任何信息，时间久了，就成了一位古人。那么，你偶尔付费去看他们的时候，他们就可能不知道你是谁，也无法与你愉快地交流。

因此说，在元宇宙里选择一个好的社区是很重要的。这样就可以方便地结识一些知识渊博的朋友，及时地获得最新资讯，迅速地更新自己的知识结构，提高自己在元宇宙中的社会地位，成为一个能够为元宇宙世界做出贡献的人物。如果不需要不愿意做赚钱之类的俗事，也可以选择一个幽静的所在，过田园式生活。但是，不要忘了，付费是免不了的。最低也得把电费和人工维护费交上。

现在还活着的每个人都可以在元宇宙里获得数字化永生，但这也是有前提的。那就是他们留下的信息足够丰富。丰富到什么程度？起码能够找到这个人的主要特征。在这个基础上，能够得到的信息越多越好。真实信息越多越丰富，专家们越容易找到他们在形体容貌、肢体动作、知识结构、语言风格、性格类型、情绪逻辑等方面的特征，也就能够在元宇宙里虚拟出一个真实的存在者。

数字化永生，是生命的机会，也是巨大的商机。趁还活着，抓紧拿起手机，多多的交流，多多地录影，好好地保存。保存影像，就保存生命。

娱乐的范式

在综艺节目《开拍吧》中，刘震云正点评，陈凯歌说："深了！"现代文艺生活已经走向直截了当的"欲"乐，能否给人们带来快乐成为唯一正确的评判标准，拒绝思考、讨厌深刻。这个趋向始于西方启蒙运动，互联网将其推向了"欲乐至死"的极致。

从某种意义上说，西方文化是一种受难文化。基督受难，人有原罪，需要救赎。工业社会，市场经济，奋斗即为救赎，功效成为共识。对效率与业绩的过度追求，成了受难的新模式。它打着自我救赎、自我实现的旗帜，完美地实现了人的自我剥削、自我压榨。

在中世纪，西方文艺生活的主题是聆听、注视与思考神的旨意，以使堕落的灵魂收获净化与救赎的愉悦。启蒙运动后，陷入自我压迫的人们不自觉地寻求新的解放之路，文艺由神性转向人性，愉悦导向欲乐。这种转向曾经引起广泛的争论。

席勒很德国地说："所有未与精神对话，只激发感官兴趣的东西，都登不上大雅之堂。"青少年时期的尼采就认为，音乐应该"升华我们的思想，让我们高尚"。可惜现代音乐只是制造了没有深意的美丽表象。成年后的尼采发誓放弃瓦格纳那种让人"流汗"的耶稣受难曲，而对"非洲式"音乐的轻松、青春、明朗大加赞赏。并且用奥芬·巴赫音乐的轻松与明快来反对瓦格纳音乐的沉重与深刻。

现代文艺曲折却又无可阻挡地征服了世界，就连叔本华、黑格尔等专事深刻思想的大哲学家也加入了赞美现代音乐的行列。竞争性生活的压力，带来精神的压抑，必然需要轻松的文艺来调节。受难与欲乐，相互对立，相互转化。

没有大坝，难有水的一泻千里。一泻千里之后，又会带来破坏与毁灭，随之而来的就是治理与重建。进入互联网时代，欲乐世界已经是伪装成天堂的地狱。人们在职场上，相互竞争、自我压榨，在休闲生活中，过度放松或过度放纵，造成对身体、时间的进一步自我压榨，这种自我摧残式的欲乐异化为工作的变种。因娱乐亦成受难，就有了娱乐的新范式，那就是随性的无欲无求的"躺平"。轻喜剧、脱口秀、短视频等适应"躺平"需求的文艺形式便应运而生、迅速蹿红。

重复即为平庸，流行孕育消退，天堂便是地狱。千篇一律的休闲娱乐便成了无效消耗与有效折磨。娱乐生活需要转换形态，渴望进入未竟之地。大众文化娱乐喜爱胡乱生长的"虚妄"，热爱不切实际的"乌托邦"。

尼采说："丰裕是一切美的前提。"智能时代，他者的压迫与自我压迫已经解除，娱乐的范式或许将变得多样。大概会出现三种主要的娱乐范式共存并生的局面。一种是净化升华的愉乐，一种是无欲无求的娱乐，一种是随心所欲的欲乐。愉乐是进入澄明之地的体验，娱乐是坦坦荡荡的自在体验，欲乐是感官兴趣的直接体验。

乐是人性要求，也具有神性。内在性的乐与超越性的乐彼此相邻、各得其乐。否定了乐，艺术性便无从安身。

"轻体育"的兴盛

西方有些国家搞了一项社会实验。他们每月给一些人固定的收入，让这些人拿了钱之后，愿干嘛干嘛。他们就是想知道，当智能机器人代替了人类劳动，人们不用工作之后，最想做的事情是什么。实验发现，排在第一位的是体育运动。

的确，体育对现代生活的价值与意义，正在呈现出一个飙升的趋势。机器代替人类劳动的程度越高，体育运动的价值就越高；交通与信息技术越发达，体育运动的意义就越大。

如果没有工业社会，体育就不会成为一种职业；如果没有自动机器，没有汽车等交通工具，就不会有那么多的健身场所出现，更不会有职业的健身教练；如果没有电脑、互联网，也不会有"跑马"热。原因有二，一个是有闲了，另一个是有需要了。天天干活累得半死，上下班还要耗去大把时间，没功夫、没体力，更没必要搞什么体育活动。

体育运动虽说是力气活，但它的主要作用却是心理调节与精神构建。体育比赛，是身体与心理的双向或多向交流，也是一种自我确认与精神塑造。观看体育比赛的人，基本上都有倾向性，他们看的重点不是比赛内容，而是通过比赛来实现自己身份的确认或者情绪的宣泄。

现在，"跑马"、飞盘等运行项目比较流行，原因是什么呢？在社会转型期，复杂性、不安全性、不确定性等显著增加，人们的压力普遍倍增，特别渴望放松。于是，有些人就选择"宅"与"躺平"，更多的人选择了"跑马"、玩飞盘等群体性体育活动。"跑马"可以获得"娱乐性折磨"带来的心理满足；飞盘具有娱乐性的比赛性质，可以获得心理上的放松与精神上的愉悦。这两个项目都是群体性活动，都具有非常强的交流功能与心理舒缓功效。体育活动的交流，好就好在可以不用语言，就可以相互"说"到对方心里去。

智能时代，最火的大概是"轻体育"活动。啥是"轻体育"活动，就是带有群体性娱乐化的体育比赛活动。体育项目是载体，胜负是手段，娱乐是目的。像"跑马"、飞盘都具有这样的性质。在音乐领域，有轻音乐，也有重金属音乐等等。体育领域也一样，"轻体育"是一种放松，"重体育"就是一种刺激，两种形式互为补充。像美国的WWE就是一家摔角娱乐公司，主要经营以拳击、格斗为内容的表演秀。未来，有许多竞技体育项目，都会向"轻体育"活动转化。比如足球运动，将会有更加灵活多样的比赛形式。还有一些竞技项目，则会向更强对抗的方向发展。比如拳击、散打等项目，将会有更宽松的比赛规则，给观众以更强烈的视觉刺激。

总起来说，智能时代大众体育的主流将是"轻体育"，也可以叫"民生体育"，娱乐性特点会更加明显，全民性生活性特征会更加突出。即便是商业体育，也会加入更多的娱乐元素。大家参与"轻体育"的主要目的不再是健身，而是健心。由于人们心理与精神需求大大超过了物质需求并呈迅速增长的态势，人们将把更多的时间分配给体育活动，特别是"轻体育"活动。

智能时代，提供体育设施会像今天提供就业岗位一样成为最突出的社会问题，增加高质量的体育产品如同今天推动高质量发展一样成为事关经济社会安全的全局性问题。

新的伦理观

伦理构建秩序，伦理也导向冲突。电视剧《人世间》中，伦理观念的冲突构成了故事发展的主要线索之一。

周志刚与周秉昆父子之间的矛盾冲突，以及由此带来的悲欢与感动，表面上是源于父子俩共同的犟，本质上是旧的伦理与时代发展对伦理变化的新需求之间的冲突与较量。旧伦理十分强大，新伦理正在萌芽。父亲犟得理直气壮，儿子犟得满腹委屈。

周志刚抱定自己是一家之主的伦理观念，一切都须向他请示，一切都得经他同意。周秉昆认为，自己的所作所为都是为了这个家，觉得自己有理，可又深陷传统伦理的束缚，只能在传统伦理框架中与父亲对话。这种对话只能进一步加剧冲突。他们的每一次交流都导向争吵，只好退回到亲情中达到暂时的部分的和解。他们都深爱对方，又都觉得对方不在理，彼此都在传统伦理观念里无奈地挣扎。

周家人之间的矛盾与情感冲突，集中反映了农业社会的伦理规则与工业时代发展要求之间的不适应不协调。

农业社会是身份伦理原则，父父子子、君君臣臣，彼此都清楚自己的身份，也就明白如何相处。不按由身份决定的规则出牌，就会受到"黄牌"警告，甚至被"红牌"出局。《人世间》中的周蓉，就是因为私奔而被父亲出示"红牌"，直接断绝了父女关系。

工业社会是价值伦理原则，由地位身价、资源功效等决定人际关系。周秉义的老丈人是省长，老爸是普通工人。得知郝省长要来走亲家的消息后，周家人个个喜气洋洋，全家人齐上阵来做准备工作。可郝省长因病未能履约，周父内心深陷痛苦与纠结之中。他努力用新伦理来理解亲家安慰自己，又一时无法摆脱旧伦理的纠缠。郝省长并未病到不能赴约的程度，但他以新伦理来看待与亲家的关系，作为一省之长，不去履行与工人亲家的约定，也是合理的。

价值是在交换中确认与变现的。省长比工人的身价高，可以不去看亲家，但你得给予别的回馈。如果不能，相互关系就会出现危机。工业社会，人际关系的秩序是在交换中构建起来的。

智能社会将以什么作为伦理关系的基础呢？或许尊重是一个重要选项。

移动互联带来了人际关系的两个趋向：一个是趋同，一个是对立。不同的群体相互攻击，完全无法沟通，由此造成了社会的撕裂。这种现象本质上是对人的独特性的绞杀，与智慧生命的发展要求相悖。这种冲突大概率会让人们催生一种强烈的心理需求，那就是对人的独特性的尊重。

智能时代，机器劳动，人类生活。人们的精神需求将取代物质需求上升到主要位置，尊重大概会成为刚需。尊重他人的价值观、尊重他人的生活方式、尊重他人的选择，将成为伦理关系构建的基础。

数字化与万物互联，让人们失去了距离、缺少了隐私，没有了安身立命之地，零距离且"裸体"的众生将如何相处？消除了远，近就成为问题。或许只有尊重才能重构人际关系的新空间，并在这种新空间里获得安全感。既要尊重"赤裸"，又要尊重隐私。如此才能让零距离的物理空间，转化为温暖的心理空间。

相互尊重才是最好的平等实现形式，相互尊重也是神圣自由的生存条件。在相互尊重的社会里，我们既不需要通过否定别人来确认自我，也不需要通过肯定自我来否定别人，从而形成一种舒适的人际关系。

数字人类学

数字化与虚拟世界，让人变成了一个新物种。新物种需要新理论、新观念才能更好地生活。数字人类呼唤"数字人类学"。

数字化与虚拟世界改变了人类生存的外在环境，也改变了人自身。这些改变在促进发展、改善生活的同时，也给人们带来诸多困扰。

网络暴力成为专制的新形态。如今，透明具有极高的正义性。人们普遍认为，透明会使人与社会变得更好。私情被展览，隐私被公开，"轰动事件"频出，"窥淫癖"式窥探获得了正当性，网络暴力以正义之名横行霸道。人们似乎忘记了，朦胧产生美。美需要遮蔽、需要想象。活在别人的眼光里，意味着被迫活成别人。窥探别人隐私的自由，同时也失去了活成自己的自由。

信息噪声湮没了理性表达。网络舆论场类似娱乐场，而我们处在娱乐场之外，听到的多是噪声，听不到场内的轻声细语，却在不对称的信息刺激下，盲目地"点赞"或"拍砖"。人不在场的信息传递，没有眼神、没有温度，信息失去了主体、失去了灵魂，人成了信息处理器。启发性信息减少，扭曲变形的信息激增。网络狂欢是机器式的，被他人计算设定的。比如"快闪"，其群体行为的特点与动物极为相似，极其仓促、极其不稳定，轻率而又不负责任。

对不可通约性与独特性的压迫。不可通约性是人与机器的重要区别，独特性是人与人不同存在价值的根本体现。数字化为瓦解人的不可通约性创造了条件，透明化则不断蚕食独特性的生存空间。"点赞"是对同质化的鼓励，"拍砖"是对独特性的压迫。狂欢式的"点赞"与"拍砖"都是对人的绑架，极易造成人格分裂与心理变态，并带来社会的撕裂与文明的退化。

上述并不限于上述问题，将迫使人们对数字人与数字世界的运行逻辑进行深入研究，以减少或避免科技发展给人类带来的负面影响，由此发展出"数字人类学"。

"数字人类学"或许将以下问题作为研究的重点。

距离。数字人与数字世界，一面让数字人之间的距离为零，一面让活生生的人大大减少了"面对面"。没有距离的空间将如何构建？温度与温情不在现场的零距离，数字人将如何友好相处？

加速。速度也是改变时空的一个重要因素。数字人与数字世界，让人与社会不断加速，任何人都无力停顿，人生成了没有生活的奔跑过程。除了奔跑，没有任何故事可以品味。数字人如何才能不被裹挟着奔跑，从而真正踏上逍遥游的旅程？

展示。自打移动互联进入人们的生活，图片与视频就取代了文字的地位，人人都在"晒"自己的躯壳，形成了一个表象世界。这种视觉暴政，让世界丧失了隔离，缺少了界限，丢了神秘性，少有人再去探索与思考。这种视觉文化将怎样改变人类文化生态，又如何形成一种厚重的文化生活？

揭秘。当下，每个人都始终生活在公众眼里，任何人都可以将任何人扒得"赤身裸体"，几乎没有隐私可言。在这样的世界里，只有欲望肆虐，难有深情充盈。没有私密的世界必然是恐怖世界，完全透明的社会恰恰是黑暗社会。那么，如何协调公开与隐私的关系？怎样界定责任与义务的边界？

监控。数字化世界有可能形成全景式监狱，监视者的目光可以到达牢房的每一个角落，而被监视者可能永远也看不到监视者。一边是个人的自我展示与自我揭露，一边是他者的监视与揭发，形成了"完美"的监控系统。这种状况如何影响人们的心理？又如何建立信任关系？

确权。元宇宙里的数字人，属于哪个国家？有没有民族区别？怎样界定、由谁来界定数字人的身份？数字人的人权如何保障、谁来维护？数字财产如何确权、怎样交易？数字人可以自由地选择自己的身份吗？

随着元宇宙的发展，上述问题的研究与回答也变得越来越紧迫越来越必要。

精神从此站起来了

智能时代，人的精神第一次从整体上真正站了起来，这是人类史上、生物史上、地球史上的惊天一跃。

喜剧人何广志在《脱口秀大会》上讲过这样一个段子：自己一个人租了一处 70 多平方米的"大"房子，一间屋里住着我自己，一间屋里住着我的尊严。何广志的段子引发满堂爆笑，估计并没有引起多少人的思考。从整体上说，人类面对的现实是，为了生存；具体来说，就是为了房子、票子、车子、位子、孩子等，人们不得不让自己的精神矮化。像何广志所说的那种住在房子里的"尊严"，本质上不过是"意淫"。"意淫"的快感，成本很低，所以流行。

这种状况是如何造成的？

一种解释是源于人的贪欲，也就是内因。自我成了欲望的忠实奴仆，一辈子只能勤勤恳恳且低声下气地伺候欲望，完全丧失了自己的主体地位。失去主体性的精神不是忍气吞声就是摇头摆尾，根本没有神清气爽的机会。

一种解释是源于劳动方式与经济制度，也就是外因。在天然经济时期，人们吃的、用的主要是大自然的"产品"，或者说受惠于大自然的恩赐，因此人们便将自己的精神或者说灵魂交给神灵、交给神秘的大自然、交给神圣化了的祖先。自给自足的农业时代，人们又把自己精神交给了地主、交给了地、交给了天。因为你得租种地主的地，这个地能产多少粮食，得看你怎么伺候"地"，还要看天公是不是成全你。工业化与市场经济时期就更复杂了。生产一面在满足消费，一面制造新的消费需求；一面是生产能力的持续提升，一面是消费需求的不断升级；从而形成这样一个悖论：没有需求的永远无法满足就没有经济的健康运行与持续繁荣；一旦人们感到满足了觉得幸福了，经济就停滞了衰退了；人的精神健康了，经济就不健康了。于是，为了幸福而奋斗的人们永远不能真正获得幸福，生活本身只能成为生活手段，精神不得不坠入物欲的汪洋大海如浮萍般漂荡终生。

问题是，好像人们并没有觉得有什么不妥呀！因为不得不面对，又没有办法解决的时候，人们只好选择忽略；又因为是集体选择忽略，久而久之便都不再觉得。

人虽然有思想有精神，但是能够让思想扎根的人并不多，可以让精神站起来的人则更少。其原因并不复杂，在吃喝等基本生存需求解决不了解决不好的时候，精神只能低下头颅，思想只能弯下腰杆。

那么，智能时代会有怎样的变化呢？在制度安排上，市场经济将升级为共享经济，无论是私有财产还是公有财产都具有了"基础设施"的性质。因为在数字化条件下，共享才能加速流动，"周转率"的提升则会指数级地放大财富的价值。数字经济具有做大"蛋糕"的天然属性，这个天然属性得到释放的条件就是资源共享。在生产方式上，机器生产升级为智能生产，人不再是生产工具的组成部分。那个时候，AI 负责做事，人负责做人。劳动不再为了生活，劳动便是一种生活方式，劳动也是精神得以精神的一种形式。其原因是因为人们有了不劳动的自由。同样的劳动，自愿的与被迫的，完全是两种不同的精神体验。在消费环节上，不再是为了生产而刺激消费、忽悠消费，而是由消费决定生产，因此生产过程即是需求满足的开始，消费就是需求满足的实现过程。

基于但不限于上述原因，人们得以从整体上摆脱欲望的束缚、摆脱必要劳动的束缚、摆脱人奴役人的社会关系的束缚，从而初步从动物性的生存需求中解放出来，基本结束"心为形役"的历史，进入开拓美好精神世界的新阶段。也可以说，人的精神从此站起来了！

但是，要让精神富起来还有很长的路要走。

第八章

其 他

无用之大用

今日之世界，不足 20% 的人，占据了超过 80% 的财富。许多人都认为这不公平，很多人都觉得这是个问题。但是，并没有多少人想过，只有极个别人创造了改变世界的科学发现与技术发明，而全人类都在享受他们的成果，这是不是公平呢？更没有几个人想过，他们是怎么做到的？

杰出的科学家与发明家有一个共同的特质，就是更看重长远；用心理学的术语就是可以"延迟满足"。而绝大多数人都追求实惠、实际、实用，更看重现实利益。杰出的科学家喜欢的多是常人眼里没有用处的东西。当初法拉第搞电磁场试验，常有人问他，你这玩意有什么用处。他说："我也不知道有什么用。养孩子有什么用呢？就是看着他长大吧！"如今，全世界的人们都在受益于电磁力学。正如道家所言，无用之用方为大用。

牛顿并没有想否定上帝的存在，也没有想着造福人类，他只是想给宇宙一个更合理的解释。可就是这个解释，不仅改造了人们的世界观，还为人类探索宇宙奠定了理论基础。今天，我们发射卫星、登陆月球、建设空间站等依靠的都是牛顿的创见。

爱因斯坦只是觉得牛顿的理论有些许瑕疵，为此左观右瞧、日思夜想，终于发现并证明，我们可以把描述引力的"超距"作用更准确地描述为，由物质和能量任意组合所产生的时空结构中的弯曲。就是说，物质能够告诉空间如何弯曲，空间可以告诉物质如何运动。没有爱因斯坦的相对论对牛顿物理的修正，我们就无法精准地到达更遥远的星际。

整天不着边际，生活无从落地；眼里只有实际，未来必定失利。一个企业，一个组织，或者一个国家，在追赶他人的时候，越现实越好；但是要成为引领者，如果没有人瞎琢磨些不着四六的事，那是根本不可能的。人类社会的"奥运会"与奥林匹克运动会不同，前者最需要的是天马行空，后者最重要的是脚踏实地。

人类要走好未来的路，就必须更多地研究与探索无用之用。

于无声处观"奇点"

当赛道换了的时候，你在老赛道上越努力，输得就越惨烈。换赛道的那个点，也可称为"奇点"。"奇点"之后就是新世界、新天地、新气象。

历史有历史的"奇点"，行业有行业的"奇点"，企业有企业的"奇点"。当粮食种植技术与粮食加工技术出现后，历史的"奇点"就出现了，采集狩猎时代结束了，农业时代到来了；第一台动力机器的出现，第一台电脑的出现等等，都是历史的"奇点"，从此人类社会就开始进入不同的历史发展阶段。可再生能源的出现，就是电力行业的"奇点"；电力行业的下一点"奇点"，可能是海洋能发电；如果可控核聚变技术、特别是"冷聚变"技术等成熟以后，可能会颠覆整个能源系统，并彻底改变人类的生产与生活。宏观政策的变化、国际关系的变化、经济形势的变化、全新科技成果的出现等，都可能成为一个企业、行业、时代的"奇点"。

所有领先的国家与企业，都是抓住了或蒙对了"奇点"，比较早地站在了新起点上，率先在新天地里开疆拓土。

在人类漫长的历史上，"奇点"的发生高度依赖颠覆性的科技创新，所以它发生的频次是非常低的。在互联网、数字化等出现之后，一项并不那么显眼的技术创新或一个不太引人注意的事件，就可能叠加成为一个"奇点"，它出现的频次也因此大幅度提高。这也是"黑天鹅"与"灰犀牛"成为热词的重要原因。

博客、短信、微博、微信、短视频等都是信息技术的叠加，却都构成了传媒行业的"奇点"，都有一些企业抓住了机会，迅速成为巨头；都有一些个人踩上了"奇点"，迅速成为名人、富人。亦因"奇点"的经常出现，带来了各领风骚三五年的景观。

有时候，一个理念、概念的提出，也可能构成一个"奇点"。因为这个理念或概念，可能促成集成式创新，进而改变一个或多个行业的存在形态。比如"共享经济"提出之后，已经对餐饮、零售、交通等行业产生了巨大冲击，并且这种冲击还远未结束。而近期大热的"元宇宙"，必将给人类世界带来系统性的革命性变革。

过去，我们把创新分为渐进式创新和颠覆性创新；现在，线性的创新也可能带来颠覆性的变革，任何一项技术进步都可能成为一个拐点，带来模式迭代或范式改变。任何一个企业或个人，要实现可持续发展，都需要雄鹰一般的眼睛，看到细微的变化，并快速采取行动。

新的宇宙观

在遥远的唐朝，陈子昂站在高台之上，发出了"前不见古人，后不见来者，念天地之悠悠，独怆然而涕下"的豪迈感慨；李白对着月亮喝大酒，抒发出"举杯邀明月，对影成三人"的宏大孤独；在滕王阁里，青春勃发的王勃写下了"落霞与孤鹜齐飞，秋水共长天一色"的惊艳华章。

他们的作品为何如此震撼人心、千古流传？因为他们与时间同频、与空间共情、与宇宙交心。"黄河之水天上来，奔流到海不复回。""海内存知己，天涯若比邻。"他们的宇宙观是如此豪迈，"至大无外、至小无内"。在他们的作品里，时空是那么深邃悠远，生命是如此相亲相近。

从这些诗词华章里，我们可以感受到大唐人的高远博大，可以领悟到大唐何以能够成就那个时代的神奇伟业，也可以感受到宇宙观对于人生与国运是多么重要。

如果说中华民族把宇宙观注入自己的诗文里、融入进哲学人文里，那么也可以说西方人则把他们的宇宙观落实到物理定律里、贯彻到科学技术里。

从"地心说"，到"日心说"；从牛顿写下引力定律，到爱因斯坦发表相对论，再到集体智慧的量子物理学不断出现新的结晶；每一次科学大发现，都引发了思想大革命、社会大发展与生活大改善。

古老的中华民族更关注世界的"无"与"虚"，西方民族更关注世界的"有"与"实"。在东西方交流中，中国人逐渐加深了对"实"与"有"的认识，开始重视与发展科学技术。东西方人民共同推动着科学技术的发展，科学技术的发展又必将推动宇宙观的再一次重大转变。

这个转变的突出特点就是脱实向虚。

首先是由关注可见物质向重视不可见物质转变。宇宙学与物理学的发展，让人们对东方思想的"虚、无、空"有了新的理解。星球、人与万物不过是大自然这个虚拟世界里的"实"与"有"。宇宙间最神秘的东西在星际之间，而不是星体内部。95%以上的宇宙能量（物质）在星际之间的"虚、无、空"里。暗物质、黑洞、暗能量成为世界顶尖物理学家的研究的热点。对"三黑"奥秘的破解将给生命与宇宙带来难以估量的影响。

其次是由现实世界向虚拟世界转变。现实世界是"神"创造的时空，物理定律就是"神"制定的游戏规则。虚拟世界是人创造的时空，软件程序就是人制定的游戏规则。我们无法改变物理定律，我们可以持续改进软件程序。由此，我们可以在虚拟世界里梦回大唐，可以与陈子昂同游、与李白共饮、与王勃一起文采飞扬。我们可以在虚拟世界里摆脱"心为形役"、尽情享受"诗与远方"。

再次是由关注个体与家国的生存与发展向关注生命与宇宙命运转变。随着我们对生命、对万物、对宇宙命运认识的深入，人们愈发体悟到自身、民族与家国的渺小，并将由关注当下关注自我关注家国向关注生命与宇宙整体的前途命运转变，人类命运共同体意识将逐步深入人心。随着我们对宇宙奥秘的破解，我们将有能力掌握更多更大更强的主动权，并将改变被动接受由大自然创造的游戏规则的历史。人类将完成对自己的超越，并将用自己的智慧与能力回报大自然对人类的创生之恩。人类将担当起赡养地球、赡养宇宙的神圣使命。

智慧生命走向太空，其实是三个方向：一个是走向地球之外的星球，一个是走向宇宙的"虚、无、空"，一个是走向人类创造的虚拟世界。人类将有能力变"虚"为"实"、变"无"为"有"，也将有能力创造更深邃的"虚"与更辽阔的"无"。

新的宇宙观，是虚实共存的宇宙观，是包含着人类创造的元宇宙的宇宙观。

我们为什么要去太空

人类为什么要走向太空？

拉里·尼文说："恐龙灭绝了，因为他们没有太空计划。如果我们也因为没有太空计划而灭绝，那么，活该。"这就是说，人类要摆脱灭亡的命运，就不能不走向太空。

火箭科学家齐奥科夫斯基说："地球是我们的摇篮，但是我们不能永远待在摇篮里。"意思是说，人类不能一辈子都生活在"幼儿园"里；人类要长大，要过上成人的生活，就得离开地球，到广阔天地里锻炼成长。

婴儿到了两岁多，只要吃饱了睡足了，就会想方设法让家长带着出门。家里的环境太熟悉了，一点意思都没有。由于科学技术的发展，地球慢慢成了我们的一个"居所"，没有任何新鲜之处，人们会时常感到无聊之极。大多数人会像孩子渴望出去玩一样希望走向太空，到更遥远的地方去。

新冠疫情发生后，许多人被隔离在家，梦寐以求的不用上班的日子来了，可人们体验到的不是清闲而是寂寞。智能时代到来后，大多数人不用从事传统意义上的工作，把时间安排到行走在太空之间，就成了一个极必然的选项。

其实，走向太空不只是为了活下去，也不仅是为了打发无聊，关键在于走得远了、站得高了、见得多了，才可能有一个更有趣的灵魂。

一个没出过自己家门的人，和一个周游过世界的人，不可能是一类人。未来，没有离开过地球的人，就相当于今天没有出过家门的人。

智能时代，中国大概会在月球上建立"瑶池一号苑""嫦娥蜜月休闲中心"，在火星建立"祝融工作站""伏羲生态园""神农氏实验区""墨子工程院"等。到月球上去、到火星上去，将成为时代潮流。

建立太空游戏规则

今天，马斯克在"嗖嗖"地发射卫星，没有人提出反对；俄乌打架，马斯克为乌克兰获取俄罗斯的军事信息提供方便，也没有人质疑他有没有这个权利。但是，今天没有人反对或质疑，不等于明天依然如此。

国家有领土、领海、领空，没有经过批准，外人不得随便进入。这种游戏规则是现代才有的，之前大家玩的是"丛林法则"，谁的拳头硬又大，谁就可以划地盘。你打不过，给人家讲你祖宗八代都生活在这儿，人家会觉得你脑子有病。目前，太空是没有确权的，谁都可以去玩，就看你有没有这个能力。

太空没有确权的原因很简单，首先是没有几个国家能去得了，然后是去一趟太费钱了。不过，这种随便玩的局面维持不了多久。当年，大部分国家对大海没什么兴趣，随着航海能力与海洋开发能力的提升，尊重并维护各自的海洋权益就成了国际共识。未来，太空也会像海洋一样划定国家归属吗？大概不会。太空不太好划界，更不太好守护。更关键的是，划界不利于太空的开发利用。

但是，太空毕竟是人类的公共资源，近地太空资源又十分宝贵，要是有上百位企业家像马斯克那样"嗖嗖"地向近地轨道打卫星，带来的结果恐怕就是相互打架了。所以，发射卫星需要有配额。谁来管理配额呢？当然是国际组织。太空是大家的，怎么使用得和大家商议。

近地太空属于公共资源，那么地外星球算不算公共资源呢？应该不会。地球人在向地外行星扩张的过程中，最初还是会沿用古老的"丛林法则"，谁有本事占了就是谁的。考虑到目前到达地外行星的巨大成本，以及今后开发利用的规模效应，大概不会出现率先登上某个星球的国家宣布独占这个星球的事情。若干个国家将会制定太空游戏规则，明确各自的权利与责任，不能谁想怎么玩就怎么玩。

智能时代，在月球、火星等地外星球有自己的基地，是一个世界强国的标配。只能在地球上混，就是没见过世面的"乡巴佬"，在国际上的话语权会很小。

星际发展初建期

目前，人类向地外星球的发展仍处在访问期，近似于我们外出旅游的"到此一游"。智能时代，将进入初步建设期。这个时期的人类星际活动会发生一些重要的转变。

星际发展的动机会增加、动力会增强。太空探索的实质性开展，起步于大国之间的军事竞争。更精确地说，美苏争霸是其直接推动力。这种动力十分强劲却极不稳定。因为战胜对手的强烈冲动，往往让双方不计成本且急于求成，因此难以持续。智能时代，商业动机将大量涌现，出现军事动机与商业动机"双轮驱动"的局面。商业动机的上升，使得星际发展的效率提升与成本下降，由此带动星际发展进入一个新的阶段。

星际发展的目的将发生根本变化。太空探索的初期，其目的是着眼于地球的，也就是争夺对地球的统治权，宣示的意义远大于实际价值。即使后来发展起来的非军事用途的卫星，也是服务于地球的。智能时代，这项事业将出现星际发展与服务于地球发展并重的局面。与此相对应，人类的发展将以地球为根据地，开始向整个太阳系拓展。

星际发展的内容更加丰富。目前，人类的星际发展基本处于概念设计与初步可研阶段。在工程实践上，主要集中在飞行领域，重点解决的是如何到达与返回，而不是星际建设与开发。智能时代，太空与地外星球的开发、建设与利用将成为大国竞争与商业竞争的重点。因为没有太空与地外星球的开发利用能力，便没有可持续的星际发展能力。以太空与星际开发利用涵养星际发展的局面将初步形成，太空烧钱向太空经济转变。

星际开发的主体更为多元。到目前为止，太空与星际探索的主体是国家。虽然有少量商业组织参与，也主要集中在应用侧。智能时代，参与星际开发的主体会大量增加，国家组织、国际组织、社会组织与工商业组织等都会纷纷涌入，各个行业都会把触角伸向地外领域。星际开发银行、星际投资基金、星际投资保险公司等服务于星际开发的金融组织诞生并不断壮大。国际企业向星际企业发展，星际发展的领先者成为本行业的领军者。

总之，这个时期的星际活动已经在经济领域、生活领域得到初步展开。

去土入海向洋

海洋是海与洋的合称，海是洋的边缘部分，仅占海洋面积的11%。目前的人类，基本上属于"老土"，仅有少数"海派"，一点也不"洋气"。未来，人类发展的方向是：去土、入海、向洋。

海洋是人类的故乡，人类还是要回到故乡去。从海域上说，先是近海，再到深海，然后是大洋。从领域上说，将由海洋产业，到海洋经济，再到海洋生活。总体上说，人类将发生三大转变：由陆地经济向海洋经济转变，由陆地生活向海洋生活转变，由陆地社会向海洋社会转变。

未来的粮仓是海洋粮仓。海洋鱼类、贝类等含有丰富的优质蛋白和多种微量元素，而且色泽诱人、味道鲜美。唯一的问题是产能不足。这是个事，但不是解决不了的事。土地原本的产能也很低，也不能满足人类需求，迫使人类发展出农业科技，才使得单位面积的粮食产能持续大幅提升。海洋生产也要走科技发展道路。

种地需要翻地，可以把深层的营养翻上来，还可以让土壤得到休养。同理，海洋生产需要翻水，把深层的海水翻上来，再经过阳光的作用，便可产生大量微生物。富含微生物的海水，就成了鱼类的营养液。它们一张嘴，喝下去的就是"牛奶""肾宝"与"脑白金"，自然长得快、繁殖也快，产量就会大大提高。

农作物需要改良品种，才能提高产量。这些方法对海洋生产更为重要。海洋有数千米深，各大海域的自然条件也完全不同，要充分利用起来就得有不同特性的海洋生物。这需要科技加持，创造出适应不同海洋环境的海洋生物。

海上生产与生活需要动力，这就涉及能源问题。海洋是最大的储热体、储能体，海流是最大的能量传送带。未来一段时间内，海洋能源将成为能源的主战场。现阶段，主要是在近远海开发海上风电，生产的电力主要是送往陆地使用。下一个阶段，海上风电开发将向深海与大洋挺进，生产的电力则主要用于海洋生产。同时，利用洋流、潮汐能、波浪能，以及水温差发电等能源生产方式也将得到快速发展。

智能化时代是人类开始走向深海远洋的时代。除了海洋粮仓建设、海上能源开发以外，海洋医药、海洋化工、海洋旅游等也将成为热点。但主要的活动区域还是大海，"洋"的味道还不是很足。

向人类自身进军

我们的整个身体类似宇宙世界，大脑就像太阳系，身体如同银河系，再加上庞大的微生物群体，就构成了一个宏大的宇宙世界。

长期以来，我们对自身的认识，主要源于治疗疾病的需要，以至于我们对自身的了解远低于对外部世界的认识，我们不得不在没有使用说明书的情况下，盲目地自我操作或被别人任意操作，由此带来了许多问题。严重的如自杀、杀人、热衷暴力行为等；轻的如抑郁、悲观、自我封闭或故意反叛等。还有另一个方面，就是我们不知道自己的潜能，不清楚自身的优势，因此做出了许多事倍功半的所谓努力，失去了更多更好的可能性。

造成这种局面的原因，一个是我们认知自身的能力太过有限，另一个是需求也不是特别强烈。目前，这种情况正在改变。随着科学技术的飞速发展，人类破解自身奥秘的能力也在迅速提升，需求也在日益增长与日渐强烈。这种需求主要来自两个方面：一个是人们的日子过得好了，健康长寿的愿望越来越强烈，长生不老的古老梦想再次复活了；另一个是人工智能快速进化，人们对它超越人类的担忧也越来越强烈，更好地了解自己，进而增强自身的能力，已经成为现实而紧迫的课题。

大脑是怎样工作的，是人类首先要破解的问题。大脑好像是我们身体的总指挥，可我们并不知道它的工作原理，只是盲目地服从它的命令，和一台机器听从电脑的指令并没有太大的差别。如果不能破解大脑的奥秘，认识自己就是一句空话。如果不能认识自己，人类也就仅仅是能够制造工具的动物；同时，我们也无法避免内心的矛盾冲突，更不能避免制造大大小小的血腥惨案。

身体是如何运作的，是人类需要深入研究的问题。我们的肢体、内脏与大脑是什么关系，内脏器官之间是什么关系，肢体与肢体之间是什么关系，大脑是依据身体传递的信息自主判断与决策还是被迫做出某些决策等，诸如此类的问题，我们目前还知之甚少。比如，吃什么东西开心，是大脑的选择还是大肠的意愿？只有搞清楚了这些问题，才能让我们真正做成自己。

在更微观的层面上，我们还需要对细胞、蛋白质、DNA 与 RNA 等构成身体的基础材料与基本零部件进行更细致的探讨。只有破解了它们的核心秘密，我们才能够更好地控制自己的身体、情绪与智能水平，以及增强我们的综合能力，而不是被动地等待基因的判决。当然，我们还要更有效的控制疾病、衰老和重塑自身。

要全面认识自己，还必须系统解读和我们的肌体共存共生的微生物。从某种意义上说，它们可是人体这个移动"星球"的真正主人。

总之，认识自己的身体，开发自己的身体，改造自己的身体，继而重塑自己的身体，将是智能时代的一项重要且紧迫的任务。

探索人体生态系统

一只老鼠，欢天喜地地奔向一只猫。猫有一丝错愕，但还是愉快地享用了送上门的美餐。这只老鼠怎么把自己当套餐给"快递"了？难道是喝多了？别急，咱们且慢慢道来。

我们拥有自己身体的主权，好像是天经地义的、不言而喻的，可事实真不是这样的。

我们的身体如同地球，有沙漠、沼泽、森林、草地、湖泊，其中生存着各种各样的千奇百怪的生物。它们才是我们身体的主人，就像我们把地球当作自己的地盘一样。

它们是从哪里来的呢？我们的身体里是没有原居民的，可以说全部都是移民。第一类移民来自妈妈的肠胃系统。它们在婴儿即将出生的前夕，纷纷涌向"海关"，等待着"海关"打开之时，和婴儿一起奔向一个新世界。接下来，婴儿接触到的所有人与器物，都会成为新移民的渠道。不过它们的种类与数量都比较少。第二类大批量的移民来自妈妈的乳汁。妈妈身体的微生物会自发进入乳液，借助婴儿的吸吮实现它们"星际移民"的梦想。

总之，在你的一生中，每接触一个新朋友，每到一个新去处，每吃一种新食物，都会像打开海关一样，涌入一些新移民。

它们的作用是什么呢？笼统地说，它们会影响到你的健康、情绪与行为。比如，它们会影响你的爱情，准确地说是性冲动。我们知道，体味是激发性冲动的重要因素，一见钟情主要来自气味相投。体味是怎么来的呢？体味就是某些微生物的气味。

我们都有自己的体味，体味的来源主要在腋下。腋下就像经济发达的长三角地区，是微生物最集中最发达的区域之一。腋下的气味就是这些微生物搞出来的。你看，你以为是自己碰到了真爱，其实是微生物对上了口味。有研究表明，接吻十秒钟，彼此会交换约 8000 万个菌体。你以为自己是两个人在甜蜜，其实是微生物在交换生活基地。

我们的身体内住着几万亿计的微生物，大约是人体细胞的十倍，它们共同构成了我们身体的完整生态，其生存法则与运行机制，与大自然几乎没有什么区别。它们既相互竞争又共生共存。一旦失去平衡，我们的身体就会出现问题。轻则不舒服，重则生疾病，再严重了会丢性命。

现在，有不少怪病，找不到原因；也有些人得了怪癖，却不知道为什么。有些毛病，医生束手无策，不知不觉间就莫明其妙地好了。因为这类毛病大概率是出在微生物身上，而我们还弄不懂微生物之间的复杂关系。

猫是老鼠的天敌。有些老鼠会自动地向猫靠拢，是因为它身体上来了一帮名叫弓形虫的"难民"。弓形虫最喜欢生活的地方是猫的肠胃，它们到了老鼠肚子里，会迷惑老鼠以猫为友，让它们葬身猫口，借此回到自己熟悉的"故乡"。研究表明，一些人患上抑郁症就是某些微生物在作怪。就是说，我们以为是自己在作主，其实是微生物在操纵。

智能时代，人类将要把这些问题搞明白。因为完全彻底的生态文明，必须包含微生物系统的生态文明；而建设人体自身的包含微生物系统的生态文明，则是其中的重要组成部分。

初级元宇宙

元宇宙的诞生是一个天大的事件。大到什么程度？仅次于宇宙大爆炸。

元宇宙的发展过程，也和现实宇宙的发展历程十分类似。我们知道，宇宙大爆炸之初，完全处于一片混沌之中。宇宙中充满了质子、电子、中微子等基本粒子，随着温度降低，又产生了氢、氦等气态物质；气态物质凝结成恒星，恒星爆炸产生了重金属；之后才有了行星。有些行星产生了水和大气层，这才慢慢有了微生物、植物、动物等，又经过几十亿年的演化，才有了人这种所谓的高等动物。

元宇宙的底层技术，如同宇宙初期的质子、电子、中微子等等，似乎完全处于混沌状态。随着技术的发展进步，以及各项技术的整合融合，新形态出现了，随后又像超新星爆炸一样出现破灭重生，慢慢产生出常人可感知可应用的东西，在这个基础上不断演变，叠加出当初没有人能够想象到的东西。

目前，元宇宙在应用层面正处于混沌初开的阶段，也可称为初级元宇宙。类似于宇宙刚刚诞生微生物的时期。虽然如此，却也是革命性的大事件。我们的生命是由无机到有机演化而来的，而元宇宙则让我们的生命可以在无机的世界里绽放。

初级元宇宙大概有如下特点：

开发者更多地关注生意而不是生命。我们看到元宇宙概念下最先发展起来的是游戏，因为这个东西最好赚钱。像比特币、数字藏品、虚拟代言人等，都是和生意紧密关联的。你不一定了解元宇宙，你一定知道大家都在寻找元宇宙的商机。找到商机就像发现了水与大气层一样，是非常重要的事情。有了商机，才成聚人气聚财气。科学家一定是要与商业家结合的。因为商业家更善于从科技成果中发现进入市场的突破口。

失意与失败是家常便饭。各种雄心勃勃的研发与投资行为层出不穷，失意与失败者同样层出不穷。元宇宙的世界里，一会儿艳阳高照，一会儿是风雨交加。也就是人们常说的机遇与挑战并存。但是，目前的局面还是挑战远大于机遇。要把这个局面扭转过来，一定要有先驱者的"牺牲"。道路是先行者的尸体铺就的，成就是先行者的鲜血浇灌的。

价值形态产生变化。数字产品开始取代实物产品逐渐占据市场主流地位，虚拟消费开始代替实物消费逐渐成为主要的消费方式，过去看起来没有价值的东西变得越来越有价值。比如，虚拟衣服、虚拟食物、虚拟宠物、虚拟地产、虚拟文化产品等，都可以转换为现实财富。

时间分配形式产生变化。过去，我们主要生活在物理时空里；未来，年轻人将更多地生活在数字时空里。他们会将大部分时间分配给元宇宙。

他们在那里工作、在那里交友、在那里休闲。对年轻人来说，现实世界是纷扰而无趣的。

在元宇宙里，只要不断电，需要的只有智慧，金钱越来越不重要。过去，一分钱难倒英雄好汉，没有金钱，啥事也干不成；未来，只要你有足够的创造力与想象力，就不愁没有钱。

顺便说一句，或许中国足球的第一个世界杯冠军是在元宇宙里获得的。也许，第一届元宇宙奥运会与元宇宙世界杯用不了多久就会隆重开幕，并引发万众瞩目。

02

第二篇

生化时代

　　人类成功举办首届太空奥运会。这届奥运会由中国与美国联合承办，来自俄罗斯、德国、英国、法国、日本、巴西、印度等十余个国家的1000多名运动员参加了比赛，世界各国代表受邀现场观摩，10000多名观众奔赴火星为各国运动员加油助威。

　　这届奥运会是人类科技水平与"科技人"能力的首次集中展示，标志着人类由地球文明走向太空文明的新跨越。

　　中国中央电视总台全程直播。全球50多亿人收看了盛大的开幕式。

第一章

概　述

生化时代的基本特征

机器制造让位于生化制造，生化制造取代了生物子宫；机器变得更加自然，而人类则成为科技"产品"；

自然式科技与科技化自然重塑智慧生命与大自然的关系，也重塑了智慧生命自身；

智慧生命由解释世界、改造世界，发展到重建物理世界与意义世界；

精神由站起来走向富起来；

地球文明进入后人类纪。

从生产力发展的角度来看，人类迄今为止已经走过了石器时代、铜器时代、铁器时代、蒸汽时代、电气时代、电子时代和信息时代，即将进入智能时代，然后转入生化时代。从生产力的角度来说，石器时代、铜器时代与铁器时代主要是工具的形成与进步，人是工具的动力装置；蒸汽时代与电力时代主要是动力技术形成与进步，人成为操作者。电子时代与信息时代主要是指令、信息传输技术和运算能力的形成与进步，机器由此具有了一定的"脑力"，人成为辅助操作者和守护者；由于动力与"脑力"的技术进步，又进一步促进的机器的技术进步；那么智能时代与生化时代就成了人的优势与机器的优势系统性深度融合的时代，智能系统可以不依靠人的参与而独立地完成各种生产活动，人类第一次从劳动中解放出来。

智能时代孕育着生化时代。智能制造与人类活动，带来排放量的急剧上升，对人类生存的威胁日益提升，不必再为生存而劳动的人类，却制造出了无法生存的客观环境，从而不得不向大自然吸取智慧，走向有机与无机的融合发展，由智能时代进入到生化时代。

马克思说："各种经济时代的区别，不在于生产什么，而在于怎样生产，用什么劳动资料生产。"何为生化时代？就是生产活动由机械制造为主的时代转向生物制造、机械制造并重且走向融合的阶段。人类的生产生活资料由自然"制造"到机器制造、再到生物制造，而制造使用的原料也由无机物向有机物转变。

智能机器人取代了一般人类劳动，是智能时代的重要标志；生物制造取代了女人的子宫，是生化时代的重要标志，也是人类发展史上最具革命性意义的大事件。物质生产的事，不用人再勤奋敬业了；人的生产，也不用人再亲历亲为了。至此，人类历史上首次进入了物质生产与人的生产的"两个生产"领域的社会化，意味着人彻底摆脱了非创造性生产活动的束缚，初步进入了自由发展的新阶段。

人类能够创造自然万物，是生化时代的根本特征。在地球这个小环境里，人类由被动的适应者、到主动的利用者，再到被迫地对大自然采取保护与开发兼顾的策略，终于迎来了一个崭新的时代，那就是人成为造物主。人类可以"制造"人，可以"制造"万物，也可以"调度"自然。地球大自然由原始自然，进入科技自然；或者说，由自然文明，转向文明自然。

就是说，人类既能重塑自然，也能重塑自身。

在这个历史阶段，追求高品质生活成为时代的主题。富裕是手段，不是目的，生活才是目的。以生活为中心，既是个人取向，也是社会取向。生活决定生产，生产服务于生活。生产的发展取决于生活创新，而不再是产品改变人们的生活。生产活动大部分转移到大洋和太空，陆地成为公园式的存在。生产活动大部分在大洋中进行，航天设备制造与发射活动主要在太空和海洋中进行。陆地农业、林业、渔业、畜牧业等成为自然循环的一部分，也是自然风景的组成部分。

社会结构不再是固定的橄榄球型或哑铃型，而是像大海一样的流动的包容的变化的充满活力的魅力式存在。那时候，没有工人、农民、商人、公务员、艺术家、知识分子等固定职业的区分，也没有富豪、中产与贫民的身价差别，更没有老板与雇员、上级与下级的身份区别，大家都是生活中人，最大的区别就是对美好生活、高品质生活的认识与追求各不相同，或者说是千差万别，并因此形成了不同的群体。不过，这些群体并不是封闭的稳定的，而是相对松散的，具有交叉关系的，还是发展变化的。

在诸多的结构变化中，年龄结构的变化是最有趣的。婴幼儿、青少年、成年、老年的结构划分，可能会简化为未成年人与成年人两个阶段。原因来自科技对人自身的"加持"，一方面让儿童的学习成长加速了，成长成熟期缩短了；另一方面，老年人的生存质量提高了，高质量的生活与死亡之间的时间非常短，短到基本可以忽略不计。这个变化将对社会运行产生系统性的深刻影响，并带来革命性变化。

生化时代的主要风险

改造自然，已经很难；改造自身，更是麻烦。现在，我们常说，在大自然面前，生命是无助的，人是渺小的。但是，我们最难的，还是改造我们自己。

我们在改造与利用自然的过程中，遭遇的最大挫折并不在科学发现上，而在技术应用上。大多数情况下，我们并不知道把一项技术应用到生产生活当中，将会带来怎样的结果。技术越先进，后果越难以预料。我们开采森林的时候，压根没想到与生物多样性、生态变化等有联系；我们开始制造飞行器的时候，也没有认识到它会成为杀人的武器；我们刚刚发现并利用化石能源的时候，完全没有意识到化石能源的大规模开发与利用会对自然环境与气候变化带来毁灭性的影响。由于历史上吃过太多亏了，现在几乎每一项重大科技成果的应用，都会有人质疑，也有一些人几乎是出于本能地站出来反对。

改造与利用自然尚且如此，改造人自身将面临的风险与面对的困难更是不可想象。

首先是实践上的客观风险。虽然我们掌握了基因的秘密，也掌握了改编基因程序的技术，但是我们很难确定最终带来的全部结果。比如，去掉我们认为不好的基因程序之后，那些我们认为一直在发挥"正能量"的基因将发生怎样的变化，并不是一下子就能判断清楚的。从一般规律上看，是需要经过失败来修正的。可是，当我们面对的对象是人的时候，这种失败就可能会带来灾难性后果。

其次是人为的阻力。正是因为一旦失败则可能导致灾难性后果，所以人们对基因重塑万分敏感、高度警觉。过去几年，化工项目建设、转基因食品等，频频引发社会舆论的广泛关注，甚至出现了较大规模的群体性事件。可以想象，对人类基因进行编辑将会遭到相当一部分人的强烈抵制，并可能导致对立双方的直接冲突。

除了失败可能导致的可怕后果造成人们的恐慌和抵制之外，基因编辑与脱离了子宫的人的生产活动，还会遭遇伦理道德上的诸多争议与冲突。因此，目前世界上绝大多数国家对人类基因编辑都有异常严格的限制，均不允许在生命层面进行研究实验。但是，就像核能被发现之后出现的情况一样，尽管国际社会对核能的开发利用有着严格的约束，却依然阻挡不了人们对核能的深入研究与广泛应用，并最终能够使核能比较安全地服务于人类发展。

人类的基因编辑与体外繁殖，是人类科技发展的必然结果，也是人类建设宇宙文明的客观要求，但是，如果管控不力，也可能出现灾难性的结果。

基因编辑与体外繁殖，从根本上动摇了千百年来形成的人际关系的基石，给社会关系的构建带来了严峻风险与巨大挑战。胎儿没有母体，没有父亲与母亲，血缘关系的纽带被技术切断了，我们很难想象一个没有爸爸、妈妈的世界是一个什么状态。另外，这种人类生产方式，也必然使得民族的差异性逐渐丧失。虽然这并非一定是坏事，但肯定会遭到一部分人的抵制，并成为重要的政治议题。

到了生化时代，在几万年的尺度内，就人类整体而言，已经没有自然灾难可以威胁到人类生存。也可以说，人类对待科技的态度与应用科技的行为，是人类风险的主要来源。

打开一扇窗的"新冠"肺炎疫情

回过头去，说说"新冠"肺炎疫情。这场疫情，来得突然，去得缓慢，广泛而深刻地改变了人们的思想与生活，还将对人类未来产生极其深远的影响。从长远看，利还是远大于弊的。

在这场疫情之前，人们正沉浸在"黑科技"频繁出现的狂欢和对科技"奇点"即将到来的无限期待，以及对未来美好生活的美妙畅想之中。"新冠"病毒无声无息地将人们的美梦敲得稀碎。什么"万物之灵""万物的尺度"等等，统统都是人类的自吹自擂，"新冠"病毒毫不费力地令人们的身体失去了自由度、灵魂丢失了应有的风度。上帝关上一扇门，必然会打开一扇窗。一场疫情出现，让人们的丑态毕现，也让人们不得不进行深刻反思。

人类在大自然面前是渺小的，面对自然灾害常常是束手无策的。这一点人类有着深刻的体会与足够的教训，所以人类投入了大量的人力、物力、财力，对大自然进行科学研究，以发现和掌握大自然的规律，并善加管理与应用。应该说，成就不小。这次席卷世界的"新冠"疫情，让人们认识到人类在微生物面前同样不堪一击。这就迫使人们不得不加大对微生物世界研究的投入，以实现人类与微生物的和谐相处。同时，人类在与极端恶劣气候变化、重大自然灾害的斗争中，在与病毒的攻防实战中，必将逐渐认识到，单纯认识和改造自然是不够的，还必须改造人类自身，使每一个个体的人都有更高更强的攻防能力，才是治本之策。这会给基因工程的研究、实验与应用创造比较好的舆论环境和社会条件。

面对无奈的"静默"与"禁足"，面对死亡的风险，你是选择接受基因编辑，还是坚持"祖宗之法"？肯定有人接受基因编辑，有人坚持"祖宗之法"。前者会多，后者会少。如果没有病毒的威胁，可能绝大多数人不会接受基因编辑的尝试。

"新冠"疫情将成为生化时代的催化剂，必定会大大加快生化时代到来的步伐。

宇宙"大厨房"

宇宙有"大厨房"，地球有"小厨房"。我们与我们觉知到的一切，都是"厨房"里的产品。宇宙做大菜，地球烹小鲜。人类有幸成了"小仙"，可以探索研究"饭菜"是怎么做出来的，并进行制作"饭菜"的实践活动。

做饭需要厨具和原料。宇宙的厨具和原料是什么，又来自哪里呢？这个问题是目前科学界的热点之一。也可以说是最重要的热点问题。因为找到了答案，就意味着我们可以当大厨了。

虽然我们现在还不知道最初烹饪宇宙的"厨具"与原料是什么，但我们已经大体上知道宇宙是如何烹饪万物的。由于时间太过漫长、过程太过复杂，我们只能在此简略地回顾一下。

我们知道，生命的主要原料是碳、水和氧，还有一些用来做"调味品"的微量元素。大自然和我们初次做菜一样，用什么原料，会做成什么，基本靠蒙。正是因为大自然这位厨师早期"做饭"主要靠蒙，所以物理学家与宇宙学家们寻找"菜谱"的工作就变得无比困难。说得难听一点，主要也是靠蒙。

科学家们发现，万物都由原子构成。原子由原子核和电子组成。不同的物质，原子是不同的。原子为啥不一样？原来原子核中的质子数不一样多。比如，氢只有一个质子，碳则有六个质子。那么，问题来了。

质子带正电，它们相互排斥。相互排斥的质子是怎么走在一起的？或者说，两个同性怎么会产生爱情呢？在这场追问中，科学家们又发现了中子。中子是从哪里来的？又是如何当媒婆的呢？科学家们就这样解决了一个问题，接着又发现新的问题，只能不断地探索下去。在这个过程中，他们发现了夸克家族，发现了胶子、玻色子等"子"家族，以及它们在家族中扮演的角色。

科学家们是怎么发现这些家族的呢？他们认为恒星就是宇宙的"子厨房"。但是，他们没有办法进入这个厨房一看究竟。可他们产生了一个大胆的想法，模拟恒星大爆炸，看看这个过程发生了什么。于是，粒子对撞机诞生了。目前，粒子对撞机可以让科学家们"看到"大爆炸发生的瞬间产生了些什么东西，但还不能知道在那个瞬间之前发生了什么。

科学家们发现了什么呢？除了前面说到了各种"子"之外，还推测出了各种"场"。比如电子场、胶子场等，有几十种场。这些场的相互作用，可能构成了希格斯场。如果没有这个场，物质与反物质就会相互湮灭，宇宙万物也就失去了出生的机会。

老子说，道生万物。这个道原来就是"场"。佛家讲，虚空不虚。即使把粒子抽干净，场也依然存在。粒子在产生之前，就是场中的"涟漪"，科学家们称其为振动的"弦"。

至此，我们可以理一理顺序。场的相互作用，产生了振动的"弦"，弹奏出粒子，粒子变成由夸克和胶子组成的"一锅汤"，随着温度的降低，质子和中子诞生了，然后才有了氢，随后又有了氦与少量的锂。接下来，要等待1亿年到25亿年，坍缩的氢氦气云才形成第一批恒星。恒星将氢聚变成氦，在这个过程中烹饪出碳与铁等其他各种元素。大质量的恒星在燃尽氢燃料后会爆炸，将各种元素喷向太空。这些碎片重新聚合，便产生了新的恒星以及行星。当然，在星系、恒星与行星形成地过程中，还有奇怪的暗物质与暗能量在发挥作用，只是我们还不清楚它们是什么与怎样工作的。

有了行星，才有了生物与生命的故事。恒星这个大厨房烹饪出了基本的原材料，行星这个小食堂烹饪出了生物与生命。

科学家们确信，恒星这个大厨房的主要原料就是氢。也就是说，我们可以从氢开始来烹饪万物。那么，如果我们掌握了可控核聚变，能够解决的就不只是能源问题，或许我们可以烹饪万物。

如果我们理解了量子场、真空与引力等，能够利用或制造各种场，那将会发生什么呢？肯定会发生今天我们难以想象的事情。或许智慧生命将会制造出"一把琴"，可以弹奏出宇宙更美好更辉煌的乐章。又或许，我们的宇宙就是由某种智慧生命制造的"琴"，并弹奏出来的美妙交响。总之，智慧生命有希望成为出色的"琴师"，可以"弹奏"出今天没有的物质或生命。

崇尚自然成为自觉

老子特别强调自然。自然是怎么自然的呢？一个是创造，一个是平衡。利用竞争促进创造，通过循环达到平衡。并因此形成了多样性与低能耗。没有这两个关键因素，就不能实现可持续发展。没有物种的多样性，就循环不起来；没有低能耗，循环便持续不下去。所谓自然经济，也可以这样理解：自然的就是经济的，也就是多样性的可持续的。人类文明要持续发展，就只有向大自然学习这一条路可走。

科学家们致力于模拟人的大脑。以目前的水平，模拟人脑的计算机，占地面积相当于一座城市，需要几座大型电站来供电。而人的大脑只有1300克左右，使用的功率只有20瓦，产生的热能可以忽略不计。电脑需要一座电站，人脑只需要一杯酸奶，这是什么差别？所以，人类生产必须向大自然学习节能与环保，并必然进入生化时代。

事实上，生化时代与智能时代是交叉重叠的。这里之所以突出强调"生化"这个概念，是因为相较于智能化，"生化"的难度更大、意义也更重大。这种难度，不只是科技上的，还有人们思想观念上的。我们现在对人工智能充满了担忧，对于"生化"可能将是恐惧与拒绝，并施加道德伦理上的强烈约束。而进入生化时代的意义也将是颠覆性的，不只颠覆人与人类的命运，也会颠覆宇宙万物的命运。

生化时代极可能是一个过渡时代。人类由双性繁殖过渡到无性制造，由碳基生命发展到碳基生命、硅基生命或者其他生命形态并存的阶段。在这个时代，长期困扰我们的一些根本问题将得到科学答案。比如：死亡是生命的必然归宿吗？性是最佳的繁殖策略吗？自由意志究竟是不是某种程序设计下的一种幻觉？任何一个问题的新答案都具有颠覆性意义。而且，这些问题也极可能是密切关联的。或许，我们会在这一时代找到生命的来源与有机体复杂的工作原理。极有可能，得到的结论会让我们难以接受。

万物皆由"烹饪"而来。宇宙最初只有能量，是温度的"大火""中火"与"慢火"逐渐"烹饪"出了各种元素、各类星球与多种生物。人类与其他动物的最大区别，就是人类掌握了"烹饪"技巧。目前，人类仅掌握了一些初级的"烹饪"技巧，就创造了惊人的奇迹。人类只要掌握了"烹饪"的全部秘密，就成了真正的造物主。

这个"烹饪"也就是生化。万物都是化学元素在不同条件下形成的不同组合。世间万物，同宗同源。谁也不必瞧不上谁，谁也不必盲目地崇拜谁。

人类进入生化时代，既是学习宇宙发展秘密与技术的必然结果，也是人类可持续发展的必由之路。

我们知道，细菌会以几何级数增长，但它并没有在地球上泛滥成灾，不是外部条件不允许，而是它们不能避免熵增，只能死在自己制造的垃圾里。人类要解决熵增，只有两条出路。一是走出地球，二是降低熵增。在人类尚没有能力走出地球之前，唯一的出路就是尽可能地降低熵增的速度，否则人类文明就会窒息在自己制造的废热中。

怎样降低熵增呢？还是向大自然学习。大自然创造了人。人的大脑有大约1000亿个神经元，每秒进行百万之四次方比特的运行，却只有极少的能量消耗，几乎不产生热量。人类要避免自我毁灭的命运，便没有别的选择，只能由机械制造向生化创造转变。

如果说智能时代是对人与自己的创造物赋能的时代，那么生化时代就是一次新的创世纪。上一次创世纪，是自然的创世纪；这一次创世纪，是人类的创世纪。人类将再造万物与自身。生化时代的人，不再是男女合作的激情创作，而是"工厂"的理性制造。智能时代的人是"增强人"，生化时代的人是"科技人"，受遗传左右的自然人的历史将被终结。同时，自然也不再是过去的自然，而是被人类科技再创造后的自然。

生化时代，有机与无机的界限将被打破。人类实现了分子、原子层面的制造，无机与有机可以顺畅地相互转化。机器可以是生物性的，生命可以用机械介质制造。智能机器人与人已经合二为一。智慧生命的内在构成与外在特征将不再是统一的，与此相适应，人的概念将被重新定义。智慧的鸟、智慧的狗、智慧的车、智慧的蚂蚁等或许都会被纳入"人"的范畴。那时，轻率地判定哪种东西不是"人"是很危险的。

生化时代的主要矛盾是传统观念与时代要求之间的矛盾。这个矛盾将以多种次生矛盾的形式表现出来。比如伦理道德的冲突。当人不再是父母所生，传统的家庭观念将会破裂。人们能否接受彼此都是兄弟？比如身份认同。人们能否认同一条智慧的狗与人是同类，拥有同样的权利？人们能否接受民族甚至是物种的区别被科技抹平？再比如语言文字的统一。人们是否接受本民族的语言文字成为历史？

诸如此类的问题必然造成尖锐激烈的冲突。人类的冲突归根结底不是不同文明之间的冲突，而是新旧文明之间的冲突。它不过是在某一时期内，以外在冲突的形式呈现出来，并在短期内掩盖了其内在矛盾。

生化时代，人类对自然资本的利用，由地球升到天空，由浅海走进深海，并最终实现一个根本性的转变，保护地球生态成为人类主要的艰巨任务。世上没有无成本的事情，地球自然资源养育了人类几十万年之后，已经不堪重负，人类对地球"还本付息"的时刻到来了。在生化时代后期，人类不得不将生产活动向太空转移，以减少地球的熵增。

为了适应在月球、火星、土卫二等星球的环境，人类也不得不接受改造我们自身。人类无法遵从于缓慢的自然进化规律，必须自编属于自己的生命方程式。

生化时代的核心要义有四个字："自然"与"文明"。政治、经济、社会、文化与生态都崇尚自然，这个自然当中贯穿着人类的智慧，这个智慧的部分便是文明。自然是主旋律，文明是对主旋律的丰富、发展与变化。也可以说，自然是最根本的发展规律，文明就是对规律的科学认识与善加运用。

新的世界观

俄乌冲突爆发不久，不少人都断言世界要改变。改变什么呢？二战之后形成的世界游戏规则被打破了，和平与发展的进程被打断了，全球供应链要重构，对立代替了合作成为矛盾的主要方面。

这些判断有一定道理，世界是在起变化，但并没有发生根本性变化。因为我们认识到的这些变化，之前都已经发生过，都是历史的重演。变化的是表象，不变的是逻辑。这个逻辑就是生存竞争。人类的生存竞争主要围绕三大主题展开，一个是利益，一个是安全，一个是尊严。安全是第一位的，需要武装力量来保障，也需要合作来巩固。尊严是人之为人的根本，动物不需要尊严，只要活着就行。尊严的表现形式比较复杂。它的基础是经济上过得比人好，还要形象比人好、能力比人好、气质比人好、品格比人好，还有学识、才华、思想、价值观等等的比较。比较就会起冲突，冲突又促合作。

人们合作的前提是利益。狭义的利益是财富。广义的利益包含了安全与尊严。没有安全就可能失去财富，没有尊严财富也就失去了大部分意义。这一点全世界没有什么不同。而合作的纽带是不一样的，有的是情感为主，有的是契约为主，有的是价值观为主，有的是宗教为主。不同的纽带之间不是泾渭分明，而是有融合交叉的。

俄乌冲突的根源是利益冲突。乌克兰想过更好的生活，而且认为融入西方世界是其经济发展的必由之路。俄罗斯则陷入了安全焦虑，认为乌克兰一旦加入北约自己就失去了安全屏障。这个矛盾涉及双方的根本利益，短时间内难以调和，只能以武力来解决。不管这场冲突以何种形式结束，从短期看双方都是输家。世界会孕育巨变，但短期不会发生根本性改变，因为时候还没到。

对于俄乌冲突，国内民众的反应，表面上看是分化的，但思维逻辑是基本一致的。自战国以来，中华大地的历史就是一段分分合合、治乱交替的历史。统治者争来斗去，你方唱罢我登场。治世的时候，老百姓就有好日子过；乱世的时候，老百姓就遭殃。所以，老百姓都有一个梦，叫作治世梦或盛世梦。这个梦又延伸出三个梦：明君梦、清官梦、侠客梦。在《三国演义》里，刘备代表明君，诸葛亮代表清官，关羽、张飞代表着侠客。

同情乌克兰的与支持俄罗斯的，都是源于同一个梦，也就是治世梦。大家都不希望这个世界乱，但有的人认为俄罗斯去攻打一个并没有违反国际规则的主权国家是没道理的，也就是不利于世界和平的；有人的认为西方某些国家在搞世界霸权，是动乱的制造者，应该有人站出来反抗。他们支持的并不是俄罗斯，而是普京。普京就是他们心中的"侠客"。他们认为这个"侠客"是在反暴君，当然也就是正义的。不管支持或同情哪一方，思考的落脚点都是自己能不能过得更好。

在一个较长的时间内，人类世界生存竞争的基本逻辑不会发生革命性变革，新的世界观不会形成。什么时候才会发生革命性变革呢？共同利益远大于各自利益的时候。直白地说，就是任何一方不好其他各方也好不了。一只蝴蝶在任何一个地方扇动翅膀，都会让不知什么地方出现暴风骤雨。这种情况会出现吗？当世界成为一个极其复杂的统一系统之后，就会形成这样的情况。

世界统一的复杂系统何以形成？依靠科技进步与市场经济。科技进步让人与人、国与国、文化与文化之间的时空变小，又让人类发展的时空变大。这两个方向都十分重要。没有时空的小，人们就会疏离，形不成足够大的共同利益；只有时空的小，便会促成更为残酷的博弈；有了时空之小又有时空之大，人们才有可能团结起来，共同拓展更为广阔的发展空间。市场经济则是科技进步的土壤与推动力。

科技进步与市场经济将共同推动世界成为一个统一的复杂系统。数字化、智能化、云计算、区块链、生物工程技术等构成这一复杂系统的技术保障，星链、天基通信、量子物联网、磁悬浮高速运输网、航天航空网等构成了这一复杂体系的基本框架，人类的政治、经济、社会、文化等所有领域，以及自然生态的方方面面，无一不包含在这一复杂体系的运行之中，从而形成牵一发而动全身的局面。

生化时代，这个统一的复杂体系将基本形成，新的世界观也将基本形成。这将是一个超越种族、超越家国、超越地域文化、超越宗教信仰的世界观。它建立在牢固的共同利益的基础之上，因而形成了共同责任与相互信任，并催生新的世界文明形态。

没有牢不可破的利益链条，便没有共识、共享与共建。

共同记忆与共同体意识

人与人之间、家庭与家庭之间有误会与误解，民族与民族之间、国家与国家之间有误读与误判，其中一个很重要的原因就是没有或缺乏共同记忆。没有共同记忆，便无法产生同理心，很难相互沟通，不太可能相互理解。当发生摩擦与冲突的时候，彼此都觉得自己有理，或者都想当然地认为对方会怎样与不会怎样，从而造成错误的言论、决策与行为，导致灾难性的后果。而彼此对这种灾难性后果，又会有不同的解释、记述，形成完全不同的历史记忆。

从现实来看，移动互联与数字世界增加了摩擦与冲突，尤其是文化观念上的冲突，但也增加了世界范围内的共同记忆，从长远来看，是有利于提高世界认同的。

没有互联网的时代，共同记忆的范围是很小的。即使是同一个民族同一个国家，也只有那些特别重大的事件才能成为共同记忆。而这种记忆又大多是创伤性的，因而也是加剧分离与对立的。另外，由于传播手段的局限，话语权掌握在少数人手里，这部分人多以自己的立场来传播共同记忆，因而不可避免地带来共同记忆的扭曲，不利于形成健康的民族心理与集体情感，自然也就不利于不同群体、不同民族、不同国家之间的理解与合作。还有一个不可忽视的现实是，那些有限的共同记忆都是些大事件，严重缺少日常生活的共同记忆，而身份认同与情感认同又多依赖于日常生活的共同记忆。

到生化时代，因移动互联、快捷交通等积累的共同记忆，将足以支撑人类共同体意识的构建。移动互联网最重大的改变是什么？当然是共同记忆。首先是叙事主体的改变，由少数人叙事，变成人人叙事，没有人能够垄断叙事的权力。其次是叙事内容的改变，由大事件为主转变为日常生活的点点滴滴，年轻人几乎人人都在晒日常、晒心情、晒生活。再次是叙事方式的改变，绝大部分日常叙事是情绪化的未经加工的、原汁原味的，更容易引起共情。然后是传播范围的改变，互联网叙事具有跨地域、跨语言、跨文化的特性，能够让遥远的事变成了身边的事。

大家都在共同叙事中生活，都是一起长大的"发小"，彼此都是"隔壁老王"、邻居家的孩子，也就能够比较自然地形成共同体意识。

今天所有的对立、争吵、分裂，都是明天理解、共识与合作的铺垫。

给生物赋能与放权

一家实验室试图制造具有智能的酸奶，但没有成功。一位实验人员私自带走了一个实验用的 DNA，回家调制酸奶，当它准备食用的时候，发现酸奶有了智能。

酸奶和政府谈判，它可以拿出治理经济危机的方案，但要求政府划一个州归它治理。由于深陷全球经济危机，政府被迫同意了酸奶的条件。

但经济管理部门并没有贯彻酸奶提出的方案，造成了经济崩溃，只有酸奶治理的州经济一片繁荣。于是，人们只好把权力交给了酸奶。

这是网剧《爱、死亡与机器人》中的一个故事。这个故事提供了许多值得思考的有趣点。

人类的经济活动经济吗？人类有五花八门的需求，不像一般的生物，只有生存与繁殖的需求。好处是动力足、创造力强；坏处是目的和行为常常不同向不协调，经常事与愿违，有时还会造成灾难性后果。人类世界虽然发展很快，但成本非常高，代价非常大，与自然界相比，完全没有经济性可言，因此根本无法持续。所有的经济危机，本质上都是人心危机。想要的太多，不可兼得又不知取舍，必然失调失序。可以说，人类是聪明的愚蠢，生物是无知的聪明。

生物能否在人类科技的加持下，进行更高水平的生物制造？在农牧业领域，或许可以通过人类的努力，实现更高效率的循环生产，动植物之间相互供养，其"剩余价值"部分，用于回馈人类。人类不再是投资农牧业生产，而是投资建设生态，让动植物自我生产。在工业领域，也许会发展出生物机器，比如 DNA 计算机、分子制造等，以此实现低能耗与可循环利用。

总之，人类将为生物赋能的同时，也赋予它们更多自主发展的权利。

与微生物和谐相处

讲卫生，对不对呢？这个事要具体问题具体分析。

老百姓有句俗话："吃百家饭，不得病。"这句老话，年轻人已经听不到了。现在的孩子经常听到的就是要"讲卫生"。过去，生活困难，有些人不得不讨饭吃。人们称他们为"叫花子"。这些人多衣衫褴褛、蓬头垢面，浑身脏兮兮的，但他们往往比那些特别讲卫生的"文明人"更抗折腾。表面的"脏"，可能是真正的"干净"。原因是什么呢？因为他们吃百家饭，吃下的是各种各样的微生物，无意中建立了自身微生物系统的多样性，微生物之间相生相克，能够自我平衡，作为宿主的人也就安生了。

讲卫生，可以防止外部病毒对人体内微生物生态平衡带来的破坏，所以适度讲卫生是对的。但过度讲卫生，相当于我们对大自然的过度侵犯，会造成生物多样性的减少，使得自然环境日益恶化，最终威胁到人类自身的生存。印度人喝牛尿，认为可以保健、能够治病，不少人觉得他们很愚昧、很可笑，而事实上是有一定道理的。

比过度讲卫生更严重的是过度使用抗生素。抗生素在杀死病毒的同时，也杀死了益生菌，破坏了我们身体的生态环境。如同我们过度砍伐森林、污染水源、破坏草原等，虽然获得了当下之需，却难以持续健康发展。

生化时代，我们对健康与疾病的认识将更加深入系统，对健康管理与疾病治疗的范式也会发生根本转变。我们对微生物、包括病毒，会由隔离、对抗的态度与方法，转向开放与平衡的态度与方式。

我们不再是简单的讲卫生，而是致力于身体的"生态文明"建设。当我们想到"我"的时候，我们知道其中包括了各种微生物，其中也有病毒。我病了，就是我的生态失去了平衡，这时候要做的是修复生态，而不是继续"砍杀"，所以真正的养生就是涵养自身的生态。建设"生态文明"就是维护微生物系统多样性的动态平衡。其中的关键是放弃封闭走向有序开放。

我们将逐渐告别手术、吃药、打抗生素等传统治病方式，而转向对身体生态系统的养护与修复。在我们没有搞清楚微生物之间相爱相杀的复杂关系之前，吃药打针做手术是必要的做法，也是无可奈何的选择。未来，我们将通过饮食结构、生活方式、工作方式等方面的调整，创造一个有利于微生物多样性发展的良好环境，让它们保持生态平衡。它们生活稳定了，我们的身体也就健康了。

我们称自己是体内微生物的宿主，微生物认为我们的身体是它们的地盘。我们和微生物分别觉得自己是主人，事实是大家都只对了一半。因为我们和微生物是一体的，彼此都是对方不可或缺的一部分。

第二章

能　源

能源的新方向

21世纪，以光电、风电等为代表的新能源很吸引眼球。到了生化时代，能源发展会有新方向、新态度。

大自然解决能源问题的思路与人类根本不同。比如，牛羊多了，草就不够了，此时牛羊天天饿得心慌，哪有心情交配？于是数量自然就降下来了，供求也就平衡了；食肉的动物多了，把食草动物吃得差不多了，整天饥肠辘辘，哪有兴趣与体力做爱？死的多，生的少，数量就下来了，需求也就减少了。供给不足，就减少需求，这是大自然的平衡术。植物与生物是完全被动的，人有主观能动性。人类在学会了合作与掌握了技术之后，解决供求关系的主要思路正与植物、动物们相反，就是不断扩大供给。其主要路径，一个是抢占现有资源，一个是发现新的可用资源。

从柴薪能源、化石能源，到可再生能源，人类利用能源的能力与总量常常呈指数级上升，虽时有短缺发生，但总体上还是满足了发展需求。这种路数能够一直用下去吗？

矛盾是不断转化的，问题是不断升级的，人类是在悖论中发展的。

能源发展的过程也是一个"摁倒葫芦瓢起来"的过程。解决了够不够的问题，好不好用的问题就出来了；有了好用的，又冒出了气候变化的新问题。一个问题比一个问题大，一个问题比一个问题难解决。到了智能时代后期，够不够、好不好、污染不污染等都不是事了，可又遇上了更大的麻烦。什么麻烦？地球受不了了。

人类能源生产利用的总量太大了，熵增的问题日益突出，眼看着就要导致系统崩溃。能源生产环节与利用环节，都会有排放，其中主要是热量与二氧化碳等。即使是可再生能源，生产环节也会产生辐射及其他副产品，而利用环节也会有热量与其他工业排放。这些东西达到一定的量，就会破坏地球生态。

地球的承载能力是有限的，而人的欲求是无限的。因此，对待能源就得有新的态度。首先是由开源向节流转变。节流的出路主要是向大自然学习。大自然利用资源有两大特点，一是高效，二是循环。我们的大脑，既节能还不太发热，高效又环保；动物吸收氧气，排出二氧化碳，植物吸收二氧化碳，排出氧气，形成良性循环。这就是人类生产生活必须学习的方法。要解决熵增，只有这个方向的转变依然是不够的，人类还得向海洋和太空进军，到海洋和太空去开发能源，并组织生产。

生化时代，生物能源、类生物能源、海洋能源与太空能源等都将是非常重要的发展方向。

地上的海洋能

在地球上，海洋才是最大的能源基地，发挥着储藏能量、润泽生命、调节气候等重要作用。海洋是太阳的储能装置。海洋能也是地球上规模最大的可再生能源。

目前为止，人类对海洋的利用主要集中在渔业与海上交通领域，海上风能的利用尚处在起步阶段。可以说，我们对于浩瀚无垠的海洋，还只能望洋兴叹。主要原因是技术能力不足，开发成本太高。

有科学家认为，人类达到一级文明的一个重要标志，就是能够充分利用太阳送达地球的所有能源。显然，海洋接收了太阳送达地球能量的绝大部分，不能利用海洋能就难以达到一级文明。走进海洋一小步，文明就会迈进一大步。望洋止步，就不能进步。

海洋能开发利用的重点，一个是海洋生产，一个是海上生活，一个是海洋能发电。这三个方面是相辅相成的。海洋生产催生海洋生活，海洋生产与海洋生活带来了对海洋能发电的巨大需求。

许多人都觉得，水电开发已经接近尾声，水力发电设备的生产已经没有什么前途了。其实，海洋占了地球水资源的97%左右，我们对水能的开发利用只是开了一个头而已。海洋能发电将会是继陆地光伏、风电、海上风电、海上光伏等之后又一个热点。我们现在关注太空胜于关注海洋，这更多的是出于掌握制空权的考虑，象征意义大于实际意义，长远价值大于现实价值。从经济发展的角度看，在一个较长的历史时期内，海洋比空天更有经济实用价值，更具备开发的便利条件。我们将由陆地走向海洋，然后才是迈向星际。生化时代也是海洋经济占主导地位的时代，也是海洋能得到大规模利用的时代。

海洋能发电，是服务于海洋经济与海洋生活的。总是想着发了电往陆地上送，也是"院墙"思维的一种反映。

天上的太阳能

在太阳系，太阳是唯一的能源供应商，也是地球生命唯一的一次能源服务商。

人们都说，万物生长靠太阳。但这话并不准确，完全靠太阳是绝对不行的。太阳虽然热情大方，服务质量其实很一般。她的产品极不稳定，晃晃有晃晃没有，一会热一会冷，还经常出现"烧烤"或者"冰镇"生物的事故；更严重的是，她的产品带有各种辐射，有的会致病，有的会致命。

生物能够在地球上过日子，还受益于一家公益组织。这家公益组织搞的是普惠服务，不求名不图利，还经常吃人类的窝囊气。所以，她的名字叫地球大气层。她将阳光进行深加工，尽力过滤掉那些有害的成分，还给地球盖上了一层"被子"用来保暖。没有这层"被子"，地表平均温度也就是零下 18 度左右，大部分生物都会被冻死。也就是说，如果没有大气层任劳任怨地辛勤工作，地球上就没有生命可以存活。但是，凡事都有两面。大气层把太阳提供给地球的 60% 的能量都过滤掉了。

另外，太阳这家超级能源供应商，每秒释放相当于 500 多万吨标煤燃烧的热量，每年释放相当于 170 万亿吨燃煤的热量，约为目前全世界年能耗的 1 万倍，到达地球的能量只是她总辐射量的 22 亿分之一。太阳经常闹情绪、发脾气，因此她的能量绝大部分都浪费掉了。也难怪太阳脾气不好，太阳有那么多产品，可就是没人充分利用，她能不郁闷吗？

生化时代，人类将走出大气层，到太空去开发太阳能，让太阳开心开心。到太空开发的太阳能，怎么用呢？一部分要送到地球，大概会用到微波或激光传输；另外一大部分用于太空生产与太空生活。

能源的开发与利用，由国际化开始迈向海洋化与星际化。

听话的核聚变

核能是宇宙的创造之能、是万能之能。"奇点"的大爆炸、超新星的大爆炸、恒星的燃烧等等，都是核能的杰作。因此，人类要在宇宙中掌握更大的话语权、获得更大的自由、取得更辉煌的成就，就得与核能交朋友，最好是让核能成为听话的好朋友。

能力强往往脾气坏。核裂变不仅脾气差，行为也很不友善，和它交朋友风险很大。虽然我们已经有了很多办法来驯服它，可它还是像动物园里的老虎，一旦出了笼子，就会咬人。所以，科学家们更看好核聚变。核聚变只是工作态度不好，一不开心就"集体罢工"，但破坏性很小。只要把它的态度控制好，其他问题就都好解决了。

前面曾经聊过，核聚变的工作态度问题可能在智能时代能够得到解决。近日有报道称未来十年，可控核聚变就能投入商业运行。但是，核聚变的广泛应用大概需要在生化时代才能得到重大突破。首先，它要有一个成本降低的过程；其次是要解决小型化问题。核聚变要实现广泛场景的应用，需要在小型化上持续突破。只有小型化，人类才能更自由地利用核能，尤其是利用它实现自由飞翔，并且飞得更高更远。

核能对人类的存续与发展至关重要。它可能会抑制人们的战争动机、可能平抑人们的战争冲动，更重要的是它可能使人类具有改造宇宙的能力。

氢能走遍天下

化石能源比较污，还有限，于是就有了"以电代油、以电代煤"的说法。其实，这种说法容易造成误导。从应用侧来看，这种说法有道理；从生产侧来看，这种说法则完全错误。

电是二次能源，也叫"过程性能源"。石油和煤炭等是一次能源，也叫"含能体能源"。二次能源是不能替代一次能源的。能够替代煤炭、石油等化石能源的是光能、风能、地热能、海洋能、核能、生物质能与氢能等"含能体能源"。在这些"含能体能源"中，氢能的特殊价值和意义将随着人类社会的发展显得越来越重大、越来越重要。

氢生万物。星系成，恒星红，行星生，都是因为有了氢。氢在化学元素周期表中排在第一位，其他元素都是它的子辈、孙辈、重孙辈。与其他"含能体能源"相比，氢的脾气较好，单位重量的能量密度也很高；最关键的是，氢是"水性扬花"的，几乎所有的元素都能与氢谈"恋爱"，与其产生化学反应。这意味着，氢能将是多能互补、循环利用的重要媒介。氢也是工业制造、生物制造的关键原料。氢在医疗领域也具有独特的能力，动物呼吸 2% 的氢气可以有效清除毒性自由基，人类利用氢气可以显著改善脑缺血再灌注带来的损伤，可以治疗小肠移植引起的炎症，饮用饱和氢水可以改善心脏移植造成的心肌损伤与肾脏移植带来的慢性肾病等等。更重要的是，氢的同位素氕、氘、氚都是核能的原料。正是恒星的核聚变，制造了形成世间万物的基本元素。

宇宙几乎是氢的宇宙，或者说宇宙到处都存放着氢，宇宙为什么这样做？可以说谁懂谁受益、早懂早受益。人类无论是在地球生存还是到星际间发展，都离不开氢的参与，都必须与氢展开广泛的合作。可以说，氢的作用重于泰山，谁与氢关系密切，谁就发展得快生活得好。

超导体电力网

生化时代，超高电压将让位于超导体，超级电网将不再由超高压及以上输电线路构成，而是应用超导体，形成超导体电力网。

导体有电阻，带来传输损耗，还会因发热带来诸多安全问题。为了减少损耗，就不得不升高电压，以实现远距离输送。超导体没有电阻，传输过程没有损耗，也不会发热，是最理想的电能传输载体。

1986年，有人发现一种物质在温度达到90度时会成为超导体。由此引发了一场研究超导体的热潮，发现超导体成为材料物理学家们的最大梦想，但进展却让人失望。当然也不是完全徒劳无功，人们还是发现了一种叫汞铊钡钙铜氧化物的物质可以在零下135度时成为超导体；并且可以用廉价的氮来冷却这种物质。

这样的超导体成本还是太高，无法满足商业运行的需要。物理学家的梦想是发现室温超导体。由于这项研究类似于当年爱迪生研究白炽灯灯丝的材料，完全靠不停地试错，因此什么时候能够突破需要时间也需要运气，也许很快，也许还要很久。从历史的经验看，新事物从萌芽到成熟，一般需要三个从热潮到低谷再到高潮的转换。目前，对超导体的研究已经有了一次转换，那么，保守估计到生化时代，室温超导体便可以投入商业应用。

室温超导体一旦出现，将是材料领域的一次伟大革命，也会带来人类生产与生活的大革命。首当其冲的是电力与交通。那个时候，作为电网标志的高耸入云的铁塔将会轰然倒塌，人类的生产与生活也将踏入一个崭新的时代。

综合能源智慧生态网

数字生态、智能机器，生物对话、万物互联，要素转化、"自然"生产，大家互为能源、循环供养，各得其所、彼此舒坦。这是生化时代的生产方式与能源体系，也是生化时代的环境保护。

生态即自然，能源即自然。没有能源，断无生态；没有生态，能源中断。能源与生态形成循坏，即为自然。生化时代的自然是科技"加持"的文明自然，或者叫自然生态文明。"自然"这两个字是断不能去掉的，因为没有自然就没有生态，也谈不上文明。自然的要义是万物各显其性、各得其所。

人类的科技进步，从目的上说，主要有三大取向。第一个取向是自身解放，第二个取向是更好生活，第三个取向是文明永续。

第一个取向，又分三个阶段。人类发明工具，初始为自己偷懒，之后为提高效率，然后为自身解放。如今，已经走过了前两个阶段，到智能时代才能完成自身解放。人类自身解放就是摆脱必要劳动的束缚，进入全面发展的自由王国。

第二个取向又可分三个阶段。如今，人们已经认识到，更好的生活离不开更美的生态，更美的生态少不了科技扶持。第一个阶段，人们把地球生态视为"弱势群体"，运用科技去"扶贫"。第二个阶段是实现地球生态振兴与自然勃起。第三个阶段是到其他星球创造自然，建设宇宙生态文明。

第三个取向大致也可以分为三个阶段。第一个阶段，是寻找适合生物生存的星球，对现有条件加以改造，实现有限生物的简单生存。第二个阶段，是大规模地改造星球环境，形成比较强大的自然生态。第三个阶段，是通过改造宇宙生态，延长宇宙寿命，或者发现与再造宇宙。

这里重点说说第二阶段的能源利用与生态文明建设。

能源关乎生态，能源需要科技，生态亦需要科技，二者只有通过科技才能实现共生共荣、和谐统一。

在能源开发与利用、生产与生活等领域实现数字化之后，便是整个生态体系的数字化。也就是通过量子物联网让能源与生态、生活、生产联结起来，构成全域生态体系。支撑这个生态体系运转的是由强大的感知测量系统与超级运算系统组成的智慧"大脑"。万物依据这个"大脑"的指令有序发展，实现相互转化、相互供养、相得益彰。

至此，能源开发、生产活动与生态体系不再是"两张皮"，而是一个相互转换、生生不息的有机整体。

第三章

交 通

改变时空观

时间与空间是客观存在的吗？在我们常人看来，时间与空间无疑是不以我们的意志为转移的，是客观实在的。但是，这只是我们以为的样子。当然，物理学家牛顿也是这样认为的。或者说，因为像牛顿这样的大科学家都这样认为，我们才这样认为的。

1781年，德国哲学家伊曼努尔·康德写道："我们必须摆脱时间概念和空间概念，因为它们不是物体本身固有的真实属性。与空间相伴随的所有物体必须被认为仅仅是在我们身体上的呈现，只存在于我们的意识之中。"物理学家爱因斯坦证明了时间与空间是可以弯曲的。那么，这个认识是客观实在，还是只存在于我们的意识之中呢？

物理学的不断发现，使人们逐渐认识到，对象之间的距离之改变取决于众多的相对性条件，所以在任何地方，在任何对象和任何其他对象之间，都不存在不可侵犯的距离。量子物理学中的"量子纠缠"，似乎在提示人们，宇宙中根本就没有什么时间与空间，所谓的时间与空间不过是与认识水平相关的一种限制。

神经科学尤其是脑科学的发展，也让人们逐渐认识到，时间与空间还与大脑的"绘图"方法相关。虫子眼里是没有高度的，狗眼看人是低的，鹰眼中的时间是非常慢的。人类认识的时间与空间并不是客体的固有属性，而是我们眼睛搜索的信息与大脑一起"创作"的立体图像。眼睛提供素材，大脑负责创作。也可以说，时间与空间是我们创作生存、生活故事的一种模式。

当我们普遍认识到时间与空间并非真实存在的客体，我们的思想就会得到大解放，尤其是在解决交通、通信问题的思路上就会产生大革命。影响智慧生命星际旅行的并不是亿万光年的时空距离，而是我们的认识水平与能力水平。

生化时代，人们对时间与空间的认识将产生新的革命，并开始致力于提高突破时空局限的能力水平。

磁悬浮交通网

在科幻作品中，火车、汽车、船只与人都可以自由飞翔。生化时代，这类幻想大都会成为现实，而且大象、兔子、青蛙，以及货物等，都是可以飞行的。动物总动员的场景，完全可以在现实中呈现。你想要的东西，也不需要快递小哥，就可以自行飞到你的面前。

这一切都离不开超导体。超导体不仅没有电阻、没有损耗，除此之外还有一个特别重要的属性，被称为迈斯纳效应。就是如果将一块磁铁放在超导体上，磁铁就会悬浮起来。

对迈斯纳效应有两种解释：一种解释是，磁铁有在超导体内制造一个"镜像"的能力，因此磁铁本身会与"镜像"磁铁相斥。另一种解释是，磁场无法穿透一个超导体，磁场会被排斥。总之，我们知道，排斥的推力可以让物体飘浮起来、行走起来，就足够了。

迈斯纳效应主要在具有磁性的材料上起作用，但也可以使用超导磁铁使无磁性物体悬浮。无磁性材料分为顺磁体和抗磁体，顺磁体被外磁铁吸引，抗磁体被外磁铁排斥。水就是抗磁体。由于生物体内有大量水分，因此生物可以在强磁场中悬浮。在一个约15特斯科（相当于地表磁力的30000倍）的磁场中，科学家们已经可以让青蛙悬浮起来。从理论上来说，任何大型物体都可以悬浮移动，只要磁场足够强大。

有了室温超导体，就可以建立磁悬浮交通运输网络。这个网络体系极有可能是由特殊陶瓷材料构成的。

生化时代，自行车与恣行车都将退出交通领域。我们解决"最后一公里"的问题，可以是一块滑板。我们脚踏一块滑板，就可以飘浮在街道上空飞行。还可以束上一个由超导材料制成的腰带，实现自由飞翔。又或者，根本不需要借助另外的东西，超级强大的磁场就足以让我们的身体飘浮起来。

生化时代，汽车主要是用来飞行的，只有在特殊地段才会落到地上跑。磁悬浮汽车、磁悬浮火车、磁悬浮轮船，将构成交通运输的主要形式。这个时代的交通也可称为悬浮交通时代。

穿梭太空的星际飞船

在茫茫的太空飞行，需要飞船跑得快、飞得久、力气大，还得安全可靠。其中的关键是燃料与发动机。世界航天领域的科学家们都在围绕着这些方面展开激烈的创造力竞赛。

目前，担任航天任务的主力是火箭。火箭用的是化学燃料。这类燃料比较容易控制、爆发力也大。但一枚火箭光燃料本身就占了总重量的80%以上，燃料的力气大多数都用于让它自己飞行上了，这就严重制约了火箭的运载能力。所以，航天领域的科学家与工程师们都在致力于寻找新的能源和研制基于新能源的发动机。

让星际飞船飞得又快又远又有大载重能力十分困难，科学家们只能舍弃某种选项。比如，有的选择"乌龟式"的跑得久，有的选择"兔子式"的跑得快等等。

有一种"乌龟式"的选项，使用的是离子发动机。离子是原子或原子团得到或失去一个或几个电子而形成的基本粒子。离子发动机利用电离过程中释放的能量来推动火箭前进。其优点是平稳，飞行时间长；缺点是离子流比较弱，飞行速度不够快。美国、欧洲航天局、日本都已经进行了长达四五十年的研制与测试。

有一款升级版的离子发动机，叫作等离子发动机。别看加了一个"等"字，其实它是急性子，"离"得非常快。它是利用一束强有力的等离子体将火箭推上太空。怎样创造等离子体呢？有的是利用电磁波与磁场将氢气加热到 100 万摄氏度，使超级热的等离子体从火箭底部喷出，从而产生巨大推力。有的是利用太阳能提供创造等离子体的能量，还有想利用核裂变的。目前利用核裂变需要面对安全挑战，受到的限制很多，所以进展不大。如果用等离子发动机来执行火星飞行任务，可以将飞行时间缩短数月。

还有一种超级牛的发动机，叫冲压式喷气核聚变发动机。它用氢作为核聚变的燃料。宇宙中有丰富的氢，它就可以在太空旅行中顺便收集氢，用氢作为聚变的燃料；而且，它的运行速度可以达到光速的 77%，用风驰电掣来形容那绝对是对它的侮辱。燃料即用即取，还能和光过过招，是不是特别牛！

还有一种浪漫的太空旅行方法，就是"太阳帆"星际飞船。风能制造压力，光也是一样。1611 年，天文学家开普勒就在他的论文《梦游记》提出了制造太阳帆的构想。2004 年，日本就完成了一次成功的实验。有人构想在月球、火星上建造强大的激光列阵，推动星际飞船。理论上，这种飞船能够以一半光速在太空中飞行。困难在于，它需要巨大的光帆，这样的光帆只能在太空星球上才能制造。

生化时代，由可以自带盘缠宇宙行的冲压式喷气核聚变发动机推动的飞船，极可能成为太空运输的主力。离子发动机或等离子体发动机也会带着飞船行走太空。"太阳帆"飞船也会成为浪漫的旅行方式。

或许中国的第一艘冲压式喷气核聚变动力飞船叫作"飞龙"一号，第一艘等离子动力飞船叫作"鲲鹏"一号，第一艘"太阳帆"飞船叫作"孔雀"一号。

星际旅行的天路

车到山前必有路。车与路是亲密无间的好朋友，有路无车枉为路，有车无路不成车。它们相互依存、相互促进，成就了路的升级与车的创新。

星际飞行，光有飞船没有天路，再厉害的飞船也只能望天兴叹。建造星际飞船难，修建天路更难。在地面上修路，可以逢山开路、遇水搭桥。可太空中的"山"与"水"都是"流动"的，开路搭桥的办法行不通。宇宙中存在着以数万英里时速狂奔的流星，太阳耀斑会发出大量致命的等离子体，还有能够致病致命的宇宙射线。诸多风险叠加起来，将使太空旅行变成死亡之旅。

太空天路建设是漫长而艰苦的过程。我们可能要首先制造出纳米飞船，由它们先行探路。纳米飞船只需要 5 秒钟就能到达月球，一个半小时就能到达火星，几天的时间就能到达冥王星。我们需要发射纳米飞船"蜂群"，它们有的会迷路，有的会牺牲，那些到达目的地的飞船将把它们探测地到信息传递给太空天路的科学家。科学家们依此完善太空天路建设方案。接下来，智能机器人就是闪亮登场了。它们要在既定星球上建设星际运输基地。人类的生活设施，飞船的"加油站"、维护中心等都将由它们来建设。

要制造载人太空飞船，需要一些特殊材料与特殊设计。它要有坚硬的外壳，能够经受"流星雨"的袭击；它要有特殊的功能，能够抵挡太阳耀斑放射出的等离子体的打击，还要能够阻挡住那些有害的宇宙射线。制造出这样的飞船，可能要用到暗物质。虽然暗物质还是谜一样的存在，但只要存在，就能够为智慧生命所用。生化时代，人类的科技水平将具备有限利用暗物质的能力。

人类的第一条太空天路或许叫作"蓝红"路。由地球到月球，再由月球到火星。蓝色意为地球，也代表着水与生命；红色代表火星，也意味着生机与光明。当然，这条天路极可能是中国牵头建设完成的。

神秘的隐形传输

让一个人或某种物体瞬间从一个地方消失，并出现在另一个地方，是魔术师热衷表演的一个项目。它能够从魔幻变成现实吗？

根据牛顿的理论，物体不会突然消失并在其他地方突然出现，隐形传输是绝对不可能的。隐形传输必须知道一个人身体中每一个原子的确切位置，按照海森堡的不确定性原理，这同样是不可能的。

但是，随着量子物理的不断突破，这个不可能已经变得极有可能。目前已经有了两种可能的路径。

一个是"量子纠缠"路径。这个方式需要"三角恋"。就是要把A传送到C，需要请来B，让B与C假"恋爱"，二者产生纠缠，再把A复制到B上，由于B与C是纠缠关系，C也就同时变成了A。与"三角恋"不同的是，A传输到B后，A就不存在了，不会同时出现两个A。

一个是"古典隐形传输"路径。这种隐形传输用的是一种全新的物质形态，叫作玻色—爱因斯坦凝聚。1925年，爱因斯坦和萨地扬德拉·玻色预言了这种物质。直到1995年，才被麻省理工学院和科罗拉德大学研制出来。为了方便记忆与书写，我们姑且称其为"爱凝聚"。

它是怎么实现隐形传输的呢？简化来说，两端是"爱凝聚"，中间用光缆连接起来。把要传输的东西输入这一端的"爱凝聚"，就会产生一束脉冲光，脉冲光通过光缆撞击另一端的"爱凝聚"，这个"爱凝聚"会依据光束传送的信息还原这个物体。"爱凝聚"传输的难度在于条件太过苛刻。"爱凝聚"要求的温度是绝对零度以上百分之一度到十亿分之一度，目前只有在实验室里才能做到。

为什么叫"古典隐形传输"？大概它和我们传输文字、声音和图像有些类似吧！过去，传输影像是不可思议的事情，今天已经司空见惯，仿佛理所应当。谁又能说，传输生物在未来就不能变成稀松平常的事情呢？

目前，两种隐形传输的能力都还非常有限，只能做到分子层面的传输。但是，在理论上已经不排除传输人与大型物质的可能性。剩下来的主要是材料与工程领域的创新。在"生化"时代，或许可以做到一些特殊物质的隐形传输。等到星际时代，《星际迷航》中的粒子传输或许能够以不同的形式变成现实。

当然，随着科学的发展，也可能发现新的隐形传输路径。或许，如果我们破解了高维度时空的秘密，就会让时空穿越变成一件十分简单的事情。

可穿戴机器人

如果市场上有"钢铁侠"式战衣，一定深受青年人喜爱。估计到生化时代，类似的装备将飞入寻常百姓家。它们就是满足我们生产与生活需要的多用途可穿戴机器人。

可穿戴机器人，是交通工具，也是工作服，也可以是战士的盔甲。近代军人先是有了钢盔，又有了防弹衣，这些东西在现代武器面前几乎是形同虚设。未来的装备大概就是可穿戴机器人。工程人员有安全帽、工作服、护目镜等防护设备，但在一些特殊场所与非常情况下，就完全失去了保护作用。要解决这个问题，下一步也会用到可穿戴机器人。

虽说 AI 正在走向战场、走向人类生产生活的各个领域，但还有许多事情 AI 自己一时半会还搞不定，而这些事情单靠人也搞不了，如果 AI 与人结合起来事情就变得简单了。这种结合的方式之一，就是人穿上智能机器人。另外，人类要到外太空工作，用上它既可以防辐射，又可以作交通工具，还可以作为工作设备，可以说是一举多得。

制造可穿戴机器人有诸多工程难题，最重要的是能量供应问题。好消息是，可再生能源的发展为大规模储能提供了巨大的市场，电动汽车的快速发展呼唤着高密度能量电池的不断进步，资本普遍也看好电池行业的前景。坏消息是，尽管市场千呼万唤，理想中的高密度能量电池依然是"犹抱琵琶半遮面"。还有一个可期待的消息是，基于纳米材料的高密度能量电池正在持续进步之中，用不了多久就会成为电动汽车的标配，也有可能成为可穿戴机器人的能量之源。

可穿戴机器人还需要材料领域的突破，尤其是纳米材料的技术进步，特别是成本的大幅度下降。

可穿戴机器人只是人与 AI 合体的第一步，下一个阶段就是人与 AI 的深度融合。

第四章

通　信

"三心"通信观

生化时代，人类通信的内涵与外延都将有新的发展。过去的通信主要是人与人之间的信息传递，生化时代的通信至少将发生如下几个方面的变化。

在范围上，由人与人、机器与机器发展到生物与生物、生物与机器，甚至是整个自然界都可以方便地交流"心事"。人类构建的通信体系，为万物架起了沟通的桥梁，也为万物赋予了智能与"意识"。

在空间上，由地面、低空到地下、深海，再到深空以及遥远的星球，逐渐令虚空的星际变成"书信"频繁来往的"驿道"，没有什么能阻断万物情感的万语千言，可以说是宇宙处处有"鸿雁"。

在时间上，将由现实通信发展到与历史交流、同经典文学人物对话。我们不再需要读枯燥的历史、不用再与缺乏生机的文本作单向沟通，而是可以参与到历史事件当中，置身于文学作品之中，与其中的人物交流对话，同历史人物、文学人物一起感同身受。

在技术上，将向着更高的传输能力与效率不断迈进，并催生新的传输技术。人们除了运用科技收集与传输信息之外，还将利用自然特别是生物来收集与传递信息，那些鸟儿、虫儿等都可以成为"测量装置"，这样既节约能源还可以更准确地感知自然界发生的变化。

在效果上，将向沉浸式交流互动发展。远程交流不再由耳朵和眼睛垄断，五官与五脏六腑都能够参与其中，每个细胞都可以感受信息的价值意义与情感的喜怒哀乐。

人类还将实现大脑联网、意识上传与情感的全息交互，带来娱乐、文学创作、文艺表演等领域的颠覆性变革。

新通信将是心交互、心诚信与心温暖。

书本拟人化

生化时代，书将虚拟化、拟人化、立体化。所有的智者都会在虚拟世界里复活，所有经典书籍中的人物与场景都可以在虚拟世界里重现，我们因此可以直接体验。

《道德经》将变成老子讲故事，《论语》将变成孔子及其弟子开论坛，我们每个人都可以去请教和交流。老子不仅可以与我们交流《道德经》，还可以用其中的智慧与我们探讨人生。

植物学与生物学，不再是枯燥的理论，而是自然万物与我们交流心事的一种活动。《红楼梦》里的贾宝玉、林黛玉、薛宝钗等都将变成活生生的人物，贾府与大观园都将是"元宇宙"里的现实世界。我们可以请教贾宝玉靠什么赢得了那么多美人的芳心，可以问问林妹妹为何偏要吊死在宝玉这一棵树上，可以与薛宝钗学习圆融的人际关系技巧。年轻人也可以到大观园里谈一场古典式恋爱。老同学也可以到贾府里体验一把做老爷、当太太的感觉。如果你对"红学"感兴趣，便可以找曹雪芹先生，问问他老人家，《红楼梦》到底是谁的梦、是个什么梦。

对梦境感兴趣的同学，可以找弗洛伊德，让他给你做梦的解析，或者去和周公探讨一下破解之法。如果你喜欢历史，你就可以去找司马迁、班固，听他们讲故事。如果你喜欢政治，你可以找秦始皇、刘邦、李世民、赵匡胤等促膝长谈。如果你热爱科学，你就可以拜牛顿、爱因斯坦、麦克斯韦、海森堡等科学巨匠为师。

历史的与现代的都将是鲜活的，我们将能够与历史人物的历史智慧进行面对面的深度交流。

与梦交流互动

"晓梦随疏钟，飘然蹑云霞。"人会做梦，动物也会做梦。做梦不是可有可无的事情，而是可以改变命运的活动。科学家们发现，不让动物做梦与不让动物进食相比，前者导致死去的速度更快，因为没有梦会严重打乱它们的新陈代谢。但是，作梦也会给我们带来困扰。首先是难以理解梦的意义，其次会因记不住梦的内容而怅然若失。

一说到解梦，人们大多会想到《周公解梦》和弗洛伊德的《梦的解析》。其实霍布森博士和罗伯特·麦卡利博士在这一领域也有突破性建树。他们提出了"激活整合理论"：脑干中的胆碱能神经元，释放出不稳定的电脉冲，经过脑干进入并刺激视觉皮层，视觉皮层试图理解这些信号，由此创造了梦。

梦主要以视觉图像的形式呈现，它来自脑干中的电磁振动，而不是外部刺激。做梦时，海马体保持活跃，这说明梦在调取记忆。这也就意味着我们可以让记忆变成纪录片，也可以引导与制造梦境。

2011 年，在慕尼黑的普朗克研究所里，科学家们第一次利用磁共振成像机和脑电图传感器探知了梦的内容，并与做梦的人进行了沟通。目前，科学家们可以得到较为模糊的梦中镜像。生化时代，我们将可以掌握记录梦境的技术，把梦完整了记录下来。

梦不受逻辑约束，具有强烈情感，极富创造力，而且每天晚上都会自觉"工作"。记录梦境对于艺术创作与科技创新的意义是非凡的。药剂师奥托·勒维在梦中获得了神经递质能够促进信息通过突触的启发，之后的研究为神经科学奠定了基础。奥古斯特·凯库勒做了一个关于苯的梦，引导他揭开了苯分子的结构。凡·高的创作灵感大多来自幻觉，或者叫白日梦。

记录梦可以让我们间接地与自己的梦交流，这样的技术也可以让清醒人和梦中人以及梦中人与梦中人进行交流互动。

让机器对话

我们可以和历史人物对话，也可以和机器对话，并且要让机器与机器对话，使得机器系统变成生态体系。

自从有了机器，人就越来越忙乱；自从有了现代通信，人的时间就越来越"碎片化"。人们发明机器、发展通信，原本是想偷懒的、是要从容的，如今却弄得人们更累更紧张，完全失去了空间自由与时间自由，大家怎么能甘心？

人类现代生产活动走过了机械化、自动化、智能化，这"三化"都没能让人自在化。机械化是人和机械一块干活，彻底把人机械化。自动化是人帮着机器干活，人成了机器的"小助理"。智能化是人监控着机器干活，人成了"监控器"。在这个发展过程中，人离体力劳动越来越远，而工作的节奏却越来越快。人不断让机器提速，机器带快了人的节奏。要改变这种状况，就得让人与机器生产真正分离开来，机器干机器的事，人干人的事。

机器是人类的孩子，总要让它长大，迟早得放手。父母与孩子，平时有联系，各自走天涯。人类要让机器自己组织生产，就需要机器与机器深度对话，并让机器"人类化"。

机器"人类化"有三个层次，一个是智能机器人，一个是智能机器社会，一个是智能机器生态体系。智能机器人可以形成自组织，进而进化为生态体系。在这个体系里，机器可以调动机器与生产资料，可以重组生产要素，可以淘汰老旧落后设备进行更新换代，可以循环利用能源与材料。

这一切都依赖于机器与机器之间的深度交流。这种交流和人类沟通一样，不只是传递简单的信息，还要建立在价值观与价值逻辑的基础之上。为机器系统赋予价值观与逻辑判断体系是人类的重要责任。

生化时代，就物质生产来说，人只负责提出要求，其他的事都由机器生态系统自己来办。

与生物沟通

新冠肺炎疫情，闹得全世界不得安宁。全世界都在围剿病毒，病毒在全世界范围内搞反围剿，彼此的日子都过得慌里慌张。人类不想招惹病毒，病毒更不愿与最强人类过不去，可相互没办法沟通，便无奈地打起了遭遇战。地球够大，宇宙更是辽阔，足以让各种生物共生共存，但前提是大家能够有效沟通。要建设生态文明，人类就必须读懂生物与理解生态，才能防止"误读误判"而导致"擦枪走火"。

万物都有"心思"、都有表情与表达，只是大家用的不是同一个"表情包"、不是同一个语种，要相互沟通就需要"翻译"。人类要想不再受病毒的折磨，要想有一个愉悦身心的自然环境，就得给万物配备"翻译"，以便及时方便准确地与万物交流"心思"，即使做不了知心朋友，也可以做到井水不犯河水。

能做到吗？能。但需要有几个方面的突破：一是生物学上的突破，能够掌握生物的内在机理；二是需要智能感知测量技术的突破，能够准确反馈生物的生理与"情绪"变化；三是需要计算能力的突破，能够及时精准地理解生物的"心思"与"心事"。人类掌握了生物的"心理"与"心事"之后，就可以通过建立智能系统，迅速且高质量地满足生物的需求。它们的需求满足了，也就不会再闹事了，人与自然也就能够和谐相处了。

爱护自然、保护生态，这个自然生态也包括病毒。万物相生相克、相爱相杀。人类的病毒，也是别的生物的益生菌；人类的益生菌，也是某种生物的病毒。人类要解除病毒的威胁，最好的办法不是用疫苗防范，也不是用药物治疗，而是懂得它，然后帮助它找到合适的居所。生物多样性的基础，是细菌的多样性。

战"疫"与战争一样是非常不聪明不文明不道德的。人要与生物沟通、与生态交心，生物与生物之间也需要彼此呼唤，这种信息交流系统是消除误解的前提，也是建设生态文明的技术保障。

场景化通信

湖南卫视有一档综艺节目，叫作"声临其境"。它追求用声音来创造情境、制造情绪的效果。在演唱类的综艺节目中，嘉宾点评时最常用的一句话，就是"很有画面感"。怎么才能有画面感？演员在演绎台词或歌曲的时候，脑子里得有画面有情景。否则就不能把观众带入情景，就不能打动人。

我们常说要以理服人，但在一般情况下，说理的干不过用情的。以结婚为目的的谈恋爱，是最需要理性的，可靠讲理娶上媳妇的人极少，因为女生大多是被情击倒。即使那些大款追明星，直接砸钱也难成，也得制造浪漫，让钱变得若隐若现。所以，男女结合叫爱情不叫爱理。爱情没有理论体系，理论要讲逻辑；爱情没有逻辑，但过日子得要逻辑，所以结婚后爱情就会出现危机。理性是爱情的掘墓人，理性又是婚姻的奠基人。你说矛盾不？

我们也会说以情感人。情可以迷惑视觉，情又是高度依赖场景的。人以视觉见长，主要靠视觉创建场景。因此，追求更可感的场景一直是现代通信技术发展的主要方向。由看到文字，到听见声音，再到可见的即时画面。但目前的视频通话、视频会议、视频教学等，都构不成场景，形不成氛围，与线下的效果有着非常大的差距。领导讲话，面前是一片"照片"和满堂听众，二者带来的两种感觉有着天壤之别。领导对着一幅幅的"照片"，很难调动起演讲的热情。

下一步，通信要到达的目标就是逼真的场景化，最终达到与面对面完全一样的效果。其中最关键的，是让参与其中的人相互感受到人味人气人情。也可以说，生化时代的通信也要迈向"生态化"。

中微子通信

中微子被物理学家们称为宇宙的"隐身人"，是物理学家们见过却并不"认识"的重要粒子之一。

中微子这个"隐身人"是怎么被发现的呢？科学家们发现在 ß 衰变的过程中有一部分能量失踪了。玻尔据此认为，在这个过程中，能量守恒失效。泡利提出在这个过程中，还有一种静质量为零、电中性、与光子不同的粒子，就是它"偷走"了部分能量。能量守恒并没有失效。费米提出 ß 衰变就是由一个中子衰变为一个电子、一个质子和一个中微子。

后来，因为发现或者破解了中微子的部分小秘密，诞生了好几位诺贝尔物理学奖获得者。比如：美国的莱因斯和柯万，因在实验中直接观测到中微子而获奖；日本的小柴昌俊因观测到超新星中微子而获奖；日本的梶田隆章因发现中微子振荡而获奖；加拿大的阿瑟·麦克唐纳因证实失踪的太阳中微子转换成了其他中微子而获奖。我们从这么多的获奖者身上可以感受到中微子的重要性，以及对中微子研究的热度。尽管这么多物理学家因中微子而斩获殊荣，但目前对中微子的质量、振荡方式、是否具有磁矩等仍然知之甚少。中国大亚湾中微子实验室发现了中微子振荡的新模式。中国在 2022 年启动建设的江门中微子实验项目，主要目标是测量中微子的质量顺序。大家为啥对中微子如此看重？

已知，中微子有三大突出特点：损耗很小，衰减很低；穿透性极强，势不可当；速度奇快，不让光速。中微子的速度接近光速，已经确认，但是否超过光速仍有疑义。

基于这三大特点，中微子通信是重要的应用方向。由于它损耗极低，在地球上的任意两点通信，都不需要建设基站。又由于它可以轻松穿越地球及其地球上的任何屏障，因此既不需要基站也不需要卫星。它具备的优势是显而易见的，可以减少设备、减少建筑、减少占地面积、缩短通信距离、降低时间延迟、减少投资和运行成本等。生化时代，中微子通信或许成为新一代物联网的"超高速公路"。

中微子可以毫不费力地穿透地球，一定能够为我们深入了解并掌握地球的运行状况、恒星内部及周边的详细情景，以及认识宇宙起源等提供更加全面的信息。每一秒钟，都有数亿中微子穿过我们的身体，我们却一点儿感觉都没有，如果让它来探测我们大脑与身体的奥秘，一定能够提供全面系统的信息服务，还没有什么副作用，说不定可以进行"现场直播"呢！总之，中微子极有可能成为科学家们最信任的万能"通讯员"。

大数据与小叙事

最好的温暖来自爱，最大的伤害也来自爱。你的爱的行动，可能会让对方很心痛，这便是人间最无奈的悲剧。大数据在宏观上整合了庞大的信息，构建了强大的数字世界，同时又把微观世界搞得落红满地、支离破碎。大数据与数字化，增强了躯体与大脑，却让灵魂成了孤魂野鬼。互联网在带给人们诸多好处的同时，也制造了诸多"爱"的伤害。

"曾与美人桥上别，恨无消息到今朝。"如今，即时通信彻底化解了一别无消息的痛苦，却也消解了"故乡秋忆月，异国夜惊潮"的深切思念，没有了滋味可以回味。数字化丧失了叙事性，大数据消除了遮蔽与朦胧，再加上视频通话，让想象、浪漫与惊喜不复存在。"表情包"的泛滥，隐含着深情的流失。"碎片化"的阅读，带来的是深刻性与系统性的缺失。过度透明、有害信息与廉价交流、"碎片"阅读，造就的是工具人格、浮浅生活与病态社会，热闹与繁华的背后是独立思想的丧失与人文精神的衰退。

人类不只要效率与实惠，还需要朦胧与浪漫。人这个物种，正面来说就是有趣，反面来说就是犯"贱"。千里传书，觉得太慢；瞬时通话，又嫌没有期待。生化时代，或许用不到生化时代，互联网将出现新的技术与新的收发模式。

首先是遮蔽功能的增强。保密的主动权并不全部掌握在平台手里，用户侧可以有更多的选择，决定自己的哪些信息与动态是开放或封闭的，以及怎样开放与向谁开放。用户的权利将得到技术与法律的双重保障。人们不会像今天这样，只要带着手机就无处遁形，也不会只要开着手机就会受到各种各样的打扰与骚扰，不会满眼都是信息，心灵独自哭泣。

其次是传输内容的丰富。现今的网络基本上是微表情、短视频当家，以搞笑逗乐为主。微表情空洞，短视频短视，但也有减压消遣之功效。未来，深情表达、深度表述与浪漫情怀将携手出山，文字、图片、动画将以凝练生动的方式展开心灵之间的沟通，叙事性将以创新的形式重现其魅力。直白的"晒"与含蓄的"钓"，各自找到自己的生存空间。

再次是制造悬念与惊喜。直白的表达，爽快！即时的传递，心安！但也少了期待、悬念、转折与惊喜。你给朋友发一信息，他如果秒回，故事就终结了；如果你得不到即时反馈，你心里就有了一丝期待、一点惦念、一分悬疑，后面再得到信息与即时得到的回复就有了不一样的感受。情感有了时间这位大师的调理，就有了不同的味道。未来的网络传情，将利用各种技术手段，实现节奏的调整与把控。比如，可以设置时间限制，对方知道你给他发出的信息，但只能在你想让他看到的时候才能打开。

时间需要连续，亦需要间隔。有连续与间隔，才有好的叙事，产生好的故事。

大脑互联网

在科幻电影《独立日》中，外星人没有声带，交流起来也无障碍，是不是蛮奇怪？他们不用声音传递信息，而是用意识进行直接交流。其实这是一些科学家与科幻迷们的一个梦想。人类有朝一日可以直接用意识交流吗？

马斯克的团队正在向这个目标努力，他们已经可以控制老鼠的大脑，想让它向东，它就不会往西，想让它睡觉，它就能够立马睡倒在偷油吃的灯台上；他们还可以让猴子用意识来操作电脑，完成一些简单的游戏。但人类之间的意识交流不是一朝一夕能够实现的。大脑的信号非常微弱且相当复杂，而且在穿越大脑的过程中也会受到干扰与削弱。

实现这个梦想的路径，自然是由易而难。目前进行中的第一种方法是制造"上帝头盔"，让它来读取大脑信息，并传输到电脑中，间接实现意识交流与信息联网。这个方法不用侵犯大脑，但获得的信息粗糙且有限。第二步是在大脑中植入芯片，与大脑神经网络连接，实现信息的相互传递。这种方法的加强版是在大脑中植入纳米探针，实现更精准的信息交互。显而易见的是，植入芯片需要手术，放置探针也需要微创手术，仍然有一定的风险。第三步大概是让纳米机器人潜伏到大脑之中，像特工一样传递与接收信息。这时候便可能实现大脑之间的直接交流，并实现大脑直接上网，人自身就成了移动通信设备。

再下一步，有可能利用纳米机器人，构建人工大脑。使人类大脑结束自然进化的历史，进入科技进步的轨道。让人类大脑摆脱有机物的局限，进入物理学范围的更广阔的发展空间。

大脑联网可以传递信息，还能传递情绪、情感等微妙的心理与情绪变化，不仅可提升人类交流的准确性，还会深刻地改变电视、电影等文化娱乐行业的形态。未来的演员，需要掌握更为复杂精妙的心理学知识以及表演艺术。

星际通信网络

人类进入太空，到月球或火星上一游，相当于我们到陌生的地方旅游，是一件新鲜刺激又浪漫的事情，可如果到那里工作与生活，就是另外一件事情了。最初走向太空的人都是拓荒者，随时面对着极大的风险，每天都要承受生活的艰难。

能源、交通、通信是星际开发的基础保障。相对来说，解决通信问题的难度最大。星际通信的难点主要是延时。以目前的通信技术，我们发出的信息，接收者可能要等上几分钟、几天与若干年的时间，甚至终其一生都等不到。等于又回到了"家书抵万金"的时代。这显然不能满足我们的需要。尽管如此，我们首先要解决的还是有没有的问题，然后再解决好不好的问题。一个可能是选择是激光通信。激光通信的信息载荷量大，传输速率也快，可以比较好地满足地球周边星球的通信需求。另一个可能是使用量子通信技术，利用"量子纠缠"原理，或许可以实现更快的传输速度。还有一种可能就是中微子通信。

生化时代，人类将初步建成星际通信网络。逐步形成以地球为中心，覆盖火星、木星、土星，甚至是水星、金星、天王星、海王星、冥王星的太阳系通信网络。这些行星将与地球一样，地面上布满通信基站，天空中运行着通信卫星。

尽管一些行星上生物无法生存，比如水星、金星温度太高，天王星等温度又太低，但它们对人类的意义是重大的。我们可以派特殊的机器人到那里工作，比如到金星上获取能源与其他稀有元素，我们还需要在火星、木星或其他小行星上建立多个数据灾备中心，把业已形成的庞大信息备份储存起来，以防止被意外损毁。

当我们在地外星球展开生产与生活，如何突破光速就成了一个现实而紧迫的问题。或许在生化时代，会有物理学上的崭新突破，使我们的通信技术突破光速的"魔障"。

第五章

生　产

新"三大生产"

一谈到生产，我们一般会想到物质生产与文化生产；其实还有人类自身的生产。人类的主要生产活动就是"三大生产"。由于生娃的事情长期属于家庭生产，而且也没有一个科技创新的问题，也就较少被提高到与物质生产、文化生产并列的地位。但是，生化时代就大不一样了，造娃的事将不再是"家庭生产"活动，而是和物质生产、文化生产一样成为社会生产活动。

"三大生产"古已有之，何来新"三大生产"？所谓的"新"，主要集中在生产方式上，重点是"三大革命"。

第一个大革命是人的生产方式的革命。自古以来，人的生产方式都是从男女"双人运动"开始，然后由母亲承担十月怀胎的辛苦，等小家伙呱呱坠地后还要经过十多年的抚养与教育，整个过程常常需要两代人的合作与长期付出。这个过程既漫长，还充满风险，并且相当劳神费力。生化时代，由人生产人的历史将会终结，"制造"人的历史将会开启。人的生产进入工厂化时代，这对许多人来说可能是难以接受的。因此说这是一场大革命。

第二个大革命是物质生产方式的革命。自工业革命以来，物质生产从机械化生产到自动化生产，再到智能化生产，总体的发展方向，一个是把人从重复性劳动中解放出来，一个是不断地提高劳动效率；也可以说，就是不断提高生产效率。生化时代，机器制造将与生物制造走向融合，由机械化转向生物化。人类将从分子、粒子层面制造"设备"，用这些"设备"把分子、粒子加工成为不同的材料或产品。这同样是具有革命性质的大事件。

第三大革命是精神生产的革命。过去与现在，心情舒畅、精神愉悦等大都是由外部信息刺激，导致身体产生化学反应的结果。生化时代，人类能够全面掌握各类情绪反应的机理，可以通过物理、化学等手段，精准调整人们的情绪反应。就是说，不需要现实事件或虚拟故事，只需要把某些物质供给到人的体内就可以满足人们特定的心理与精神需求。一个人特别想不开、非常不开心，不用做思想工作，直接来上一杯"咖啡"或者"绿茶"，就啥问题都没了。

可以这么说，"三大革命"就是：人的生产转向"工业化"，物质生产走向"生物化"，精神生产可以"物质化"。

"三大革命"的出现，必然引发政治、经济、社会、伦理等领域的一系列新问题，也就必然带来文化领域的大革命。文化生产领域的创新。能否跟上人的生产与物质生产大变革的步伐，关系到世界的和平，也关系到每个人心灵的安顿。跟上了，或者能够超前一步，生产力的大革命就是人类的福祉；跟不上，或者是腐朽了，生产力的大革命则会给人类带来灾难。

最激动人心的伟大发现、伟大创造、伟大工程，往往被描绘成恐怖的。比如日心说、基因工程以及 AI。我们需要给自己一个提问：在进化论与创世论之外，我们还能做点什么？我们应该做些什么有益的事，才能算得上真正的文明进步？我们需要以全新的方式看待世界，并实现范式的转换。我们需要关于未来的新故事。

另一种人类故事

传说，太阳系外的半人马座星团中，有一颗叫尼比鲁的星球，居住着阿奴纳奇人。他们以萨尔纪年。1 萨尔年相当于地球上的 3600 年。在第 9 萨尔年，尼比鲁星球发生了一场决斗。正是这场决斗改变了地球生命的命运。

候补继任者阿努向现任国王阿拉奴发出挑战，两人在广场上展开肉搏战，阿努一举战胜了阿拉奴，取得了尼比鲁的最高统治权。失败的阿拉奴乘坐一艘星际飞船出逃了。逃到哪里去了呢？逃到了地球上。

阿拉奴在地球上发现了大量黄金。他向尼比鲁星球发送了相关资源，阿努看了十分吃惊又非常高兴。吃惊的是阿拉奴竟然还活着，高兴的是他在外星球发现了大量黄金。阿努立刻决定派遣科研与工程人员到地球开采黄金。阿拉奴的两个儿子恩基和恩利尔先后带队到达地球，恩基负责开采黄金，恩利尔负责建设太空港和指挥中心。一个负责生产，一负责运输。

恩基带来的这些阿奴纳奇人，对日复一日的开采工作越来越不满，抱怨之声不绝于耳，经常闹罢工。恩基就开始琢磨着如何让阿奴纳奇人从劳动中解脱出来。他发现地球上有一种直立行走的动物，便想把这种动物改造成劳动工具。他在和自己的儿子宁吉什兹达商量之后宣布："让我们创造一种叫鲁鲁的生物，让他们成为原始工人，承担所有繁重的工作。让那些辛劳的阿奴纳奇人回到尼比鲁去吧！"

恩利尔坚决反对恩基的"智能工具人"计划，兄弟俩发生了激烈冲突。一方认为："让我们用智慧来创造新的工具，而不是新的物种。"一方说："既然我们掌握了这样的知识，就不可避免地使用它。"兄弟俩争执不下，只好交由长老们表决。长老们最后决定同意研制"智能工具人"。恩基和姐姐宁马赫、儿子宁吉什兹达组成了项目攻关领导小组，共同推动研发工作。

与今天的研发工作一样，他们经历了一系列失败，最终取得了成功。他们应用了基因编辑技术，用地球生物和阿奴纳奇人的基因组成受精卵，置入了宁马赫的子宫，创造了第一个"地球人"。最初，恩基只想制造男性，作为生产工具，后来为了更快地制造生产工具，又制造了女人，以便让生产工具生产生产工具。

上述故事出自苏美尔泥版。有人认为这是神话传说，有人认定这是历史记述，也有人觉得这些泥版本身就是假的。自从这些泥版上的楔形文字被翻译出来以后，关于人类起源就多了一种观点，那就是地球人既不是上帝创造的，也不是自然进化出来的，而是外星人制造出来的智能工具人。

这个故事有一个重要的点，就是科技不只改造自然，也可以改造生命，进而改变生物的命运。科技是第一生产力，也是第一生命力。

有趣的是人类今天也初步掌握了基因编辑技术，对于这项技术的使用也形成两种不同的观点。目前，世界各国对基因技术在人类身体上的应用大都作出了极其严格的限制。在生化时代，这些严格的约束会不会改变呢？

纠结的人类

地球人是不是阿努纳奇人制造的智能工具人并不重要，一个显而易见的事实是人类一直就是生产工具，另一个可见的事实是人类也一直致力于制造生产工具。当人类搞出 AI 的时候，情况就起了变化，人类想用 AI 替代自己的劳动，又怕被 AI 取代了自己的位置。

AI 能否强大到可以取代人类成为地球生命的控制者，人们有截然相反的看法。乐观的看法，认为 AI 只是机器，不可能超过人；悲观的看法，认为以 AI 的学习能力，迟早会实现对人的全面超越。这两种看法，都只关注机器会如何，并没有充分考虑人的进化。人类能创造新机器，为什么就不能创造新的自己呢？

怎么生产人、生产什么样的人、生产的人做什么，都是生化时代的大事。

一个男人与一个女人荷尔蒙一上头，就开始有意无意地造人，完全没有质量管控措施，这种古老的"活塞"运动式生产活动实在是太粗放了、太落后了、太不负责任了。生化时代，人的生产将由情绪化生产向科学化、精益化生产转变，也就是让科学技术服务于人自身的生产。具体生产方式就是由子宫制造转向"工厂制造"。

虽说人的外形与内心千差万别，但从生物学上说，人是高度同质化的。不管是什么民族，人们的健康指标都是基本相同的，对生存环境的要求也大致相当，寿命也没有太大的差别。生化时代由"工厂"生产的人，智力、体力、生命力都会有指数级跃升，可以说已经不是现代意义上的人类。而且，人的外形与内在都可以持续改造、改进与升级。那个时候的人，会像今天的智能手机一样，由 1.0 版到 2.0、3.0 等等，每个人都可以像电脑一样通过软硬件的改造持续升级，再也不会像过去那样需要上万年的进化才能有明显的进步。

基于基因技术的人类开发

我们一谈到转基因，多数人就会心生恐惧。也难怪，基因实在是隐藏着太多的秘密。知道有秘密，又不知道是什么秘密，最是让人着急。

我们目前知道基因蕴藏着复杂的功能，却并不清楚究竟有哪些功能以及这些功能是如何发挥作用的。每个人的机体中含有 50 万亿到 100 万亿个细胞，这些细胞都服从于基因的调度。奇怪的是染色体中只有 3% 的 DNA 是活跃的，另有 97% 的 DNA 都包含不能编码的基因，被称为垃圾 DNA。这高达 97% 的垃圾 DNA 是如何产生的？它们真的是垃圾吗？或许这些 DNA 的功能不知道因为何故而被关闭掉了。或许人类在进化过程中，得到了某些能力，也不得不失去了某些能力。

人类改造自身的首选方法，就是让基因向我们吐露秘密，这样我们就可以根据这些"情报"来开发潜在的能力。如果 97% 的所谓垃圾 DNA 得到有效开发，也就是基因组的潜质得到完全释放，也许关于人的特异功能的神乎其神的传说都会变成现实。

生物具有各种奇特的能力。一条蚯蚓，被切为两段，每一段都会重新生长出另一部分，各自成为健全的生命体。蝙蝠能够运用回声定位，蛇可以利用热敏成像技术捕获食物，猫头鹰具有夜视能力，变色龙可以在各种环境中实现隐身等等。人类基因组中某些特定的部分激活后，会不会也能如此？理论上讲，彼此都是肉身，其他动物可以做到的，人类也应该能够做到。

功能多了是很费"电"的，这大概是人类基因关闭许多功能的主要原因。未来，人类将采取更加灵活的策略，在不同的场景下，可以自主关闭或开启部分功能。届时，失眠将不再是一大困扰，我们可以像关灯一样瞬时进入睡眠模式，实现"熟睡自由"。

另一个方法就是基因编辑。我们会去除某些基因指令，并添加某些基因指令，还会使用"杂交"手段，以丰富基因的功能，总之就是利用科技手段让人类自身持续加速"进化"，实现智力更高、功能更多、行动更快、寿命更长、能耗更低。

目前，人们对基因编辑多持谨慎态度，主要原因是我们对基因的秘密还掌握太少，其次是受固有伦理观念的束缚过重。生命的进化史，就是一部基因的变迁史。大约220万年前，智人大脑的平均容量为500至750毫升。大约40万年前，猿人大脑的容量为800至900毫升。20万年前，一个新兴的人种突然出现，大脑容量一下子暴增了55%。这期间一定是基因发生了某种形式的"跃迁"。这种"跃迁"极大的可能是不同基因相互"杂交"的结果。未来，我们将有能力通过基因编辑实现可控"跃迁"。

与 AI "嫁接"

人类不被 AI 击败的正确姿态，不是遏制它，而是吸收它；让人的长处与 AI 的强项珠联璧合、如漆似胶。

嫁接是人类发明的一种生物技术，以此为生物增添了强大活力，也为自然增加了无穷魅力。人类一直致力于用机器和电脑等来提升自己的能力，采用的主要方式是"外挂"模式；如今正面临着重大转折，就是逐渐由"外挂"向"内置"转变。未来，人人都必须通过"嫁接"来提高自己的配置。如今，果树基本都是嫁接的，农作物基本都是杂交的，原始的果树与农作物早已被农民淘汰。同样的，人类自身自然生产的历史也会终结，人除了与 AI"嫁接"成为"科技人"之外，别无选择；否则，就会被淘汰出局。

未来的"嫁接"和今天的人体"内置"设备是不同的。今天的"内置"多是为了治病或替代残疾的肢体，是不得已而为之。未来"嫁接"的主要目的不是替代而是增强，是主动改进提高。

"嫁接"使用的材料也将不断进化，与人体日益友好。一种是使用可降解材料，能够与人体深度融合。另一种是利用纳米材料，特别是纳米机器人技术，可以在原子层面构建人体器官，其功能更为强大，与人体的合作也更加密切更为灵活。

这种"嫁接"必将创造出智慧生命生产的崭新方式，由人工繁殖转变到智能制造，让女性从繁殖生命的辛劳中彻底解放出来。也可能创造出新的生命形态，比如硅基生命等碳基生命以外的生命介质，可以更好地适应高原、海洋与其他星球的自然环境，为智慧生命建设宇宙文明提供强大的科技支撑。

为基因重新编程

法国社会心理学家勒庞说："我们以为自己是理性的，我们以为自己的一举一动都是有其道理的。但事实上，我们的绝大多数日常行为，都是一些我们自己根本无法了解的隐蔽动机的结果。"

"隐蔽的动机"也可称为潜意识。潜意识中的很大一部分，来自古老基因携带的"程序"。这些基因程序是在恶劣的自然环境与丛林法则下"编辑"完成的，尽管人类的生存条件，已经发生了巨大变化并且仍然持续地日新月异，但人的本性几乎没有发生任何变化。

在苏美尔人的典籍中有过这样的描述：神灵认为人类已经变得太聪明，并密谋让人类通过自己的无知而被奴役。在创世论中，人是带有原罪的，需要救赎，将接受末日审判。在进化论中，残酷的丛林法则给人类基因写下了贪婪、自私、狡诈等软件程序。也就是说，人类如果不能解放自己的精神世界，无论再创造多少科技与经济奇迹，都依然不能真正摆脱自己奴役自己的命运。

人类要真正实现精神世界的解放，寄希望于后天的教育、学习、修炼等，都是极不可靠的。人类已经搞了数千年的教育，创造了极为丰富的教育内容，宗教的、政治的、人文的、数理的、科学的、艺术的、自然的等等；也发明了极其丰富的教育方法，灌输式、启发式、沉浸式、交流式、娱乐式等等。可取得的效果如何呢？事实证明，今天的人类既不比古人高尚，也不比古人快乐，更不比古人友善。所以，人类只能另寻他途，在基因上做文章，于根本处谋改变。

生化时代，人类将有能力给自己的基因重新编程。首先要删除的是贪婪。贪婪绝对是一款恶意软件，一旦植入便被其完全操控。人的自我奴役、自我折磨，人与人的相互争斗、相互伤害，群体之间的仇视敌对与战争冲突，基本上都是这款软件操纵的结果。不把贪婪解决掉，人便永无真诚可言、永无平和可言、永无自由可言。在这个基础上来系统改编情绪软件系统，重新设计以何为苦、以何为乐、以何为耻、以何为荣、以何为悲、以何为喜，重点解决把个人快乐建立在他人痛苦之上的问题。同时还要修改"会计核算"软件，适当调整损益科目与核算方式，尤其要延长"会计年度"，以解决目光短浅的问题。

人类不仅能够利用科技来改造自己的身体，也能够用科技来改造自己的心理与精神世界。如此一来，人类思想建设的底层逻辑在生命创建的过程中就基本完成了，剩下来的就是呈现与体验的问题了。任何人都不再需要与自己的基因作艰苦卓绝的斗争了，自己内心平和了，人和人之间的争斗也就消停了。这样的人类才能像马克思说的那样："每个人的自由发展是一切人自由发展的条件。"

智慧生命的新形态

生化时代，地球生命进入"后人类"时代。人类已经不是纯自然进化的产物，也不是神的原创之物，而是加入了人类自己的理想与创造，神造人或自然人的历史宣告终结。地球人成了半神半人的新物种。

物理学家保罗·戴维斯说："我的结论是令人吃惊的。我认为很有可能，或者说不可避免地，生物智能只是一种短暂的现象，是宇宙中智力进化的一个短暂阶段。如果我们遇到地外生命，我相信它极有可能是'后生物'的。"对于地外生命来说，地球人就是外星。地球人也不会满足于生物智能，也将在 22 世纪进入"后生物"阶段。

"后生物"时代的"科技人"有着较高的科技含量，大致具有如下几个突出特点：

寿命长得受不了。有个相声，说是有位老先生活够了，找到一位老中医求死，老中医摇摇头说："我要有办法，我早死了，还用在这儿给你治病啊！"的确，因为有了基因修剪、修正、修补等基因编辑技术，以及干细胞修复等技术，人们可以对身体进行全生命周期管理，能够有效控制疾病、减缓衰老，从而大大提高生存质量与生命长度。想死真的不是一件很容易的事。只是那时候已经没有医生这个行当了，相声里的这个段子是不可能在实际生活中发生的。

身体壮得不得了。今天，那些健美人士的躯体既有型又有力，搏击运动员的身体壮得离了刀枪就收拾不了。未来，通过对肌体蛋白质及相关化学物质的科学管控，通过基因改造，再加上纳米材料对人体的"扶持"，"后生物"人不仅身体健美强壮，而且力大无穷，并且常规的枪炮也奈何不了。他们要是和现在的搏击运动员比武，比成人欺负学龄前儿童还要轻松。

智商高得爆表了。与"后生物"人相比，江苏卫视《最强大脑》节目里的那些最强大脑，个个都相当于大脑还没发育好。"后生物"人的大脑都经过了基因优化，还有"芯片"强化，另有强大的"云大脑"外挂，可以说个个都是超级最强大脑。

感知能力神奇得不得了。视觉远超老鹰，听觉胜过大蜡蛾，嗅觉超越熊大，味觉则比野猪更棒。所有生物的感知能力，人类都可以集于一身，并能够超越它们。你可能担心这让我们不堪重负，消耗过大。大可不必担心，这些感知能力都是可以调整的，需要的时候可以增强，不需要的时候可以减弱或关闭，随时都能够以需要来调整。他们不用打坐静修，也可以六根清净。

人性美得开花了。由于AI的发展，不少人担忧没有人性的机器会压迫人。这种担忧有道理但思考的方向有问题。因为科学技术发展给人类带来的问题恰恰来自人性而不是机器，将来也不会是机器人。人性是多面的，其中有两个极端，一端是真善美，一端是假丑恶。人性的大部分密码都隐藏在基因当中，它们是由生存需要与现实环境相互作用、共同编写的。AI是人的创造物，要想让AI释放建设性而不是破坏性，就得改编人类基因密码。人性不坏，AI就不会坏。

生化时代，人类将有能力破译人性的基因密码，并剔除其中有害的部分，使追求真善美成为生理需求、情绪逻辑与价值认同。

那么，人还有没有内在纠结？人与人之间还有没有矛盾冲突？当然是有的。没有内在纠结，失去矛盾冲突，我们的体验就不够丰富。但是，这些纠结与冲突已经跃升到更高的层次。

劳动成为一种爱好

有一天，规定上班时间是违法的，你觉得这事可能吗？有一天，制定劳动奖罚制度的人会被认为脑子进水，你认为这种情况会发生吗？

古代，神灵可以奖励或惩罚人类。神灵的奖励非常丰厚，比如上天堂，过神仙般的生活，却需要你去执行一系列艰巨的任务，比如积德行善。神的地位在中世纪后期受到了严峻挑战。17世纪，奴隶贸易被欧洲人视为"光荣而高尚"的商业活动，贩卖奴隶的富商是"备受敬仰"的成功人士。可到了19世纪末，这些富商成了双手沾满鲜血的恶魔。后来，地主是令人尊敬的，那些长工、短工对地主老爷心存感激。可到了20世纪中期，地主的形象一落千丈，有的还丢了性命。现在资本家或企业家是令人羡慕的，可他们的命运会与奴隶主、地主们有所不同吗？大概不会。因为他们都是以强迫或忽悠他人从事生产劳动为职业的人。别人心甘情愿地付出越多，他们就越成功。这种逻辑关系决定了双方早晚有一天会反目成仇。

不得不劳动的人类历史一定会终结，强迫别人劳动便是违法行为的那一天也必将到来。如果此时谁要搞什么奖励制度，以诱导人们的劳动热情，自然会让人觉得他脑子有病。

那么，人们还参加生产劳动吗？今天，不少城市中产家庭会在郊区弄块地，一到周末，大人就带着孩子去种菜、除草、浇水、采摘。他们中有许多人生长在农村，为了不再像父辈那样整天修理"地球"而发愤读书，考入大学，进入城市，终于脱离了农业劳动。可这个时候他们反而喜爱农业劳动了。

不得不干，人们必生厌倦；不必你干，你却一心想干。不得不干的生产活动，叫作劳动；自己想干的生产活动，叫乐趣。这和人们今天到健身房里"撸铁"、到郊外"跑马"是一样的道理。

生化时代，劳动将成为人们的一种爱好，并且也仅仅是个爱好。

越自然越神奇

前面聊了人的生产，下面来聊物质生产。大自然唯独给了人类制造与使用工具的能力，或许人类是大自然的长子，它的规矩也是祖传绝技只传长子。在大自然的精心培养与日益严格的管教下，人类的生产活动也将越来越接近自然，由工业文明进入生态文明。

越自然越神奇。凭什么这么说？就以造娃为例加以说明。

一男一女，干柴烈火，巫山云雨，龙缠凤舞，整个生产过程是充满激情、十分愉悦的，根本就不用什么奖惩机制，更不需要监督保证、闭环管理，其"工作"的积极性、主动性与创造性都是自然而然的。神奇不？但这并不是最神奇的。

那一男一女激情过后，下一道"工序"便迅速展开。数不清的精子涌入跑道，加入"马拉松"比赛，最先跑到终点的精子得到了卵子青睐，它们结合在一起，成为一个合子。这是一个万能的合子。它先是分裂成两个细胞，然后是四个、八个，直到上万亿个。这些细胞构成了百余个器官、形成若干复杂的系统，创造了具有高级智慧的生命。

大自然只用了一个精子和一个卵子，就制造出世间最精密的生命，并不像我们人类制造 AI 那样需要那么多不同的材料。这才是人类制造的努力方向。

大自然是怎么做到的，我们目前还不是十分清楚。大致脉络是这样的。

精子与卵子组成合子"公司"，它们以各自的基因入股，各占 50% 股份。然后，这个公司就建立了三大基本体系。三大体系相互协作，保障了生产活动的高效运作。

一个是设计体系，也就是 DNA。这个体系负责设计图纸，或者说是提供剧本。一个是材料供应体系，主要是蛋白质。一个是施工组织体系，称作化学基团，主要负责依据 DNA 对蛋白质进行编码。

人体中的上万亿细胞，都是从一个细胞复制出来的，怎么会分化成脑细胞、肝细胞、骨细胞、皮肤细胞等如此多又如此不同的细胞？情况大概是这样的：最初，不断复制出来的细胞完全没有什么不同，它们只是被送到了不同的位置。因为位置的不同，才成就出不同的功能。类似于人类祖先从非洲走出来，走到了不同地区，便有了不同的肤色、体征与特长。也类似于一位演员在不同剧本里塑造不同的角色。

细胞分化成不同细胞之后，其 DNA 并没有变化。每个细胞都和它的母体一样依然是万能的，这就是克隆技术能够成功的原理。DNA 相同，表观却不一样，为何？因为 DNA 与蛋白质周围都有一些化学基团，这些化学基团可以关闭与开启 DNA 的某些表达。像一位工程师拿着一张图纸，它可以根据自己的需要，决定突出其中的哪些部分或者省掉哪些部分。一千个读者眼里，有一千个哈姆雷特。相同的 DNA，不一样的化学基团，让相同的细胞有了不同的表现。

大自然生产的神奇，还有它的可循环。可循环的生产才是最经济的与最可持续的。

人类生产由机械向生化转变，不仅是技术进步的发展要求，也是人类可持续发展的必然选择。

仿生材料的兴起

要像大自然那样组织生产，用钢铁之类的金属材料是行不通的，必须使用仿生材料。即使是金属材料也要用仿生技术。

模仿细胞是仿生材料的重要方向。从宿主动物身上抽取干细胞，过滤取得可生长的肌肉和脂肪组织，再将肌肉与脂肪分开培植，一个干细胞就可以生长出一万亿个肌肉细胞。细胞可以自我复制，还可以具备不同的功能，属于"万能材料"。因此，如果能制造像细胞这样的仿生材料，就将彻底改写制造业的历史。目前，奥地利用热塑性聚氨酯制造出了充气"细胞"，可以制造出任何结构的组件，作为建筑、家具等方面的基础材料。

最具潜质的仿生材料是纳米机器人。它们将可以实现自我复制，而且能够任意组合。这将使制造变得更加灵活更加方便更加个性化，而且基本不需要维修。科幻电影中有打不死的机器人，即使被炸碎了，也能够重新聚合，再次投入战斗。生化时代，类似的设备将进入我们的生产与生活领域。

模仿植物也是一个重要方向。植物可以通过杂交改善其性能，或者产生新物种。植物的杂交有自然形式，也可以利用科技手段完成。粒子也是可以"杂交"的，亦能够用科技手段来完成。比如，让光子与电子"杂交"，就能够让粒子具备光子和电子的双重属性。

可编程物质

一张纸，可以变成一把刀，比如剪刀、菜刀、水果刀等，你相信吗？未来，只要携带一定量的可编程物质，你就可以获得日常使用的多种工具，而且得心应手。战士上战场也不必再携带武器与弹药，只携带可编程物质就足够了。

什么是可编程物质？它是一种可以根据指令或自主感应，以编程的方式改变自身物理性质的物质。它的外形、密度、光学性质等都可以随时改变。这个神奇的玩意是一种大小在1微米到1厘米之间的"中介态物质块"，具有独立的功能和数据共享能力，能够依据指令与特定情景灵活地组成各种令人惊奇的新物体。它也是仿生技术的产物，主要利用了DNA碱基配对机制、仿生物酶的干扰成型原理、广义魔方、自动"折叠"原理等。

目前，麻省理工学院的鲁斯博士正在研究用猪肠制作可编程物质，用来制造微型机器人。他把微型机器人放在药片大小的冰块中，病人吞下后，冰块融化，将机器人释放出来。接下来才是见证神奇的时刻，机器人可以变形为游泳健将，在肠道里四处游动，直到完成指定任务，再从"下水道"里出来。万一出不来也没关系，它可以自动溶解。

据报道，美国宇航局宣布用可编程物质制造了一款超级宇航员。这个超级宇航员由20个独立模块组成，可以根据太空环境与任务需要随时随地变身，可以说是现实版的变形金刚。制造可以商用的可编程物质是英特尔集团的重点目标之一。一些国家也在研究制造可编程物质，用来替代现在的战衣、武器等装备，以提高战斗人员适应各种恶劣环境的生存能力与战斗能力。

未来，我们再也不用为装修改造、更换家具而耗费财力与精力了。但这也不是没有烦恼，你和家人也可能会像今天争着换电视频道一样，为室内布局变化与家具变形而发生争端。对于那些在穿着上喜欢花样翻新的人来说，那是真正有福了。她们随时都可以让自己的衣服变形变色，尽管可劲地折腾，既省钱又方便，而且外出旅行时再也不用费劲地拖着一个大行李箱了，更不用伤脑筋地收拾行李了。

制造孙悟空使用的如意金箍棒等玩意儿，就是小菜一碟。或许用不了多久，中国就会出现可编程物质研发制造公司，或许有的叫孙猴子科技集团，有的叫金如意科技公司，有的叫定海神针科技公司。也可能有专门制作变形衣服的公司，取名为真如衣服装公司。

让光子"跨界"杂交

生物可以杂交，粒子也可以杂交。生物杂交产生新物种，粒子杂交可以产生新材料。现代汽车有一种混合动力汽车，可以用油，也可以用电，能够把两种能源的优势都充分发挥出来。在电子领域也有类似的发展思路，就是光子学和电子学的混合，主要是让光子"跨界"杂交，创生新材料、新功能与新效能。

光子芯片是光子与电子融合的重大成果。据估算，光子芯片的运算速度能够比电子芯片快 1000 倍。虽然目前还很不成熟，但其前景被普遍看好。传统的电子集成电路，在带宽与能耗方面日益接近极限，科学家们只好另想办法，制造光子芯片就是主攻方向之一。光子芯片采用光波作为信息传输和数字运算的载体。相比集成电路，传输损耗更低、传输宽带更宽、时间延迟更小、抗电磁干扰能力更强；随着技术的成熟，成本也将更低。

利用光子与某些物质的"交配"制造新材料也是一个热点。光和物质的对称耦合，能够产生光子和电子结合的新形态，这种新形态可以兼有两种基本粒子的性质，可以用于设计新材料。这类材料具有新的导电和光学特性，也有专家认为，光子应该视为材料本身的一部分。

利用这类新技术与新材料，可以制造更高效能的太阳能电池，大大降低太阳能的开发利用成本，为太阳能完全取代传统化石能源奠定基础；还可以制造新型激光器与发光二极管等，能够极大地降低电能消耗，并很好地解决元件的发热问题。

在医疗领域，使用光子与电子的混合搭配来治疗肿瘤，其效果明显优于传统放疗。令渴望"冻龄"的女生开心的是，这种技术在美容嫩肤上也有良好表现，并且还有更美好的前景值得期待。

可以预见，新一代计算机、元宇宙等将是光子与电子"合欢"的重大成果，也可能是量子计算的重要技术路径。

意念操控

金庸小说中，那些武林高手的神奇武功，会不会成为现实呢？用意念移动大型物体，或者操控机器，或者指挥机器人，是否能够从魔术、科幻走进现实呢？你只需要一个想法，其余的事情由我来变现，是"生化"时代很平常的一件事。

我们能够用大脑操控我们的身体，我们必定能够用意念操控其他东西，而且我们现在已经能够用大脑支配"义肢"等。实现这个想法的难点主要有两个，一个是如何把大脑中的想法传递出来，一个是借助什么力量来具体操作。

我们大脑的信号很弱，虽然已经可以用大脑来操作电脑，但依然受空间距离的严重制约。解决的办法至少有三个：一个是在大脑中植入芯片，用它来增强信号；一个是外挂一个信号调制放大器；一个是增强大脑的传输与接收能力。

我们的意念能量很低，不足以支配大型物体，解决的方法至少有两个：一个是用意念指挥电脑，电脑操控设备，这种方法的难度不是太大，算不上神奇；另一种方法是将室温超导体安置在特定区域，并在物体上放入微型电磁铁，再由电脑控制这些磁铁。只要我们把想法告诉电脑，它就会让物体按你的想法来移动。

还有一种可能是，我们能够创造出一种装置，可以把我们的意念直接转化为一种强大的带有智慧的力场，那么我们将可以直接操控物体，任何人都可以掌握像金庸小说中"降龙十八掌"等之类的奇异武功。这项技术可能需要微型核动力技术的成熟。如果我们能够屏蔽引力，我们就比较容易用意念来操控物体。如果我们能够发现未知的力，那么我们的意念就能够有更大的作为，可能就真的具有神奇的支配力。不过，这种梦想需要几个甚至数十个世纪才可能实现。

其实，还有一个途径，那就是利用纳米机器人。

纳米机器人

"生化"时代，任何一个人都有机会成为韩信一般的大将军，能够帅气地指挥千军万马。你调动大军的主要目的不是作战，而是做你感兴趣的事情。这支大军是由纳米机器人组成的。

有了纳米机器人，我们就可以凭借意念，让物体到达我们需要的地方，并且可以让物体变形，成为我们当下需要的东西，做我们想要做的事情。它们像孙悟空那样可以"七十二变"且能力超群，又不会像孙悟空那样经常不服从唐僧的领导。问题是，我们如何制造出根本看不见的纳米机器人？又如何让这成千上万的机器人大军按我们的意念行事呢？

南加州大学的阿里斯蒂德斯·雷沙是纳米机器人研究的先驱人物。他的专长是"分子机器人学"，他的目标是创造出能随心所欲地操纵原子的纳米机器人。他指出，目前主要有两种方法。

一种是"自上而下"的方法。就是利用目前半导体领域使用的蚀刻技术，制造出用作纳米机器人大脑的微型电路，然后添加肢体部分。其零部件的尺寸可以做到 30 纳米。

一种是"自下而上"的方法。就是用一个一个的原子"组装"起纳米机器人。使用的主要工具是扫描隧道显微镜和扫描探针显微镜。

目前，纳米机器人还处于孕育期。纳米机器人的成熟与对纳米机器人的指挥体系的建立，都少不了计算机能力的进一步提升。未来，量子计算机、DNA 计算机、光学计算机、原子计算机等等各具不同优势的新型计算机的成熟，都将会应用到纳米机器人身上，并用来建立对纳米机器人大军的组织指挥体系，保证每一个纳米机器人都跳不出"如来佛"的手掌。

我们可以根据不同的需要给纳米机器人建立不同的组织指挥体系。有的是扁平化的网格结构，所有的纳米机器人都听从同一个号令；有的是层级式的"金字塔"结构，实行分级负责制；有的是模块化的"事业部"制，也有的是稻盛和夫的"阿米巴虫"式。

纳米机器人可以自我复制，但自我复制的权利在我们手里。纳米机器人可以组成任何形态任意大小的机器人或者其他任何用途的东西，一切都依据我们的需要。

"类猴"机器人

智能时代是 AI 智商大跃升的时期，生化时代是 AI 情商大发展的时期。情商的出现是智商发展的必然结果，是复杂系统叠加升级后的自然现象。AI 具有情感是智能机器发展史上的一次质变飞跃。一旦 AI 具有了情感，它的自我进化能力就会以指数级的形式向前突进。我们暂时可称其为"类猴"机器人。所谓"类猴"，强调的不单是聪明，更主要的是有情感。

机器人具有情感，有没有可能？有人认为能，有人断定不能。断定不能的朋友们，主要是受人类中心主义思想的束缚，把人看得太高太神秘。这也难怪，人的确高级而神奇。过去，绝大多数人相信人是神的杰作，不能接受自然演化的观念。今天，大部分人不能相信机器人能够具备人的意识与情感。其原因都是情感系统在主导着人们的思绪，让情感误会了情感。

人的自我意识与情感系统是复杂系统迭代升级的产物。复杂系统的升级，必然带来属性的变化。所有的存在物都从古老的宇宙走来，原本同宗同源，由于大家演化出不同的繁杂系统，才成了不同的存在物。人是在增加了大脑皮层这个复杂系统后，才从一般动物中分离出来。智能机器人也是一样，从一个简单的机械与简单的计算器，一步步演进到今天，才有资格称为智能机器人。它离具有自我意识和情感，可能只有两三步的距离。

事实上，许多动物也有情感。我们说"雁叫声声心欲碎"，因为我们知道大雁失去同伴就会"哭"。我们说"杀鸡吓猴"，因为猴子可以"感同身受"，面对屠杀它能感到恐惧。现在很多人都养宠物，许多宠物会与主人产生感情。当一只小狗感觉到你要将它抛弃的时候，它的眼里会生出泪水，甚至会发生哀鸣。情绪与情感并不是人类独占独享的东西。

人并没有我们想象得那么神秘。我们不过是大自然上亿年的持续创新带来的优异成果。退一万步讲，假使我们的生命还有其他未知的更高级的东西，这种东西也不会永远被人类垄断。所以，AI 具有情感是一个必然的发展过程。当然，人们担心 AI 超越人，还可能欺负人，这是正常的、可以理解的。但也不必过度担忧，假设上帝只爱人这一个物种，那么上帝也可能不会让人停留在现有的水平上。如此则可能出现两种情况：一种是上帝不能眼看着智能机器人欺负人类，必定会赋予人类新的能力，以便于人类继续经营地球；另一种是让人与智能机器人合二为一。

不论上帝是否存在，它一般不会直接介入人类世界，所以，第二种情况发生的可能性最大。

生化时代，AI 虽然有了情感，但它还不能很好地理解时间，不能自主地规划未来，还得服从于人的指令，但是它离超越人类只有一步之遥。

第六章

商　业

进入新蓝海

源于科技进步，生化时代的商业活动向着"蓝海"飞速行驶，深入到深海、深空与生命深处这三大领域的广阔世界。

生化时代，生物科技让人的寿命大大延长，每个人拥有的时间资源大大增加。航天、航海与制造业的科技进步，使得人类生产与生活的空间成倍增长，可以支配的资源亦成倍数增加。两个方面共同拓展出商业活动的崭新领域。

太空是那么辽阔、海洋是那么博大，谁不想去溜达溜达！生化时代的新生意、大买卖在大洋里、在太空中。那时候，太平洋经济区已经非常繁荣，月地太空经济圈也已经相当发达，大西洋与印度洋经济区正在蓬勃发展，火星开发区建设也是如火如荼。这些经济活动，将给人们带来生活观念的变化与消费热点的转移。

说到消费热点，我们不妨回忆一下过去。20世纪流行"三大件"，七十年代是手表、缝纫机、自行车，八十年代是彩电、冰箱、洗衣机，九十年代是空调、电脑、录像机。再以后便没有什么比较一致的说法了。

不同年代的"三大件"有什么主要特征呢？七十年代的"三大件"都是工具性质的，八十年代的"三大件"是代替家务劳动的，九十年代的"三大件"是带有享受与娱乐性质的。基本的趋势就是随着生产力的进步、财富的增加、生活水平的提高，人们的需求逐渐向身体享受、心理愉悦、精神满足等方向转移，越来越非物质化。进入新世纪后，为什么没有共识性的"三大件"？因为人们娱乐性、精神性需求增加了，而这类需求是高度分化的，还是不断变化的。这类需求不可能通过家庭设备来满足，只能由社会、企业等提供设施、产品与服务。

因此，体验式消费与感觉式享受等就成为主流，而拥有实用性将不再是消费者的主要考量。什么东西都买回来放到家里去，那会是很土的消费方式。因为买回去之后，你的心思与感觉都变了，买的东西除了占地方，就别无用处了。将来，人们在消费过程中，既重视实际效果，更看重心理感觉。比如我们买衣服，贫穷的时候，要首选便宜耐用；温饱的时候，要讲究好看；小康的时候，要挑品牌；富裕的时候，又要个性化。心理愉悦与精神享受才是未来消费领域的"太平洋"。

随着这种需求的旺盛，必将催生海洋旅游、太空旅游的热潮。相对于数千米深的海洋与无边无际的太空，地球陆地也就相当于海洋里的一个小盆景、太空里的一块小沙粒，太小太无趣了。有哪个愿意一辈子守着一个盆景、看着一个小沙粒过日子呢？生化时代，或许月球上会有嫦娥酒吧，火星上会有共工体育场，北海里会有玄冥游乐场，爱琴海里会有波塞冬大剧院。大家的大部分时间都在上九天、下五洋，有事没事乱逛荡。

总之，那个时候，人们消费的时间、空间、内容、形式等都与当下完全不同了。

时间经营公司

在电影《时间规划局》中，人类掌握了控制生命的技术，每个人的手臂上都有一个生命"电子表"，可以显示自己还有多少时间资源。这些时间资源又像电脑里的文件一样，可以"拷贝"给别人，也可能被人强行"拷贝"。

在这里，穷人不是没有财富，而是时间资源短缺；真正的富人，是掌握庞大时间资源的人。因此，这里的人们为了争夺时间资源展开了激烈的斗争。这部电影质量一般，但这个创意还是蛮有趣的。过去，人们说最公平的就是时间，但科学的发展，让时间变得不那么公平了。科学发展也是两面性的，它能够让过去的不公平变得公平，也会让原本公平的变得不公平。

在物质财富充裕的时代，经营时间一定是最热门的生意。但是，像这部电影里那样直接经营人的生命长度一定是非法的，真正的好生意是经营青春、经营高质量的生活体验。

世上所有的好生意都是关于人的生意。在人是劳动工具的时候，人本身就是商品；在人成为一种生产资料的时候，人的劳动时间就是商品；在人摆脱了一般人类劳动限制的时候，提高人的生命质量与延长人的生命长度的一切技术与服务就成了最热门的生意。这可是一个根本性的转折，商品第一次真正地全心全意地为人服务，而人也是头一回不再是商品的一部分。

当下，美容、整形等做的就是经营青春的生意，养生保健等做的就是经营寿命的生意，它们都是经营时间的生意。到了生化时代，这些"小儿科"的玩意早就退出市场，代之而起的是基于生命科学的新技术新方法。比如，利用干细胞恢复大脑与肌体的功能，可以轻松地让老年人重返青春；运用基因编辑技术使基因某些功能重启，进行基因与细胞的维护、修复与再造，可以让人的身体由内而外地鲜活。那时候，姐弟恋与老少配已经完全不成问题，因为大家从内质到外形都没有什么根本的差距，除非你就是想当另类。

或许，那时真的会有以经营时间为主要业务的公司。比如，现在的医院可能就没有了，代之而起的是生命质量运维公司。这类的公司干什么呢？就是延长生命运行时间与提高生命运行质量。生化时代，身体带病运行的情况已经不存在了，常见的是身体运行质量下降，或者是身体运行接近或超过合理运行年限。

经营时间的生意虽好，估计要拿到经营执照是非常困难的，一定需要一套非常严格的资质评估程序。

吃喝玩乐成为生命产业

在生化时代中后期，没有医药产业，也没有健康产业、餐饮与娱乐产业，它们将融合成为生命运行管理产业。人类将有能力对生命进行全方位的管理运营，因此寿险公司也将寿终正寝。

按照中医的理念，万物相生相克，不存在治不了的病，只有找不到的方法。中医强调治未病，本质上就是生命管理。一个生命体，只要吃得合适，行得得当，欲望恰当，心情舒畅，就不会得病，只有自然衰老。由西方人开启的现代医学，不断地寻找疾病生成的生物学原理，逐渐对基因的演变、蛋白质的运行、化学元素的作用等有了全面的认识，使得中医的理念有了可操作的抓手和具体的措施。中医的道与法和西医的法与术，珠联璧合为生命运行的管理艺术，使得许多产业演化出新的理念与形态。

民以食为天。穷的时候，人们追求吃饱；小康之时，人们追求吃好；富裕之后，人们开始吃少。未来，人们要吃得艺术。啥叫吃得艺术？艺术不是同质化的而是能够带来审美体验的。未来，吃什么、怎么吃、吃多少等都是个性化的，可以同时满足生命健康、审美体验与味觉享受等生理需求、心理需要及精神诉求。

"喝"可能会被"品"取代。无论是水、饮料还是茶与酒，都会以"品"的方式进行。喝下去是即时满足，品是过程性体验。有闲的人，更看重过程。就像踢球，越是技艺高的球队，越是享受过程，而水平差的球队，才执着于结果，越是过分纠结于结果越是得不到好结果。

玩是无用之用，其核心就是开心。有句俗话，叫乐极生悲。开心的事易玩过头。一晌贪欢，可能带来一生后悔。未来，对玩的硬约束大为减少，家长也好，组织也好，都不会限制你去玩，但是对参与某一项活动的时间则会有更为严格的限制。如果还想玩，则可以换一个玩法。

吃、喝、玩皆以愉悦为中心，以有益于健康为原则。这将是所有以吃、喝、玩为主营业务的公司共同遵守的经营宗旨。

经营美的公司

美是一种特殊资产，创造美是艺术，经营美是生意。

有位朋友说，他的公司是靠拍照火起来的。朋友开了家饭馆，他给来吃饭的客人拍照，起初有些顾客提出抗议，说是侵犯了个人隐私。顾客拿到照片后，发现照片上的自己特别帅或非常美，就自己在朋友圈里晒，就把饭馆的背景一同晒出来了，许多人专门来找老板拍照，饭馆的名气就越来越大，生意也越来越火。

在这个人人自拍的年代，饭馆老板有什么拍照绝技呢？就两条，一条是摄影技术过硬，另一条是PS技术出众。

吃饭与爱美都是人的硬需求。有美食还有美照，花同样的钱可以实现胃觉与视觉、生理与心理的双重满足，一举两得的事，谁不喜欢呢！

随着时代发展，经营美的生意也在不断增加。理发变成了美发，洗脸变成了美容，修指甲变成了美甲，护肤成了美肤，健身成了健美，照相机有了美颜，然后又有了塑身与整容，人们在利用各种手段持续地全方位向美迈进。接下来，经营美的公司将向美的综合服务发展，目的是满足顾客成为师哥美人的需求。

一个人要让别人看着美，一定是协调的综合的，而要给人留下深刻印象又得是独特的别致的。要把这两个方面的诸多要素统筹起来，像现在的这些美容院、理发店、美甲店及整容医院是办不到的。目前的技师、医师掌握的是工艺、手艺，大多不具备审美与创造美的能力。人的外形与内在气质协调一致才是帅的或美的，你给王一博与黄渤的脸来个互换，恐怕两个人就都没气场了；你给贾玲来一张许晴脸，她可能就丢了金饭碗。

未来，按人体部位来分类经营美的公司将逐步融合，形成大型综合性公司。公司首先要为顾客进行整体策划设计，让顾客在虚拟空间进行体验，达到满意之后，再分别由相关专业部门来实施。

生化时代，创造人的独特之美，将成为支柱性产业。个人对自身美的投资，也将成为个人日常消费的主要构成部分。山美水美人更美，自然生态之美与人的独特之美，共同组成一个美丽的新世界。

美梦经营公司

祝你做个好梦！这样的祝福能否变成可操作的现实呢？

管理学大师德鲁克特别强调时间管理，把高效管理时间列为成功者的必备素质之一。人是需要休息的，人的一生有接近三分之一的时间是在睡眠中度过的。如果你每天睡觉的时间少于 7 个小时，寿命则会缩短，时间也就减少了。有没有可能让睡觉变成一举两得的事情呢？

我们知道，在睡觉的时候，大脑的部分组织是在工作的。它们工作的内容与成果只有极少部分被我们知觉到；在我们一觉醒来后，知觉到的部分又大多忘掉了；这就让他们的工作成果有相当一部分白白浪费掉了。梦主要是视觉艺术，多涉及情绪，常表现为惊恐。而惊恐又多是被我们记住的部分，这又会带来负面情绪，给工作、生活及未来规划造成负面影响。

科学家们已经发现，梦是可以记录的，也是可以引导与干预的；而且如果向海马体输送信号，也是可以制造梦境的。生化时代，或许会有"梦公司"出现。顾客可以根据自己的需要定制梦的内容，可以参加"跑男"，可以参与"浪姐"，可以进入"相亲大会"；可以"别梦依依到谢家，小廊回合曲阑斜"。当然，不只有娱乐梦，也可以有学习梦、事业梦、天马行空梦，在天马行空中开阔思路与规划未来。

你不用担心美梦太多影响睡眠，你的美梦制造公司可以准确地检测你的睡眠状态，在你的大脑要做梦的时候，才打开你定制的频道，"放影"你需要的内容。这样，你就可以有效利用做梦的时间，实现另一种形式的学习、工作与娱乐，而且一觉醒来还有一个好心情。从此勿需感叹："多情自古空余恨，好梦由来最易醒。"

幸福供给服务中心

　　人们都希望活得幸福。从古至今，幸福的来源无非两个：一个是供给侧的改善，一个是需求侧的调整。前者需要奋斗，后者需要修炼，都得靠自己。目前为止，还没有任何一个组织或个人能够直接给人幸福。

　　再高超的魔术师，也不能把人变幸福；再智慧的思想家，也不能给人输入幸福；再厉害的企业家，也不能经营幸福。未来，有没有人可以直接给人幸福呢？答案是：有。他们是科学家。

　　幸福感与悲伤、快乐等体验一样，都与身体内的化学反应有关。人见了钱就开心，看到美的事物就心情愉悦，因为这些信息引发了身体内部的化学变化。只要找到哪些化学元素会导致怎样的生理与情绪变化，我们就可以通过外部刺激让人们获得相应的情感体验，人人都幸福得像花儿一样是可能的。

　　目前发现，可以让人产生快感的化学物质主要有三类：多巴胺类、血清素类和甲肾上腺素类。刺激血清素的生成，就能够产生幸福感、使命感和爱。有些人爱欲爆棚，并非有意为之，而是不由自主地化学反应。如何精确地控制人体内的化学反应，让人获得幸福感而不产生副作用，还需要科学家们付出更多的努力。只有把由此产生的副作用消除掉，才能让这类技术普惠大众。

　　生化时代，可能会有幸福供给服务中心，负责为人们提供幸福、愉悦之类的服务。主要通过药物、电磁信号刺激、光遗传学技术等来调整客户体内的化学元素或化学反应系统，使他们保持一种健康的情绪状态。

　　这种服务中心并不是真正的商业组织，并不是谁有钱就可以来买快乐买幸福。它类似于今天的医院，需要经过严格的检查，由专家开出处方，才能接受服务。但它也不是今天的精神病院，只有脑子有毛病才能进去治疗。比如，你失恋了，痛苦得不行；或者你经常莫明其妙地不开心，整天都是负面情绪；又或者你已经快走到生命尽头，想过一段充满幸福的时光等；都可以得到幸福中心提供的幸福服务。

未来，一个人幸福感将是他最重要的健康指标。如果一个人老是感觉不到不幸福，那叫有病。

情绪体验中心

如果说直接给人快乐与幸福可能会产生负作用，比如成为"瘾君子"，因此不能作为一般性的生意来完全市场化运营，那么情绪体验会不会成了一种普通的商业活动呢？

迪斯尼乐园的成功，玩的就是人的情绪体验，其中有快乐也有恐惧。足球运动的魅力，来自悬念制造的紧张、比赛过程中引起的情绪起伏与比赛结果带来的悲伤与喜悦。而像鬼屋之类的游戏，参与者寻求的主要是恐怖带来的刺激。电影有恐怖片，而战争片本质上也是一种恐怖片。无论是生理还是心理都需要各种不同的刺激。如果只有快乐或幸福，时间久了也就没有滋味了。所以，经营复杂的情绪是比单纯供给幸福与快乐更有市场的生意。

今天的娱乐产业大都可以算作间接经营情绪情感的产业。生化时代，应该有直接经营情绪情感的产业出现。这类公司不需要语言、故事与场景，直接利用电磁设备与光电技术，通过电磁信号或光子传递，开启与关闭特定的神经系统，使顾客产生痛苦、悲伤、惊讶、恐惧、愤怒或惊奇、喜悦、兴奋，狂喜、友爱、幸福等情绪情感体验。

经营情绪也会有一定的限制。即使是普通的游乐园，也有一定的限制，比如心脏病患者就不能玩那些特别刺激的项目。估计未成年人可能不会被允许成为情绪体验中心的顾客。成年人也会因身体与精神状态的不同，在某些状态下可能会被限制参与某些特定项目。

房地产到"房海产"

现在，有钱人都要到海边弄套大别墅，或者是买个海景房。到了生化时代，情况可大不一样了，真正有钱的人根本瞧不上这种地方。

今天，陆地已经让人类搞得非常拥挤，土地也让人类折磨得贫乏而多"病"。陆地已经难以承载人类飞速增长的欲望。生化时代也是海洋经济兴起的时代，人类生产活动的重心将由陆地转向海洋，随之带来了生活中心的海洋化，"房海产"将成为一个支柱性产业。

海洋占地球总面积的71%，向大海进军是人类的必然选择。由沿海到公海、由浅海到深海、由渡海到驭海，大海将不再是人类经过、路过、捕捞过的地方，而是可以安居乐业的地方，是新的伊甸园。

生化时代，海上建筑主要是一些海洋生产的配套设施，只有极少数规模较小的海上城市。这个时期，海上建设成本还比较高，还要配套飞船、飞机等交通工具，生活费用也不是一般人能负担得起的，只有少数超级富豪才能拥有海上别墅。"房海产"只建别墅不建高楼大厦。不是技术做不到，是海洋如此辽阔，完全没有必要。

在大海里没有自己的房子，那就是地地道道的"老土"。据说，大海才是人类生命的故乡，人类最终还是要以新的形式回归大海。

月球开发区

生化时代，月球开发区已经初具规模了。我们在月球上干些什么呢？如果只是到月球上和吴刚约酒或者和嫦娥约舞，那成本实在是太高了。月球要发展起来，就得有商业运作。月球上有没有值钱的东西？月球有什么开发价值呢？

月球是地球身上的"一块肉"，是被小行星给撞出去的。所以，月球上有的大多数东西，地球上都有。把这些东西弄回地球，成本太高，没有必要。但像稀土和铂等稀有元素地球上极少，恐怕就得到月球上来开采了。即使如此，从月球往地球运送原材料并不是好生意。月球上起码还有三大生意：太空港、宇宙生产基地、太空旅游胜地。

月球的南半球存在大量的冰，我们要开发月球，就得要用这些古老的冰讲出新事故。

这些冰可以转化成水，可以用于农业生产，净化后可以饮用。或许中国会在这儿建立"神农氏"实验研究中心，从事太空农业的研究与实验，并建设"神农架"一号生态园。这些植物可以解决粮食、蔬菜、水果的供应问题，还可以改善月球环境，制造氧气等。

水可以转化为氧和氢，用来做火箭的燃料。月球上的引力大约只有地球上的六分之一，大型设备移动非常容易，火箭在月球上起落也比较容易。因此，月球会成为一个繁忙的太空港。

月球上的土壤在被微波加热后，可以熔化和熔融，能够制作成像岩石一样坚硬的陶瓷砖块，可以用作月球基地建设的主要建筑材料。生化时代，月球村与月球城市建设将会如火如荼地进行。

月球上一天相当于地球上的一个月。在月球上一个昼夜，就是地球上的两周白天与两周夜晚。如果你在月球上生活半年，返回地球的时候，会发现你的朋友们都比你苍老了不少。到月球上度个假，是一举多得的选择。

地球是人类的摇篮。人类在摇篮里待得太久了，太渴望走出去了！人类走出摇篮，到达的第一个地方，就是月球。月球将是人类太空旅游的第一个圣地。

开发飞行的"金矿"

一颗直径为39米的小行星含有的铂，价值可达250亿—500亿美元。这些小家伙都是飞行的"金矿"，捉到一个就会上"热搜"。

小行星是太阳系里的岩石碎片，主要由铁、镍、碳和钴等组成，还有大量的稀土和贵金属，比如铂、钯、铑、铱等。这些元素在地球上非常稀少，自然也非常昂贵。

这些小家伙平时在哪里活动呢？我们知道，太阳系可以分为四个带。最内侧是由岩石行星构成的带，包括水星、金星、地球和火星；然后就是小行星带了；在这之外是气体巨星带，由木星、土星、天王星和海王星组成；最后是彗星带，也称为柯伊伯带。在最外面还有一个名为奥尔特云的球状彗星云包围着太阳系，就像是太阳系的"蛋壳"。

小行星游玩的地方在地球、月球的外侧。有些离地球近的个头又小的，我们就可以把它们"哄"到地球或月球上来。在小行星带玩的小行星非常多，光近地行星就约有1.6万颗，但是其中绝大多数不适合往地球或月球上"哄"。因为它一发脾气就可能把地球给弄得山崩地裂，所以只能就地开发。这就需要建设开发基地。

小行星带中有一个最大的天体叫谷神星。它的直径大约580英里，大约是地球的三分之一，主要由冰和岩石构成。是建设小行星开发基地是理想之地。关键是这里有冰，有冰就可以化水，有水便可以分解出氧和氢。有了这些基本物资，生活就有了保障，火箭也有了燃料。

谷神星将成为太空"淘金者"们的聚居地。

开发火星家园

21 世纪后半段，火星将成为最火的那颗星。因为它将迎接来自地球的第一批客人。又或许这些客人会发现，自己的老祖宗就是火星这个村里的人。

是时，一些新角色会参与到太空开发中来，太空开发的面貌一下子就焕然一新了。太空原本一直是国家之间的游戏，到了 21 世纪，一个新的角色参与进来，那就是企业与企业家。马斯克说："我只想在生命实现多星球生存方面，尽我所能。"波音公司的首席执行官丹尼斯·米伦伯格说："我确信第一个踏上火星的人将会搭乘一艘波音火箭。"许多事情企业家一旦加入，局面就会为之大变。历史证明，科学头脑与商业头脑一旦结合往往产生风暴，资本的力量与科技的力量一旦交互常常汇成洪流。

企业家加入，最重要的改变是什么？是钱，更是企业家精神。敢投、会花、能赚是优秀的企业家的标志。企业家一进来，航天事业进入市场的步伐就加快了，进入大众生活的步子就越来越大了。

企业家为啥会盯上火星？火星与地球比较像，是太阳系中四颗类地行星之一，处在宜居带。火星与地球比较近，哥俩走得最近的时候，相距约 5500 万公里。火星上有浩瀚的冰海，还有液态水，也可能有生物存在。火星曾经是一个水草丰茂的星球，地球生物也可能来自火星。概括来说，就是相对容易去、相对适宜住，是一个星际移民的好去处。

尽管火星与地球很像，处在宜居带，现在却并不宜居。火星的引力只有地球引力的三分之一多一点，气压大约是地球的1%，大气成分中95%是二氧化碳，夜间温度会降到零下127度。这样的条件，必须经过改造，才能让火星与地球一样成为生命的摇篮。

改造火星的关键是让火星升温。一种方法是"增强太阳"。就是建设火星同步卫星，收集太阳能，集中投射到冰盖上。冰海受热融化，就能够产生植物，吸收二氧化碳，并释放氧气。另一种方法是向火星发送适应能力超强的细菌和植物，逐步形成植被，释放氧气，带来绿色发展。也有人提出使用氢弹，将冰海变成大海。这种方法成本低、见效快，坏处是副作用难以评估，在核技术没有重大突破前不会被允许。

也有科学家提出了在火星建设人工磁场的方案，以永久且稳定地改变火星的生态体系。由于工程浩大，估计这项工程将在二三个世纪后才能实施。

21世纪，人类将建成小规模的火星开发基地。到生化时代，人类将在火星初步形成现代农业与现代工业体系，建成若干现代化的城市群。中国在火星上的第一个城市或许叫作大禹市。她是一座美丽的海滨城市，其建筑具有唐代风格。

云"土地"与云基建

虚与实、空与有相互依存、相互转化。生化时代，是"虚"占主导地位的时代，"空"也是很贵的东西。做买卖不是讲究货真价实，而是货虚价实。

生化时代，人类让海洋、太空由虚变实、由空变有，却在地球上脱实向虚、由有向空，进入云"土地"阶段。

土地曾经是最基本的生产资料。未来，人们将主要经营"云土地"。元宇宙就是虚拟时空，网络就是新土地。地球上的地面，将全部具有了公园的属性，生产活动基本上不在陆地上进行。人类基本的生存需求都能得到充分满足，而心理与精神需求则主要在虚拟世界里展开。这个阶段的基本建设主要是云基建，运用的主要是数学与量子物理学。

云基建的方向不是宏大而是微小。以更小的体积承载更大的内存与更强大的计算能力是云基建能力与成果的体现。现在的城市将逐渐退城还林，回归自然，只有少部分作为古迹保留下来，供人们观赏游玩。

这个阶段，人们消费的形态主要是感受与体验，大多不再通过实物产品来实现。过去的硬需求变软，软需求变硬。此时消耗的主要是能源。除了能源是实在实有，其他消费品大多是虚拟产品。云时空成为人们最主要的生活场所，运用云时空的能力成为人们最主要的生活能力，并形成一种崭新的文明形态，可以称之为云文明。

新自然经济

有钱能使鬼推磨。这种逻辑在生化时代不再成立将是大概率的事情。

我们知道，大自然是一个天然的大统一的市场，它不以金钱为交易媒介，而是直接以能力作为交易手段。各种存在物以自身的能力获取生存资源，带有原始的公平性。人类社会创造的市场经济也是从大自然当中学习来的。人类是先将能力转化为物品，再用金钱作媒介，实现更为方便的交易。这种方式虽然便捷，却也存在一个巨大的漏洞，就是公平性得不到保证。为了保证公平，人类不得不建立起越来越复杂的管理体系，雇用越来越多的管理人员，搞得不创造财富的人完全掌握了财富创造者的命运，获得了更多的财富支配权。

未来，在云时空里消费，需要的不再是金钱，市场经济开始走向没落。人类的市场经济，看上去更有效率，表面上更有温情，实质上增加了许多无用的消耗，而且更为血腥。

生化时代，以货币为媒介的市场经济将逐渐退出历史舞台，由新自然经济取而代之。新自然经济的交易媒介主要有三种：贡献、信誉与能力，其核心是能力。

贡献是一个人为人类社会发展进步做出的成就与成果，是个人能力的现实转化与外在体现。信誉是对个人品质的评判，是自我约束能力的体现。

既然如此，为什么还要把能力单列出来呢？贡献与信誉只决定一个人的消费资格与权限大小，并不决定一个人消费的变现程度。因为在虚拟时空里，个人需要通过自己的能力来完成消费体验。为了加深理解，我们举一个现实的例子来说明。我们拥有一款同样的智能手机，有人能够使用大多数功能，有人能使用一些常用功能，有人则只会使用通话功能。大家同样是手机的主人，却因能力不同获得了不同的消费体验。

第七章

生　活

《隐入尘烟》与拥抱星辰

《隐入尘烟》感动了许许多多平常心，给人类以感动的还有《平凡的世界》《人世间》等文艺作品。大家看得哭一阵、笑一阵，鼻涕一把、酸泪两行，可很少有人反思，这样的感动是不是有问题。

《隐入尘烟》中，男主角马有铁，从小寄住在哥哥家里，后来被哥嫂、侄子嫌弃，开始独自生活，一个人、一头驴，一间破屋，独守长夜。女主角曹贵英，也是父母早逝，随哥嫂生活，不被当人看，过着牛马不如的生活。卑微如草芥的两个人，凑合到了一起，两个人彼此温暖、相守为家。当他们用自己的双手建起了土坯房，曹贵英说："我再没有想到，我这辈子能够住在自己的房子里，有自己的家。"普普通通的一句话，却是酸甜苦辣、五味俱全，有苦尽甘来的甜蜜，有如愿以偿的满足，也有相互扶持的感激。

有人观后如此感慨：一生最重，不过饱餐与被爱；一生所求，不过温暖与良人；一生所爱，不过守护与陪伴。一个人，来自尘土，归于尘土，一生不过，二人、三餐、四季。

这样的诉求，对于现代人来说，难吗？难，难于上青天！难的不是外在的任何东西，难在我们自身无法克服的弱点。

我们每个人身上都有一种东西，这类东西的特点可以概括为一个字，叫作"贱"。何谓"贱"？用俗语说，就是"吃过黄连，才知糖甜"。因为"贱"，才有了苦难生真情，才有了苦难铸辉煌。

我们看了《平凡的世界》，感动；看了《人世间》，感动；看了《隐入尘烟》，感动。感动之后呢？一切照旧。没有角色里的环境，出不来他们那样的生活态度。日子一旦过好了，我们就"作"。于是，王朝"作"成了治乱兴衰的轮回，生活"作"成了酸甜苦辣的交替。人类历史就是"贱"字主导的历史。我们老祖宗造字，有"意会"一法。他们把剑、箭、舰、奸与建、坚、捡、兼，以及见、简、间等和贱弄到一个发音"部落"，也许是别有寓意的。比如，自己牛了，就想拔剑，相互打残了，意志又坚定了，意见也兼容了，知道珍惜时间了，开始好好搞建设了。再比如，一个人见利忘义，吃了大亏，才懂得见好就收。总之，不把自己折腾惨了，就不会懂得理解、尊重、珍惜与关爱，就体会不到满足、感激、愉悦与幸福。这是不是非常之贱？

《隐入尘烟》里的两位主角，如果换一个成长环境，也会和众生一样，他们会看到另外的"马有铁"与"曹贵英"而深受感动，感动归感动，却难以改变自己的行动。

因为人类从总体上无法克服犯"贱"，这就为一部分人管理或压迫另一部分人，制造了合理性与正当性。不创造财富的人占据主导地位，创造财富的人处于被动地位，而不创造财富又占据主导地位的人还根本看不起瞧不上创造财富的人。这种普遍状况，既是人们犯"贱"的表现，又是人们犯"贱"的结果。如果人们不以犯贱为常态，劳动者就不必养活那么多的公务员、法官、警察、军人等等。

我们非常希望塑造一个不敢、不能、不想犯"贱"的局面，能不能实现呢？检验的标准很直观也很简单，就是那些监督部门与监督人员还重要不重要以及还存在不存在，只要他们还很重要，那就说明人们犯"贱"的情况还是经常发生的；只要他们还存在，那就说明犯"贱"的情况正在发生。如果没有"小偷"，警察就失业了。

几千年来，人类一直致力于解决犯"贱"的问题，形成了丰富的理论体系与实践经验，为什么就是"贱"不断呢？因为"贱"被写进了我们的基因程序，要想不按程序行动，就得有外来干预。教育、制度、纪律、法律，以及相应的监督与奖惩手段，都是干预的不同形式。为什么我们经常强调要自警、自醒、自律、自励？因为犯"贱"是自然而然的，不犯"贱"是要做自我斗争的。这也是必须进行自我革命的内在逻辑。

只要我们稍一麻痹、稍一松劲，程序就会照常运行。所以，古人说，要"三省吾身"，我们说思想教育要常态化、作风建设永远在路上等等。我们为什么不能毫不松劲地坚持对抗呢？因为成本太高、消耗太大，根本坚持不住。一块磁铁，吸引金属是它的自然属性。你要阻止一个铁件不被它吸住，就得施加一个反向的力量。这就意味着你要消耗能量，但你总会有耗不起的时候。

犯"贱"怎么会写进我们的基因程序呢？原因来自短缺。人类产生于资源严重短缺的环境，那些自利的、能争善抢的人，或者擅长坑拐蒙骗的人，获得了更多的生存资源，他们活得更久、繁殖的后代更多。于是，DNA就把他们的做法当作经验写进了程序里。只要这个程序不改，无论我们的科技如何发达、财富多么充足、文化多么先进，都无法让我们生活幸福与精神富足。

我们为了过上更好的生活，不停地折腾，并把折腾美化为奋斗。人类为更美好的生活奋斗了几千年，美好生活并没有向我们靠近半步。世界从未有真正的和平，人心从没有真正的平和。这样的状况将在生化时代得到彻底改变，因为我们已经具备了改写基因程序的条件与能力。

这个改变将深刻改变人的内在心理、人际关系和生活态度。

生活成为生命的打开方式

2022年，"活下去"成了热词。事实上，在我们已知的人类历史上，活着一直占据主体地位。为了活着，可以苟活。为了消解苟活的屈辱，便去践踏别人的尊严，来成就自己的自尊。许多人在卑微的"内卷"中挣扎，却不得不把可怜的"内卷"美化成不屈不挠的奋斗历程。不被别人"卷"了，就是成功；能够"卷"别人了，就会特别骄傲。尽管一些智者、贤者或圣人，始终致力于将人的姿态拉升起来，向着"诗与远方"优雅地飞翔，但收效甚微，且极不稳定。没有什么好办法，毕竟活下去是大多数人的第一选择与现实选择。"诗"不能当饭吃，去"远方"得有干粮来支撑。

大多数人在大多数时候，都在不自觉地使用"双标"，对内部人是一套标准，对外部人是另一套标准，谁都不认为自己有什么不妥。你心中的英雄，他人眼里可能是十足的恶魔；他的正义之举，在你这里可能是邪恶行径。人们各自为了自己的美好生活，去挤压别人的生存空间，从而拉低了彼此可能的更好生活。所谓同行是冤家，绝大多数人是通过贬损别人来建立自信与自尊的，亦通过拉低别人来获得自己的成就感与优越感。所以，一个人有才华就有潜在风险，有贡献就有现实危机，有突出贡献就是有重大危机。

生化时代，生活将是生命的主要展开形式，不会再为活着而忍辱负重与含辛茹苦。每个生命都将以独特的生活方式运行于宇宙之间，因独特而自信自尊，因自信自尊而无需践踏别人的尊严。梨花带雨、杏花含露、菊花弄霜、梅花携雪，各有所爱、各具风骚、各美其美，共同成就了自然之美，一并织就了花花世界。谁也不必指责谁，谁也不必仰望谁。

这种生命范式的转变来自哪里呢？来自科学技术的巨大进步。有了基因编辑技术，人们可以优化基因程序，不必再与人性之恶作艰苦的自我斗争。有了生产力的跃升，人们摆脱了必要劳动的限制，走出了短缺经济的困顿，不必再为"五斗米折腰"，也不必在职场与社会中钩心斗角。更重要的是，源于科技的"加持"，人们眼中的视界与世界、心中的时间与空间均大为不同，世界观、价值观、人生观亦为之大变。

"井底之蛙"飞起来

客观世界客观吗？时间和空间独立于你的意识之外吗？对此，人们有完全不同的认识。不少人觉得这些思想游戏跟自己的生活没有什么关系。然而，事实并非如此。

我们都熟悉"井底之蛙"的故事。这只蛙被困在井里，可它并不知晓，便以为自己感知的就是全部世界以及世界的全部精彩。我们不熟悉的是，其实每个人都生活在自己的"井"里，每个人都觉得自己胸中有大海、心内有天空，鲜有人清楚地认识到自己的狭隘。

无论客观世界是否独立存在于意识之外，只要是我们认知的世界就不是客观世界。我们的时间与空间也不是独立于生命而存在的外部实体。我们的头脑参与了世界的构建，我们的头脑也会"扭曲"时间与空间。也可以说，空间和时间只是我们思维的工具。宇宙世界并没有时间，时间是我们把空间世界的静止帧连续运动起来的内在感觉，和我们观看胶片电影一样。

我们看到的连续运动的电影画面，在老鹰看来就是一幅一幅的静止画面。在科幻影片中，具有超能力的人可以轻松躲过子弹。子弹在我们眼里是飞速前进的，但在具有超能力的人眼里，子弹是一幅幅静止的画面。感知能力不同，外部世界便不一样，行动能力就有差异。

古希腊哲人讲的"飞矢不动"，说的就是时间与意识的关系；中国禅宗讲的"幡动、风动、心动"，说的就是外部世界与内在认知的关系。

在科学技术欠缺的时代，先贤哲人一再强调通过心性、慧根来突破感官的局限，让认知飞出"井"外，发现宇宙之时间的深远与空间的辽阔，避免生命在狭窄时空中拥挤缠斗的不堪。但对芸芸众生来说，突破感官的局限是十分困难的。到了生化时代，情况便大为不同了。

科学在持续地改变人们的世界观。在经典物理学中，过去被视为一系列确定性的存在，但根据量子物理学，过去与未来一样，只是作为众多可能性的连续体而存在。在经典物理学中，星际之间是巨大的空间，但在"黑物理学"中，空间充满了暗物质、暗能量，并无一处真虚空。科学家们在不断地给人们带来不一样的世界，并持续地改变人们的世界观。

科学在持续地直接提升人们感知世界的能力。生化时代，每个人都是科技"增强人"。尤其是眼睛与耳朵都会成为加强版的，再辅以各种先进设备的"加持"，我们感知外部世界的能力将以倍数关系增长，对时间与空间的理解也将与现在的我们完全不同。

时间没有过去与未来，有的只是现实存在的一幅一幅的连贯的画面，仅仅是我们的意识给时间赋予了"一江春水向东流"的意象。空间既不虚空也没有固定的模样，只是我们的感知与思维创造了"半真半假"的立体画面。我们曾经认知的时间与空间，不过是我们给自己挖的"一口井"。

如果我们感知的时间不再如秒针那样嘀嘀嗒嗒地流失，生活会不会变得更加从容？如果世界不再像今天我们看到的那样虚空，生命会不会变得更加充实？如果我们能够借助科技飞出"井"外，灵魂能不能更加优雅地翱翔？

前所未有的奢侈

一直以来，人们生活在奢侈的怪圈里，一边是奢侈品生意的兴盛，一边是对奢侈行为的讽刺与讨伐。社会文化也很调皮，一边鼓励消费，一边提倡节约。

生化时代，人们的生活将进入前所未有的奢侈。但是，这种奢侈是伴随着奢侈的转向展开来的。也就是由追求消费品的奢侈转向追求生活与生命体验的奢侈。

康德就将敏锐视为"智者的奢侈品"。美食家可以享受饮食的审美愉悦，大多数人吃饭只是为了填饱肚子。美学家可以享受丰富的审美体验，大多数人只能发出"太美了"的浮浅感叹。美食家的味觉比常人更敏锐，其味道世界是奢侈的；美学家的视觉比常人更敏锐，其彩色世界也是奢侈的。如果你对生活、生命敏锐，你就拥有了"奢侈品"，你的生活就是奢华的。

有一本书叫《纯感力》，提倡人们降低敏感度，以保持专注、增强耐力。纯感的确可以让人免受或减少外部的刺激与干扰，获得安静与专心，但它是以减少生活体验为代价的，与"奢侈生活"完全不搭界。纯感是感知不到或刻意降低感知，敏锐是感知丰富又能驾驭自如，从而享受奢侈的愉悦。所以，康德说敏锐是"智者的奢侈品"。

在量子世界，粒子的"生活"路线非常多，但其中绝大多数路线是相互抵消的，它大概率会走最合理的路线。能感知丰富性，又能选择合理性，粒子的这种能力便可以理解为由敏锐带来的"奢侈"。

奢侈即是自然。大自然的生活奢侈得很，它实现了艺术性、实用性与合理性的完美结合。就拿果树来说吧，它会开艳丽的花，结丰盈的果，散发着奢侈的荣光与荣耀，引得那些个蜂啊蝶呀在它身边舞之蹈之，既达到了"传宗接代"的目的，也过上了艺术性的生活。人类作为大自然的杰作，也是通过对奢侈的追求，创造并丰富了美。

可是，人们为什么要反对奢侈呢？

由于资源不足，一些人的奢侈生活，肯定令另一些人无法生活。生活困难的人就会对生活奢侈的人心怀怨恨甚至仇恨，这类情绪积累多了，就会造成社会动荡，弄得谁也不能好好生活。

奢侈的转向又是如何产生的呢？

当然科技大进步，使得我们利用自然的能力大提升，人们的基本需求得到满足，便开始琢磨如何变着花样地过生活。同时，科技也增强了人们的感知能力，让敏锐走进"寻常百姓家"成为现实。

感觉的敏锐细腻大多不产生于基本需求，它以脱离基本需求为前提，却对基本需求形成良好的反馈。

我乐故我在

之前的人类社会，基本上以受难叙事为主。有西方学者说西方文化是受难文化，而东方没有这种东西。这种观点还是有些瑕疵的。

人类违犯了神的律令，被发配到农场接受劳动改造，耶稣来到人间替人类受难。总之，神在受难，人也在受难。称这种文化叙事为受难文化确有道理。在东方的创世中，盘古经历了数万年，把天地分开，又把自己的身体化作世间万物，其中不仅有牺牲、奉献，还有持久的忍耐，这同样是一种受难文化。

投资痛苦期望换取未来的幸福，典当当下期待赎回来世的生活，承受苦难期待获得天堂的快乐，便是人类文化的主基调。短缺恰恰是这种文化形成的根源。因为短缺而必须持续劳动，劳动就得有吃苦精神；劳动的产出仍然不能满足社会需求，就得将牺牲、奉献等行为上升到高尚品德，以精神奖励来弥补牺牲或奉献者的亏损，或者用天堂与来生等"期货"作延期支付。东西方受难文化的主要区别在于：东方用精神福利即时补偿，西方用许诺未来作延期支付；东方是实时兑现的，但这种兑现技术难度很大，不太好把握，经常出偏差；西方是不用兑现的，操作层面没有什么工作量，但如何让人真信也是一个难题。

生化时代，或许人类会有新的文化叙事，不再以受难作为文化底色。原因嘛，无非是 AI 代替了一般人类劳动，物质极大丰富，客观世界的改变作用于人的主观世界，使其世界观、价值观与人生观为之一新。

或许快乐会成为文化的底色。尼采说："我思故我在。"未来，也许人们更认可"我乐故我在"。思来想去为的是啥？肯定是想痛苦少一点、快乐多一点嘛。这样想法应该更符合人性发展的趋向吧！

这个快乐是建立在新的价值体验基础之上的，并不是说没有痛苦、不要奉献。举例来说，未来的先进人物的先进事迹，可以不以悲情为基调，而是以体验快乐为主线。"苦行僧"式的典型人物，自有其时代意义，但不能永远出现在人类文明的惯常叙事中。因为这种典型叙事本身就是矛盾的，典型人物的理想与行为是追求幸福、导向快乐的，而典型人物自身却在承受常人难以承受的痛苦。如果这样的典型人物始终存在，那说明他们的理想是无法实现的，他们的奉献也是没有意义的。

人类需要在受难文化之外，构建新的故事。这将是一个以快乐为主题的故事。耶稣来到人间，不是替人类受难，而是教会人类体验生活的乐趣。盘古开天辟地，不是牺牲自己，而是通过创造来体验生活的乐趣。

以体验快乐为文化基调，向外的诉求便会减少，与他人在财富、权势等方面的比较也会减少，就有利于形成快乐的良性循环。

你看庄子，给高官不做，给财富有要；媳妇死了，他不是放声大哭，反而放声歌唱。在受难文化的叙事中，这就是一个怪人。可在庄子的文化叙事中，逍遥才是主旋律。在这种优雅的旋律中，别人心中的苦在他那里就可以成为乐。

苦与乐既具有实在性也具有虚拟性。受难文化既增强了现实之苦也增添了虚拟之苦。快乐文化亦同此理，但方向恰好相反。

生命的尺度

多数人都渴望长生不老，也有一些人有不同的想法。有的人认为不可能，有的人认为没必要。

科学技术已经证明，持续地大幅度地延长人的寿命是能够做到的。那么长生不老有没有必要呢？认为不必要的人，所考虑的角度主要是时间价值。他们认为，如果人能够不死，时间价值就丧失了，人们就会活得无聊，甚至会浪费生命。持这种观点的人至少忽视了生存环境这样一个维度。

我们现在重视并积极应对环境污染与气候变化，因为在现有生命尺度内，环境污染与气候变化已经影响到我们的生活与寿命。我们还知道，在更长的时间尺度内，会有行星碰击地球；太阳会因燃料耗尽而变大，并让地球变成火海；在更遥远的未来，宇宙会因膨胀而变得极寒，所有生命都会被冻死，宇宙最终急剧收缩，让一切存在物回归于无。但是，我们绝大多数人不会在乎这些问题，因为我们活不了那么久。

生命是不甘于灭亡的。蝴蝶知道冬天会到来，它无法阻止冬的脚步，只能改变自己以适应季节的变化。它在秋天里产卵，严冬里变成蛹，在春天里变成虫，在春夏之交化为蝶。人与其他生命有所不同，人既能持续改变自身适应环境，也能持续改造环境来服务于自身的生存。

当生命能够超过百年、千年、万年，甚至是长生不老，我们会浪费时间并感到无聊吗？大多数人不会。生命尺度变长，思想的尺度必然扩大，遥远的未来会走进思想尺度之内，那些影响生命延续的问题也就成了需要当下所思所为的紧迫之事。当我们的生命达到宇宙尺度，我们的生活态度便会和宇宙命运紧密地结合在一起，我们的喜怒哀乐都会突破肉体感官的局限。

生化时代，人类能够实现不同形式的永生。爱因斯坦的相对论告诉我们，速度越快，时间越慢。由此可知，生命变长，时间则变短。一万年很短，必须只争朝夕。那么多决定地球命运、宇宙命运的大事，都成为眼前的急事。就像我们进入高考的考场，忙着答卷，两个小时仿佛一瞬，哪里有工夫进入无聊！拯救地球、拯救宇宙，是人类的终极大考，我们还在赶考路上，尚未走进考场。

生命尺度决定生活态度与人生样貌。

"五眼"与春江花月夜

写散文的方法之一，叫作移步换景。欧阳修的《醉翁亭记》，就用了移步换景的技巧。有的人不用移步也能换景，因为他有许多"眼睛"，这些"眼睛"能够"看到"不同的东西。

佛学中说，人可以有"五眼"：肉眼、天眼、慧眼、法眼与佛眼。听起来很神道，其实也可以这样理解：肉眼就是眼睛具有的视觉能力，天眼相当于站在高空俯视，慧眼相当于内视自省，法眼当于看到了规律，佛眼相当于跳出人类看人类、跳出地球看地球、超越宇宙看宇宙。肉眼与天眼看的是现象，慧眼与法眼看的是内在、是规律，佛眼看的是原本、是多样性与统一性的共生。

除了佛之外，到底有没有人具备"五眼"呢？当然有。比如唐人张若虚。这个名字就颇有佛性。凭什么说他有"五眼"呢？有《春江花月夜》为证。

"春江潮水连海平，海上明月共潮生。"这是肉眼所见。"滟滟随波千万里，何处春江无月明！"这就是天眼看到的情景。"空里流霜不觉飞，汀上白沙看不见。"我们有许多"不觉"与"不见"，我们是不自知的、是有很多局限的，但是慧眼可以发现"不觉"与"不见"。"江畔何人初见月？江月何时初见人？"这是天问，超越了时空，超越了人与景，是佛眼所见，佛心所思。"人生代代无穷已，江月年年望相似。"生命代代相传，春水江月似乎年年重复，可相同之中又有变化。这便是法眼看到的规律。从"可怜楼上月徘徊，应照离人妆镜台"，到结语的"不知乘月几人归，落月摇情满江树"，诗歌便进入了"五眼"交流的意境，由此产生了春江花月夜与人的共生共情。这首"五眼"情歌感染了一代又一代的有情之人。

生化时代，我们可以借助科学技术，使得肉眼具备天眼、慧眼与法眼，唯一不能解决的是佛眼。佛祖的佛眼来自冥想。

张若虚不像李白、杜甫等诗人，有大量作品留存。他的《春江花月夜》被后人誉为以孤篇压倒全唐诗。他的"五眼"神功，或许正来自专注与沉思。生化时代的人们，已经完全摆脱了劳动的束缚，有了更多的闲暇时光，这就有了让冥想成为常态的可能性，也就有可能修炼出佛眼与佛心。

有了佛眼佛心，也就意味着世界观、价值观与人生观的跃升，也就意味着有了生命的大解放与生活的大自在。佛祖说，人只能自救，没有人也没有神能够度人。"眼睛"看不见，即使把你拉进仙境，又有什么用呢！成为佛的众生，也就明白，佛不是出世的，佛就在春江花月夜之中。

欢乐的科学

人类关于劳动的叙事，是比较混乱的。当我们讲到劳动与具体的人时，比如劳动模范的事迹，多是以苦为主线；当我们泛泛地说到劳动，一般是提倡热爱或者强调救赎。热爱受苦，似乎不太成立。不管怎么说，人们从事劳动多是为了劳动之外的东西，比如薪酬、晋升、荣誉、来生等等。劳动的目的在劳动之外。正是这些劳动之外的东西，将"热爱"与"苦"有效连接起来。

这种关于劳动的叙事，使人们对劳动的态度走向两个极端：一类人把工作当成生活的全部，不工作就无所事事，不劳动就不开心；一类人把工作视为生活所迫，以不上班为追求，一放假就立马充满欢乐。

劳动是必需的，时间是有限的。我们只能把劳动与休闲娱乐的界限划清楚，并将劳动强制化与崇高化。一个在后面推，一个在前面拉。

生化时代，人的生命大大延长，又有 AI 负责满足人们的生活所需，创造性活动也就成了人类劳动的主要形式，这就有可能让劳动成为生活的重要组成部分。

未来的科技活动，极可能以一种探秘游戏的方式进行。像小孩子玩迷宫一样，可以满足好奇心，还可以收获取胜的喜悦。科技活动原本就是一件有趣的事情，只是因为我们太过急迫、太过功利，才变成了刻板、辛苦、无趣的工作。当游戏成为科研工作的新形式，也就模糊了工作与休闲的界限；甚至让科技活动像今天人们热爱"掼蛋"一样，成为逮着机会就想摸两把的娱乐活动。

游戏将科技活动情感化、戏剧化、娱乐化，也就会创造出欢乐的科学与科学的欢乐。或许科学与艺术会成为同一界别，科学家也是艺术家。

前所未有的爱与情

当我们没有了物质生活的困顿，没有那么多天灾人祸，没有了频繁面对的生死离别，爱从哪里来、情从何处生？

悲剧感动人，不是因为卖惨，而是因为有崇高。崇高的东西必有一共同元素，那就是牺牲精神。罗密欧死了，朱丽叶就不再活。梁山伯与祝英台，生不能在一起，便决定死在一处，死了也要化作蝴蝶，双栖双飞。这种牺牲精神，现实中不是完全没有，也不是相当普遍，所以能够引起共鸣激发共情。

高度不够，需要崇高来补救；资源不足，需要牺牲来换取。罗密欧与朱丽叶的爱情得不到家人的认可，是因为仇恨与偏见。梁山伯与祝英台的爱情没能变成婚姻，是因为信息不对称、沟通有偏差。

如果身体可以重塑，容貌可以修改，爱情会不会走出"看脸"时代？如果物质不再匮乏，人人都能够独立生存，友情将以什么媒介构建？如果人类不再需要两性繁殖，亲情还有没有存在的空间？如果青春能够持续百年，生命可以跨越几个世纪，爱情是否还会追求海枯石烂心不变？如果没有天灾与人祸，友情、亲情与爱情靠什么来冶炼？

生化时代，物质极大丰富，信息高度发达，生命有了更长的跨度，利益的算计将大为减少，天灾人祸将大大降低，文明将出现跃升。因此，人们对崇高的定义或许会被改写。

或许牺牲精神不再是崇高的核心要素，代之以对正义的坚守与创造精神的推崇。或许我们对牺牲会有另外的解读，比如，燃烧自己照亮别人，或许可以这样理解：燃烧自己不是自我牺牲，而是自我成就，是生命价值的一种实现形式，是花样人生的美丽绽放。

或许亲情、友情与爱情都会被提纯，就是情趣相投、思想共振与价值共鸣。"亲"来自彼此相似，"友"源于能玩在一处，"爱"出自心灵契合。"情"就是心流，有时是涓涓细流，有时是大河奔流，有时是大海深流。不管情以何种形态呈现，都是真情实感。虚情假意已经没有必要。

人们还会不会为情所伤呢？既然情为心流，自然是变化的变相的。彼此不能相互激发的时候，心流就断了，因此伤心总是难免的。

大海里唱起欢乐的歌

19 世纪法国小说家凡尔纳写下了著名的"海洋三部曲"：《格兰特船长的儿女》《海底两万里》和《神秘岛》，讲述了海上搜救、海洋旅行、海洋探险的惊险故事，描述了海洋世界的神秘、神奇与美轮美奂，表现了人们对海洋的好奇与向往。人类从大海中走来，必定要重回大海。因为，陆地实在是太小了，而且人们老是在陆地上也太无聊了。

在地球上，海洋的总面积大约是 3.6 亿平方公里，占地球表面积的

71%；海洋的平均水深约 3795 米，大约有 13 亿 5000 多万立方千米的水，约占地球上总水量的 97%。目前为止，人类已探索的海底只有 5% 左右。与陆地相比，海洋面积要大得多，其中的资源丰富得多，里面的风景也优美得多。人类之所以在陆地上死磕，实在是出于无奈。因为人在大海面前，实在是太弱小，完全没有什么生存能力。

生化时代，人类生产与生活的重心将逐渐向海洋转移。海洋城市会取代陆地城市成为经济与文化中心。或许中国将在海上建立"海"字头的海星市、海马市、海豚市、海豹市、海龙市等。

海洋城市最有趣的地方，主要在海底。智能机器人在海洋里开展大生产，人们则主要在海洋中玩乐与探险。

第八章

其　他

高级元宇宙

生化时代，元宇宙的发展将达到二级水平，相当于现实宇宙发展到动物多样性，并且出现了社会性动物的阶段。

元宇宙世界的社会化是二级元宇宙的突出特征。元宇宙出现了社会化组织，有了不同群体。这些组织突破了地理界限、民族界限、传统文化界限与性别年龄界限，以共同兴趣、价值观等为联结纽带。人类组织建设的主要工作都集中在元宇宙里。现实世界的地域概念已经没有实质性意义。

元宇宙生态体系基本形成，由数字化产品发展到数字化生态。数字化的土地、山川、河流、海洋、林草、沙漠，数字化的植物、动物与万物，数字化的城市、乡村与各种生产生活设施等等，一个数字化的宇宙基本形成。现实宇宙中有的，元宇宙里都有；现实宇宙中没有的，元宇宙里也有。

人类成为元宇宙居民，现实宇宙与元宇宙的关系已经颠倒过来。人们不是由现实宇宙到元宇宙，而是由元宇宙到现实宇宙。人们常住元宇宙，也会经常到现实宇宙里活动活动。个人在元宇宙中的身份形象特质等构成自己的主体，在现实世界的形象成为次要的部分。这并不是说，人们会与现实世界疏离；相反，元宇宙的居民会对现实世界更加好奇。元宇宙是家乡，是"真实"；现实宇宙是他乡，是"虚拟"。

出现元宇宙纪年和元宇宙时间。人类世界将出现公历纪年与元宇宙纪年并存的过渡阶段，最终元宇宙纪年将取代公历纪年成为通用标准。同时，元宇宙标准时间将成为全球通用的时间衡量尺度。在元宇宙里，人们经常使用的时间不是时分秒，而是秒、毫秒、微秒，甚至更小的时间尺度。元宇宙纪年与元宇宙时间，更大的可能是在元宇宙发展的第一阶段就会出现。

人类成了元宇宙公民，不再从事现实世界的劳动生产，谁来提供人们在现实世界的基本需求呢？答案是：高度智能化的生态系统、高度智能化的生产系统、高度智能化的服务系统。

新的生命观

达尔文画了一张表，列出了结婚的好处与坏处，经过对比分析，做出了结婚的决定。达尔文的未婚妻是他的表妹。那时候人们还不知道近亲结婚的坏处，如果知道的话，达尔文可能会做出相反的决定。

达尔文确信人与猿猴是同宗，他这个表妹却是虔诚的信徒，这成了他们结合的一大障碍。经过沟通，相互达成谅解。毕竟，上帝是鼓励爱的。两人婚后生了10个孩子，长女安妮在十岁时病死了。当时，信徒们相信，人的夭折要么是对上帝不够虔诚，要么是有罪，反正是上帝公正执法的结果。安妮的死让达尔文非常伤心，但他更加坚信这与上帝没有关系；他的妻子也对上帝有了一丝疑惑；因为他们都清楚安妮是无罪的。

既然安妮无罪，那么安妮的早亡说明，要么上帝是不存在的，要么上帝是不公正的。

达尔文内向、怯懦，讨厌争辩，但他的理论是挑战性的，带来的结果是革命性的。人是自然演化的结果，与上帝没有什么关系。达尔文提出的这个全新的生命观，挑战了宗教权威，更给大众带来了不安，也给社会制造了混乱。

赫胥黎在这个新的生命观里，看到了自由、平等与友爱的土壤。他像一位斗士，冒着生命危险，奋力传播与维护达尔文的思想。赫胥黎坚信，生物比的是谁更强大、更聪明，并不考虑你是从哪里来的，你的创造者是谁；同时也认为，人应该有爱，人不能欺负人，人不能自己做事让上帝来负责，或者靠上帝来拯救。

由神创人到自然人，是生命观的第一次革命；由自然人到"后生物"的人，便是生命观的第二次革命。第一次革命只是改变对生命来源的看法，并没有改变事实；而第二次革命则是对生命来源的直接革命。生命不再来自一男一女的"活塞"式运动，而是有科技的鬼斧神工参与其中。

这次革命不仅挑战了上帝，也挑战了传统伦理。因此，基因技术一出世，便遇到了比进化论出现时更严厉更一致的抵制与打压。要革命就会有牺牲，但没有什么能阻挡住智慧生命迈向更高更强的脚步。既然有更好的选择，为什么要坚持传统的单一来源"采购模式"呢？

莎士比亚在《皆大欢喜》中写下这样一段话："整个世界是一个舞台，所有的男人和女人只是演员，他们都将进场和退场。"科技要探索人从哪里来，也要探求人到哪里去。人必定会死，是这个世界上少有的共识；渴望永生，是人们为数不多的共同理想。

人是要死的，是人类生命观的又一个重要组成部分。大神级的莎士比亚也没有摆脱这个生命观，这就是时代的局限。生化时代，科技将告诉人们，智慧生命的归宿不一定是向死神报到，永生的理想是能够实现的。人类的生命观也将因此被改写。

幼儿并不知道，世界不是围绕着他们转的，一旦得不到满足，他们就会哭闹。这是我们知道的，可我们并不知道，作为成年人更是无知的任性的。新思想新事物，一旦超出了我们的认知，或者突破了我们的传统习惯与固有观念，我们就会焦虑不安，就会抵触反抗。我们有很多执念，这些执念扼杀了更多更好的可能性。

人从哪里来？会到哪里去？人从宇宙中来，经过人类的科技加工，再到宇宙中去，与宇宙同在，并为宇宙持续创造新的意义。

旧的生命观是与地球生存配套的，也可称为地球生命观；新的生命观是与宇宙文明相匹配的，也可称为宇宙生命观。

由害怕死亡到追求能在

为了生命而否定死亡，生命本身就可能成为有害之物。不死的生命极可能自毁自伤。如果智慧生命得以永生，又如何避免生命本身成为有害之物呢？

永生都能办到，死亡又有何难？总有某些方法可以使生命"暂停"或终结。人可以不死，却不一定在场。人生不是活着，而是"在场"。死刑是将一个人彻底清除人生现场。"死刑"的另一种方式，就是把人变成活着的"局外人"。这类方法人类一直在使用。收进监狱、限制自由、剥夺权利、断网、查封"账号"、否定独特性等，都是在不同程度地制造"局外人"。某些场所，只允许特定群体进出；某些活动，只允许某一部分人参加；某些会议，只允许某几个人发言；诸如此类的做法，也是在制造"局外人"。夫妻分手，一方不让另一方探视子女；儿子结婚，不让曾经抛妻弃子的生父到场，也是在制造"局外人"。制造"局外人"，是一种惩罚措施，也是一种非常实用的管理手段。

没有死亡，生命可能自伤，但也可能更加来劲。人大多惧怕死亡。为什么？可能是对未知的世界的恐惧，也可能是不愿接受归于"火葬场"的统一性。海德格尔将恐惧归因于存在论差异。大多数人不喜欢同质化，希望在惯常面前显露出自己的独特性。专治被视为恐怖统治，主要原因就是它力图最大化地消灭人的独特性。

智慧生命没有了死亡的威胁，极有可能更加重视人生的质量，着力开启未曾开垦的内在，进一步突破一致性的存在，进入深不可测的存在，于深不可测中创造神奇，实现深度"在场"，开创与现实之间的新型关系。

由此在奔向能在，避免被逐出"现场"，或许是生化时代"科技人"的人生追求与内在动力。

可疑的自由意志

有网友说："看了《心居》，我控制住了灵魂对自由的渴望。"这话恰恰是对自由意志的生动注释。

看了《心居》，能够控制，正说明这个控制是《心居》输入的某些信息导致的结果，可见自由意志并不自由。这和电脑接受信息输出结果并无本质区别。有人会说，不对呀！同样的信息输入不同的电脑，得到的结果是一样的。可同样是看《心居》，大家的观感可是千差万别的。

电脑得到的结果相同是因为软件一样，如果你用不同的软件得到的结果就不一样。比如：你用拼音输入法的时候，敲击 RE 键，得到的是

"热"字；用五笔输入法得到的就是"扔"字。大家同样是看《心居》，用的是不同的"软件"，就有了不同的感受与体会。总有一些人用的是同样的"软件"，所以有共鸣。

人的"软件"为什么会有不同？人为什么会在同一情景下开启不同的软件？我们的"软件"有一部分是"标配"，每个人都一样。这是人类长期进化过程中形成的管用有效的程序逻辑，也是人们能够沟通理解与协调合作的基础。每个人的"出厂配置"在"标配"之外还有所不同，因为每个人的先辈们的基因也有细微的差别。还有一个重要因素，就是每个人都有自己独特的成长环境与生活经历，从而形成完全个人化的"运算机制"。这些"软件"绝大部分是自动或半自动运行的，基本不受理性控制。

我们每个人都像一台智能汽车，大多数情况下是自动驾驶，少数情况下才会"手动驾驶"。这种"手动驾驶"的感觉，就好像自由意志在"工作"。所谓自由意志，大致和你开车差不多。方向盘是在你手里，但你怎么走，能走到哪里去，都得看车子答应不答应、道路允许不允许，更关键的是你大脑里的操作"软件"并不是你自己自主安装的。你操控方向盘的自由空间其实不多，你必须对这台"车"负责。

生化时代，世界将有完全开放的全球共享"软件"库，供个人自由地"下载"，同时也有非常完善的"交通"体系，基本上能够满足你的自由意志支配意志的自由，自由意志将不再可疑。

03

第三篇

星际时代

首届奇特的宇宙奥运会将在火星上举办。奇特在哪里呢？参赛选手来自不同的星球，而且有着千姿百态的外形。看上去，更像是动物奥运会，又类似"机器总动员"。

为了适应不同星球的生态环境，人类选择了不同的内在特质与外在形态。有的是通过基因改造完成的，有的是通过物理"加持"实现的。

人的定义已经彻底改变。今天的地球人被称为原始人，也称为土著。地球文明进入新纪元，宇宙文明展开新篇章，好戏层出不穷。

第一章

概 述

星际时代的主要特征

地球文明由后人类纪进入超人纪；

太阳系文明初步形成，银河系开发进入热潮，宇宙文明建设规划进入有序实施阶段；

新的物理学产生，光速被突破；

物质生产可以"无"中生有；

精神由富起来走向强起来，超人的精神世界已经无法用现在的语言来描述。

智能时代，人类从劳动的必需性中解放出来，使劳动成为一种个人兴趣。生化时代，人类从繁殖的必需性中解放出来，使人类的延续以有计划的社会生产形式得到可靠保障。星际时代，人类从生命的有限性中解放出来，亦从资源的有限性中解放出来，使人类得以在宇宙中从容穿行，并担负起建设与繁荣宇宙文明的神圣使命。到那时，人类已经完成了对自己的超越，成为全新的智慧生命，或者可以称之为超人。

星际时代的标志性事件当然就是超人的诞生。人类与 AI 走向深度融合，再加上基因编辑技术的成熟与应用，使得人类的身体、心理与精神活动的运行机制得到了系统性重塑与升级，具备了在宇宙不同环境下的超强生存能力，从此彻底结束了人类自然进化的历史，完成了对自然人的全面超越，进而成为超级人类。超人才是真正意义上的"万物之灵"。

星际时代的外在特征是星际文明的形成。顾名思义，星际时代自然是智慧生命已经能够自如自由地离开地球这个"摇篮"，逐步在其他行星上建立起了相当发达的文明社会的历史阶段。在太阳系形成若干个行星文明是星际时代的起点，建立、发展超级发达的宇宙文明是星际时代的主题。

星际时代的本质特征是人的全面自由发展的理想基本得以实现。人与人之间的冲突、个人内心世界的冲突已经完全消除，自己跟自己过不去的历史宣告终结。星际时代，所有的生产与生活资料都是共享的，大家没有物质利益上的矛盾冲突，所有的分歧都只存在于方式方法的层面，都可以通过沟通协商来解决，不会引发激烈的对抗，更不会诉诸暴力。生产资料的所有制形式、生产方式、分配方式等只是根本性冲突消失的外部条件，而人类基因的重塑才是内因。自然进化的人类基因，在程序设定上是以自己"好"为优先选项的。经过重塑的超人的基因，在程序设定上是以让别人"好"为优先选项的。其原则是：要自己好，也要别人好，大家都好才是真的好。看到别人好的时候，心理的体验是愉悦的。换句话说，助人为乐不再仅仅是道德上的要求，还是生理与心理上的一种自然愉悦。

星际时代难道没有矛盾冲突了吗？当然有。其基本矛盾是超人要改变宇宙命运的愿望与改造宇宙的能力不足之间的矛盾。首先是保护地球生物，然后是如何维系太阳系文明的延续，之后就是如何避免宇宙的消亡。

星际时代的根本动力是神圣的使命感。这种神圣的使命感来自哪里呢？首先是对永生的渴望，由对永生的渴望衍生出对文明存续与发展的强烈愿望。要永生、要推动文明进步就必须推动科技进步，通过科技进步来改变自身与宇宙的命运。因为宇宙的命运和超人自身的命运、文明存续与发展的命运是紧密地联系在一起的，要拯救自身必须拯救宇宙。

天地间出现了智慧生命，似乎是一个偶然事件，但偶然之中有必然。"天地之大德曰生。"智慧生命的出现，既是生的一种形式，又是为宇宙万物之生服务的。

天地之大德

《易经》讲："天地之大德曰生。"可是，宇宙学家们断定，宇宙将灭亡，天地亦无存，生命亦因此而终结。那么，天地的大德该如何传承呢？

哲学家方东美提出，"生"代表的宇宙生命力蕴含五种意义："育种成性义、开物成务义、创进不息义，变化通几义，以及绵延长存义。"生生不息是生命的内在追求，不需要价值的教育，也不需要额外的任何激励。

地球会灭亡，宇宙也会灭亡。这事只有人这么认为，其他生物皆无法知情，所以人类必定要有不同的作为。有人说，人类需要自然，自然并不在乎人类。这种认识恐怕并没有理解自然之大德。人来自于自然，是自然的一部分，也是自然之特殊部分。其特殊就特殊在人类能够认识、利用并改造自然，并努力实现改变宇宙万物命运的使命。人需要自然，自然同样需要智慧生命。自然创造出智慧生命，可以说是个意外，但这个意外又可能改变宇宙的命运。

出路有哪些呢？以目前的认识水平来看，要么逃离地球，要么延长地球的生命；要么逃离宇宙，要么阻止宇宙的灭亡；不论走什么路，都需要同时改造智慧生命本身。归根结底，就是人类需要持续发展进步，使自身不断地迭代升级。星际时代，智慧生命将进入透彻地认识宇宙与生命，并致力于主宰宇宙万物命运的时代。

"天地之大德曰生。"这个"大德"将由智慧生命继承与发展。"生"就是生变，为续命而变。有人会质疑，现在许多年轻人都不愿生孩子了，奖励政策都不大管用了，还怎么传承延续？不愿生的确是个问题。但人类最怕的是认识不到问题，而不是解决不了问题。前面已经说过，智慧生命的延续，最终的解决方案，不是人生人，而是依靠科技来制造人。而且也只有经由科技加工，智慧生命才可能适应宇宙世界完全不同的生存环境。因此，智慧生命将进入一个更加多样性的时代，以适应多样化的生存环境与多样化的生活方式。

人类对生命改造升级的技术，从智能时代起步，到生化时代基本成熟，到星际时代已经进入到高级阶段。

走出人类纪

星际时代是超人时代，既是人类历史的延续，也是对人类历史的超越。如果说，由猿到人是智慧生命的一次大革命，那么由人到超人，则是智慧生命的又一次大革命。从此，智慧生命的面貌将焕然一新，宇宙的命运也因此为之改变。

根据已知的物理学定律，如下灾难大概会依次发生：在数十万年的范围内，气候变化可能给地球生命带来毁灭性灾难；在几百万年内，地球会遭到行星的撞击，造成生物大灭绝；随着太阳的能源损耗，太阳会变大，地球会变暖，先是地球变为火海，然后是太阳变得冰冷。最终，宇宙会解体为一团无生命的电子、中微子和光子雾。

但是，科学理论解释的自然不等于自然本身，物理定律也不等于自然规律。智慧生命的使命就是不断发现新的定律与规律，并利用它们改变自身与万物，创造更多的可能性。物理学家保罗·戴维斯写道："我们可以改变时间和空间的结构，在虚无中产生物质，并建立秩序。控制这种超力，将使我们能够随意地构造和改变粒子，从而生成奇异的物质。也许我们甚至可以改变空间本身的维度，创造奇异的有着不可想象性的人造世界。我们真的成了宇宙的主人。"

超人便是宇宙的主人。他们可以像上帝一样，把当下物理学家们"编写"的宇宙大戏改写为完全不同的剧本。他们的宇宙观是系统的整体的，视宇宙为一个生命大系统，把万物视为相互联系的生命子系统。他们没有虚与实的分别，没有真与假的区分，没有物质与精神的界限，只有认知维度的差别。他们的价值观是创造，没有好坏，没有善恶，没有得失，只有服务于宇宙生命绽放的创造。他们没有人生观，只有宇宙生命观。他们与宇宙万物同呼吸、共命运，以宇宙生命的延续与繁荣为己任。

超人还有没有私心呢？当然有。但是，超人与人类的一个重要区别，就是基因的"价值观"不同。他们身上是"让大家都好的基因"，而人类身上是"让自己好的基因"。人类基因程序中虽然有利他的内容，但在实际行动中，到底是以利他为先还是以利己为先，是完全不确定的、经常起变化的。而超人的基因程序中是把利他放在第一位的。不只因为超人的基因程序是经过优化重建的，还因为他们已经完全掌握了自己的命运，深刻地认识到自己的命运与宇宙万物命运的统一性，深刻地认识到了改变宇宙命运的必要性与紧迫性，也就能够让这个私以大公无私的形式呈现出来。

我们看到自己的父母疾病缠身，时日无多，我们就会千方百计给父母治病，哪怕倾家荡产；面对自己的孩子，我们会为他们的成长成才绞尽脑汁，哪怕节衣缩食。尽管我们也希望把有限的资源用到自己身上。超人具有超强的能力，具有超长的生命，宇宙与万物不只是他们的父母与子女，也是他们活着的意义与价值所在，还是他们活着的必备条件，因此他们没有必要像今天的人类一样，一边向往"诗与远方"，一边干着鸡鸣狗盗的勾当；也没有必要为了当下的日子去透支未来的生活。

物理学家惠勒说："一个条件，一个想法。"生物皆以条件来调适自己的生存游戏。超人的生活条件与我们当下的生活条件有天壤之别，他们的想法自然与我们的想法完全不同。

人类把智慧生命的"接力棒"交到超人手里，超人将以完全不同的游戏规则进行奔跑，从而创造与人类文明既有延续又有区别的文明范式。

进入超人纪

生化时代是后人类纪，星际时代则走出人类纪，进入超人纪。这是地球智慧生命发展史上的一个新纪元，也是宇宙生命的新纪元。

超人可以永生，这可是一个大事件。生命的尺度越长，考虑的就越远。现在很多企业都搞任期制、搞交流任职。它的好处，是增强在任者的紧迫感，促进企业效率的提升；其坏处是，现任大多不考虑长远。十分有限的任期，随时都可能被调离，领导者不可能真心实意地谋划企业的未来。今天应对气候变化的倡议之所以得不到有效落实，主要原因就是大家都知道自己活不了那么久。生命的尺度是非常重要的，只有与宇宙同在，才能与宇宙共命运。

超人将致力于破解不可见世界的秘密。可见宇宙与不可见宇宙并不是彼此分离的，但目前人类只能十分有限地认识可见世界。可见宇宙的一些秘密需要与不可见宇宙的秘密对接起来，才能发现更深层的规律。发现新规律，才能进入新世界，产生新动力，创造新纪元。超人将真正进入原本的"道"、最初的"一"，认识"虚"，了解"空"，最终把"空""无"与"实""有"透彻明了地统一起来，创造出解释宇宙的新理论、新观点。

今天，"躺平"成了一种心态，也成了一个热词。其实，几乎没有什么人真正愿意躺平，一些人选择躺平的原因是看不到出路，在没有办法的时候，被动地选择放过自己。如果生命可以永生，却对生存的世界知之甚少，充满无助与无奈，便可能选择醉生梦死。进入超人纪，由于超人破解了可见宇宙的绝大部分秘密以及不可见宇宙的相当一部分秘密，发现了新的天地，掌握了新的物理定律，因此就会对现实有着更大的热情，对未来有着更美好的期待。

超人纪的初级阶段是太阳系文明初步形成的阶段。超人接续人类太空开发的成果，在太阳系的大多数行星与卫星上建立起了比较完备的生产与生活设施，形成了星际交通与通信网络系统，建立起了经济开发区与城市群，可以有效开发利用整个太阳系的资源。部分星球得到改造，形成了与地球类似的生态环境。智慧生命的触角已经深入到广大的银河系，并像今天的人类探索火星那样，义无反顾地向银河系外的宇宙进发。

整个地球已经成为可调控的"智慧生命体"。超人可以控制地震，可以呼风唤雨，可以让试图与地球"接吻"的行星改变方向，可以让大海、河流与山川更合理地布局，可以调节微生物与生物的结构分布与生活节奏等。地球上再也没有自然灾害，没有逼迫人们自我隔离的疫情，也没有争夺地盘的战争，一切都是最合理的安排，一切都在合理地运行。

超人纪发展的主题就是如何为宇宙续命。

黑科技成为主角

星际时代的主要矛盾，是宇宙文明发展的需要与科技支撑能力不足之间的矛盾。所以，在超人纪，唱主角的是黑科技。这个黑科技不是今天媒体上炒作的"黑科技"。今天的所谓"黑科技"，都是可见物质领域的新发现、新技术；未来的黑科技是基于不可见世界的新发现、新技术。前者是假"李逵"，后者才是真"李逵"。真"李逵"登上科技舞台的中央，也是星际时代生产力发现水平的一个重要标志。

"三黑两源"（黑洞、暗物质、暗能量，宇宙起源、生命起源）是当今科学研究的前沿阵地，这里聚集的科技精英不少，却都在摸着黑行动，估计一时半会是看不到光明的。搞基础科学研究的人，真是令人敬佩！我们都熟悉盲人摸象这个成语故事。可他们摸的不是象，而是虚无，其难度比"摸象"大了上亿倍。他们中的大多数人，可能一辈子连个"毛"都摸不着，没有成果、没有名、没有钱，所有的努力都在为他人作嫁衣，甚至连嫁衣都算不上，可他们还是坚持在黑暗中"瞎摸"。他们是人类光明事业的伟大奉献者、牺牲者。没有他们这些人，人人都是睁眼瞎。

没法预计还需要几代人的努力，人类才能够在"黑暗世界"中看到光明。目前，在生命起源、宇宙起源上有了大量成果，但在"三黑"没有真相大白之前，这些成果只能算是阶段性的自圆其说。"三黑"占宇宙总量的95%以上，搞不懂它们，何谈理解生命与宇宙？

在智能时代，人类能够发现"黑暗世界"里漏出来的一丝"光"；生化时代，人类将打开"黑暗世界"的若干"窗"；星际时代，超人将破门而入，并逐渐将可见宇宙与不可见宇宙统一起来。在这个过程中，智慧生命可能会发现平行宇宙或多维宇宙，从而无限接近宇宙的真相。

"三黑两源"并没有"黑"到底，在它们幕后还有老子说的那个"道"、释迦牟尼说的那个"空"、物理学家找的那个"最初"，也就是创造"黑"的那个"黑"。超人的黑科技，就是看见我们今天感觉到的"黑"，以及产生这个"黑"的"黑"。只有看清了"黑之黑"，才能找到光明。

在黑科技发展过程中，会产生黑物理学、黑化学，会发现新的化学元素与新的材料，也就会有新基建与新生产。或许会有暗能量发电厂、暗能量飞船、反物质机器、黑洞高速等等，由此带来新生活与新文明。

科学以不可预料的方式发展着，在业已存在的技术上通过量变而持续发展。但是，质变才是推动发展的主要因素。破解"三黑两源"是一次质变，破解"黑之黑"又是一次质变。

国家成为历史

既然星际时代的主要矛盾是科技发展跟不上超人建设宇宙文明的要求之间的矛盾。那么，星际时代的生产关系与上层建筑，自然要更好地适应生产力的发展要求。星际时代的上层建筑如何与生产关系相适应呢？

智能时代，与生产资料的占有方式相关的阶级消亡了；生化时代，与基因相关的种族消亡了；星际时代，国家的历史使命已经完成，主权国家彻底消亡。

确立国家主权，是人类发展史上的一件大事。国家政权对维护国内治安、发展经济、改善民生等方面发挥了积极作用。国家也和任何事物一样，具有"两面性"。有了主权国家之后，战争次数大大减少，但战争的规模与危害却成倍提高，因为国家的组织动员能力太过强大。强国想维护与扩大自己的利益，发展中国家想得到更多的话语权，弱国想提高自己的地位，矛盾冲突如同经济危机一样，不可避免地周期性爆发。

随着生产力的发展进步，主权国家的弊端将日益凸显。

到智能时代，国家之间的壁垒已经成为生产力发展的最大障碍。不过，那时还可以通过多边经济协定等方式来缓解矛盾。在经济领域，各生产要素的全球流动将逐渐不再有任何限制，进入全球无差别阶段。到生化时代，国家将变成一个具有象征意义的符号，历史意义、文化意义远大于实际意义。等到星际时代，国家将彻底退出历史舞台，完全成为历史记忆。

国家消亡这件事马克思早就预言过了，也把条件与原因说得很清楚了。星际时代，全球面对着共同的重大问题，就是地球生命的可持续发展、宏大宇宙的文明建设。其中要做的任何一件事情，都需要全球的一致行动，单凭任何一个国家都无法完成。这时候，主权国家的存在就是落后的制度安排了。举个大家好理解的例子：农业技术基本成熟以后，必然产生帝国体制，带来邦国的消亡。但在帝国刚刚诞生的阶段，还要封诸侯王，当帝国稳定之后，就必须削藩。国家消亡，大致上也是如此。削藩往往被理解为政治行为，这种解读是片面的，从根本上起作用的还是生产力的发展要求突破局部利益、集团利益等的藩篱。

国家将以什么样的方式退出历史舞台呢？是和平还是战争？这是一个曲折的历史过程，期间一定有冲突有斗争，甚至发生流血事件与战争行为。但是，从总体上看，以和平方式实现全球治理一体化还是大概率事件。

主要原因还是科技进步。由于科技进步带来武器的杀伤力剧增，以至于任何一方发动战争都无利可图。利用科技进步，可以修正智慧生命的基因，使追求真善美成为基因的程序逻辑，进而直接消灭战争动机。

星际时代，地球很小，用不着那么多政权，更用不着那么多当官的。

星际发展"三阶段"

宇宙文明发展将是一个非常漫长的过程。大致上要分三个阶段来展开。

第一阶段的主题是迁徙。超人从地球进入太阳系其他星球，再开拓银河系，然后拓展到银河系外星系。接着进入第二个阶段，主题是分化。由于受交通、通信能力的局限，不同星系间处在弱联系状态，无法实时交流互动，也就会各自相对独立地形成不同的生产与生活方式，创造出不同的文明形态。第三阶段的主题是融合。随着科技进步，特别是交通与通信事业的发展，宇宙变成"一个村"，不同星系的交流活动增加，不同星系的文明逐渐走向融合发展。

这个过程大概会与当初智人从非洲走向全球的过程有些类似。智人从非洲走向世界各地，慢慢分化为黑人、白人、黄种人等若干人种，形成了若干不同的文明形态，如今由于现代交通特别是互联网的诞生，大家可以方便快捷地交流沟通，不只做生意，也在谈友谊，还在谈恋爱，不同民族相互通婚、日益融合，不同文明也在交流与碰撞中相互潜移默化，大约在智能时代会形成多元化与一体化相统一的全球文明生态体系。

非洲智人走向世界，演化为不同民族，创造出不同文化，最后又走向融合、形成整体，经历了20多万年的时光。那么超人走出太阳系，开拓银河系，再发展银河系外星系，然后再融合形成宇宙文明生态体系，也许需要数千万年的时间。

但是，超人是以宇宙时间纪年的，地球年的数千万年对超人来说，并不是十分漫长。

第二章

能　源

走到哪里哪儿能

红太阳，放光芒，照到哪里哪儿亮。超人的能源观是什么呢？太阳照到的地方，我有能源可用，太阳照不到的地方，我也有能源可用。一句话，走到哪里哪里能。

星际时代，超人可以充分利用整个太阳系的能量，并在这个基础上迅速发展，很快扩展银河系，并迅速向整个宇宙进发，自由地调配其中的所有资源，能源开发与利用水平将达到难以想象的高度。可以说是所到之处、无所不能。

我们现在可以了解和利用"四力"，但开发和利用水平还不太高。超人将能够科学精准高效地把"四力"的作用发挥到极致。

引力无声无息、无处不在，是宇宙得以"成团"的凝聚力。卫星运行、水力发电等都是对引力的应用。还有一种"引力弹弓"，可以利用引力推动宇宙探测器的飞行。运用引力透镜，可以获得一般方式难以捕捉的宇宙信息。未来，引力将成为智慧生命宇宙旅行的重要动力，超人可以乘坐引力星际飞船，像在大海上航行那样，行走于星际之间。虽然速度不那么快，但却足够便宜。既然彗星能够进行宇宙旅行，超人自然也可以让某个星球按照自己的意志来运行。引力也有希望成为超人改造宇宙的力量。超人借助引力，使用"一个杠杆"，便可以调动星球，如同调整自家客厅的布局一样，想换换花样就换个花样。超人也可以带着地球在宇宙中潇洒旅行，而不必像《流浪地球》展现的那样危机四伏、惊心动魄。

电磁力是我们目前运用最广泛的一种力，而且仍然在不断地扩展之中。粒子、地球、宇宙中普遍存在电磁力。地球上强大的磁场可以让人类免受宇宙辐射的伤害。我们最熟悉的电力生产是人类利用电磁力的最重要的方式之一，目前各行各业离开了电力都得歇业。近年来，电动汽车、磁悬浮列车等发展迅猛，以电磁力代替其他能源的趋势明显增强。到星际时代，超人可以利用电磁力进一步改变生产方式、交通方式，还可以改造地球及其他星球的自然生态。

强核力与弱核力是作用于粒子之间的力量，因此也叫短程力。弱核力是放射性衰变的力，强核力是原子核维系在一起的力。这哥俩虽然是短程力，但爆发力却极强，而且引力与电磁力都高度依赖它们的基础性作用。人类利用核力，始于战争激发。原子弹、氢弹都是军备竞争的产物。目前，在医疗、电力等领域都有一定应用。核能脾气暴躁、破坏力超强，我们对它们的了解甚少，只能小心谨慎地有限利用。星际时代，超人可以完全了解核能的脾气性格，使之更好地服务于宇宙生态建设。在微观领域，可以用它们制造新的粒子新的物质，可以用它们改造基因，以改良物种或产生新的物质。在宏观领域，可以用它们改造星球、建设与发展宇宙世界。在中观层面，利用它们发电是基本的，借助它们上天入地等，也都是必需的。

还有一种目前还一知半解但确实存在的力，就是那个让宇宙加速膨胀的神秘力量，我们称其为暗能量。超人将让它显出原型，并使之成为宇宙开发与宇宙文明建设的重要力量。

另外，还有一种一直存疑的力，姑且称之为灵力。比如说，思想的力量、精神的力量、意念的力量、意志的力量、冥想的力量、心灵的力量等，是否具有力的形态，是否可以构成力场，目前还属于玄学。相信超人可以破解这个秘密，或许会将其发展成为最洁净的能源。

不管灵力是否具有物质形态，以及能否作用于其他物质，它都将成为超人发展的重点。因为没有灵力的深度挖掘与高度发达，其他几种力越发达，就越可能导向毁灭。

全要素循环的能源体系

大自然中潜藏着无穷的智慧，循环发展就是其中一个高级智慧。只要有生物的地方，就有循环。即使在资源非常有限的雪域高地，也有着良好的循环机制。

雪域高原，原是基础，雪是主宰。没有土地与雪水，便没有草地。草地滋养微生物与小虫，小虫供养小鸟，小鸟可以传播草种，还能养活部分食肉动物。草地为羚羊等食草动物提供食物，这些食草动物又是雪豹等食肉动物的美食。微生物、小虫、鸟类与羚羊、雪豹等动物粪便又都是小草的美味，而动物的尸体既是一些鸟类的盛宴也是微生物的大食堂。这种生物群构成了一个相对完整的内循环体系。

雪还有一个重要的任务，就是调结构。当大型动物过多，威胁到循环发展的时候，雪就会较长时间覆盖草地，让那些贪婪发展的动物在饥寒交迫中减少存量，以保证内循环发展链的有序健康运转。

长期以来，人在大自然中扮演的是无序发展的大型动物的角色。智能时代，人对循环经济有了初步的认识，开始重视可再生能源的发展，却因依然贪婪，不能形成共识，不能知行合一。进入生化时代，人类虽有共识，却受困于能力有限，依然不能实现宇宙尺度的循环发展。

星际时代，超人在宇宙中的角色变了。由一号主角变成编剧、导演兼一号演员。超人剧本的主题是宇宙循环发展。故事由三条主线构成，一条线是宏观宇宙的循环发展，一条线是中观生态的循环发展，一条线是微观生物与物质元素的循环发展。宇宙万物都是故事里的重要角色。

在这个宏大的故事里，能源问题是系统循环问题。可见宇宙与不可见宇宙的循环，有机世界与无机世界的循环，物种与物种之间的循环，基本元素之间的循环等，共同构成了无限宇宙的循环发展。万物皆能源，能源在"能源"之外得到了不竭之源。

对于妄想、幻想与梦想，科学家们多依据物理学来判断其可能性，经济学家们多拿规律来说事。这种方法是有益的，但这种态度却有问题。物理学也好，规律也罢，都是与我们的认知能力有关的。鸟类有鸟的物理认知，蚂蚁有蚂蚁的规律认识，超人将有超人的物理学与发展规律。宇宙潜伏着无限可能性，每个物种的可能性皆以他们的认识为界限。人类生命的不断延长与生活的日益精彩，无不来自认知的提升。一切问题的本质都是认知出了问题。

在超人眼里，或许没有生命终将灭亡和宇宙必定终结这样的必然规律，更没有能源危机或资源枯竭这样奇怪的问题。

运营"脾气"能

大自然生气、发怒的时候，释放出的能量大得不得了，经常直接摧毁它自己的创造物，平时自以为了不得的人类也像老鼠见了猫一样吓得四处躲藏。超人不会像人这个样子。

超人可以有效管控运营大自然的脾气，山呼海啸、风雨雷电等都可以有序进行，并充分利用，从而让破坏性的力量变成建设性的能量。

大自然要发脾气，超人能管得了吗？人类会发脾气，因为我们有许多掌控不了的东西，让我们不舒服、不满意，时常会恼羞成怒。我们控制情绪的办法，一个是外求，通过提升能力，来满足自己的欲望；另一个是内求，通过降低需求，达到内心的平衡。大自然发脾气的原因也是基本相似的，也是需求受阻失去平衡造成的，也是对现实不满的一种表达。

星际时代，超人将破解大自然"情绪"变化的复杂机理，能够让它基本满意，不至于发暴脾气、急脾气，以此实现有效利用。那时候，天气是该晴则晴、当雨则雨；风是该柔则柔、当强则强；至于雷电嘛，也是可以管理并加以利用的；火山、地震等也会得到有效控制，大海啸也将不会破坏性地爆发，它们的能量也会得到充分的开发利用。

自然与人一样，破坏性的力量都是憋出来的。预防与利用、开发与保护是一件事情的两个方面。把这两个方面处理得科学合理，坏事就会变成好事，前提是要懂得。懂得与被懂得，都出正能量。

又冷又酷的冷聚变

不需要高温高压，能不能产生核反应？电网公司会不会不需要了？今天，大多数人会觉得不可能。但是，有些科学家不这么想。

科学与艺术一样，既需要激情也需要理性。科学家与艺术家一样也是浪漫与疯狂的。如果只有理性，就没有现在的科技成果，也就没有当下的现代化生活。在中国历史上，有许多孤独的文学家，比如李白、苏轼等等。在科学家群体中，这样的人物也很多。下面就说说在冷聚变领域里的几个孤独的前行者。

弗莱施曼与庞斯打算做室温核反应实验，但这样的实验项目前景渺茫，没有机构愿意出资，他们只能自筹经费，自己的钱花完了，只好去申请课题经费。他们在阐述自己的实验项目时，得到的不是支持而是嘲讽。大家都认为他们讲述的是一个疯狂的故事。没有钱，他们没有抱怨与"躺平"，而是另寻出路。他们想，也许不必花巨额经费，核反应也许不需要那么复杂的设备。

他们的设备就是一个烧杯。烧杯里放入重水，水分子中每一个氧原子都与两个氘原子相结合。再将一个金属钯棒的一端放入重水，另一端连接到电池的一侧；电池的另一侧连接着一个铂丝线圈，盘旋在烧杯内侧。金属钯吸收氢气的能力异乎寻常，在常温和常压下，能够吸收大于自身体积 900 倍的氢气。

实验发现，烧杯里的水温上升的速度远高于电池提供的能量。这多余的能量从何而来？他们的解释是氘原子的核聚变。

实验报告公布后，人们近乎疯狂地重复这个实验。美国能源部组织了一个由顶级科学家组成的委员会，对实验结果进行判断。科学家们给出的结论是：其证据不具有说服力，不宜建立专门机构研究开发冷聚变，一些关于冷聚变的观察结果尚未被认定无效。这等于判了个死缓。人们对冷聚变的态度立马变冷。但有一个地方对冷聚变的态度略有不同，那就是美国海军研究所。弗莱施曼与庞斯得以在这里继续从事冷聚变的研究。不过，支持这项研究的经费被列为"杂项开支"。就是说，这事是偷偷摸摸地干的。如果干成了，就能改变世界；即使一无所获，也没多大损失，也不用负什么责任。

有一个人的加入让这项研究出现了转机。这个人叫梅尔文·迈尔斯。迈尔斯继续实验，依然无果。迈尔斯想放弃。弗莱施曼告诉他，你可以换一种金属钯试试。迈尔斯换了更优质的金属钯再试。1990年12月，迈尔斯在《电分析化学》杂志上发表了自己的研究成果。在八次试验中产生了比输入时高出30%到50%的能量。但是，这篇论文并没有引起人们的兴趣。

2004年，美国能源部经过进一步的审查，承认了冷聚变研究的积极成果，并建议资助那些个别的、经过精心设计的冷聚变实验方案。

冷聚变再次出现新转机，得益于核科学家们想到了一种新的检验方法，就是用一种叫作CR39的塑料材料。之前，采用的是量热法。核反应会有高能粒子射出，如果将CR39塑料材料放进含有核反应的腔室旁，飞出的高能粒子会断裂这种材料的化学键，形成微小的划痕和凹坑。通过分析这些划痕和凹坑，就可以推断是否发生了核反应，以及产生的能量有多少。

实验结果如何呢？科学家们发现，将一块CR39塑料片放在一块贫铀旁边和放进冷聚变实验中，出现的结果是同样的。他们相信，他们得到了冷聚变发生的有力证据。

目前，冷聚变还处在实验阶段。相信在星际时代，冷聚变将进入实用阶段，可以为人类提供清洁的、几乎是取之不尽用之不竭的能源保障。

冷聚变可以带来更为多样的应用场景。或许我们不再需要星罗棋布的电力网，或许可以打造便于携带的激光枪，或许可以让《星球大战》中的激光剑成为现实，或许我们不再需要金属刀具。

冷聚变将开启智慧生命生产生活的崭新篇章。

看不见的反物质

对反物质与暗能量的研究，是当前物理学界的热点。大概不用等到星际时代，人类就能够对反物质与暗能量进行开发利用。之所以把反物质放在星际时代这一部分来叙述，是因为反物质与暗能量大概会给超人带来更多的可能性。

反物质，就是与可见物质相反的物质。物质的原子核带正电荷，电子带负电荷；反物质正好相反。《易经》上讲，一切皆为阴阳。如此说来，有物质就有反物质，当属正常。我们目前对反物质的了解约等于无，只知道它约占宇宙总质量的15%，而且脾气十分火爆，一碰到物质就会爆炸，随后像爆竹一样烟消云散。它爆炸会产生巨大的能量，因此人类希望将来可以作为能源来加以利用。虽说核聚变潜力巨大，有人说可以满足人类上亿年的能源需求。但这种认识是严重缺乏远见的。超人最终要改造宇宙，可见物质能够提供的能源与超人的需求相比，不过是九牛一毛。

反物质当然能够成为可利用的能源，但对反物质自身秘密的破解，可能会让超人掌握新的物理学原理，并进入到一个新的现实世界。据理论物理学家推断，在大爆炸初期，有一种场，可以将反物质转化为物质。如此说来，物质也可以转化为反物质。如果掌握了其中的原理与技术，则可能实现物质与反物质的循环利用。或许，也可以用反物质来改造可见宇宙，让它们充当超人走向宇宙的开路先锋。

反物质极可能是一个看不见的宇宙，相信超人能够看见并调控利用它。

虚无中的暗能量

特斯拉是爱迪生的助手，两个奇才在一起久了，就成了对手。真正的对手其实是以斗争的形式来相互成就的。爱迪生是一位会发明的商人，特斯拉则是科技怪人。我们今天的电气化基本上是在特斯拉发明基础上进行的，而不是名气更大的爱迪生。但如果没有爱迪生，大概就不会有如此富有创造热情的特斯拉。

特斯拉相信他能够在真空中获取无限能量，这违背了热力学第一定律，当时许多人觉得他的脑子出了毛病。谁知道呢！惊人的发现都不是常人完成的，或许正是脑子出了毛病的人才会有超出常人的能力。神经科学专家认为，牛顿等人的脑子也是有病的。现在看来，特斯拉的认识是超前的。宇宙能量的 70% 是由暗能量构成的。暗能量遍布宇宙，可能在你的身体里，以及你认为的虚空虚无里。空荡荡的宇宙既不虚也不空，只是我们看不到。

暗能量具有反引力，正加速宇宙膨胀。科学家们推测，暗能量构成了宇宙的基本框架。不能认识暗能量，就不能真正理解宇宙。对暗能量的认知极可能会修正或推翻现有物理学的基本定律。

我们已知宇宙中存在着四种力，暗能量的反引力则可能是第五种力。我们能够利用这个第五种力做些什么呢？现在无人能够回答。也许可以用作星际旅行，也许可以成为星际通信的媒介，也许可以实现物质、反物质与暗能量三者之间的相互转换。我更期待它成为超人改造宇宙世界的力量之源。或许超人可以通过操控暗能量，改变可见宇宙的布局，控制可见宇宙的加速膨胀，进而无限延长宇宙的生命。

或许，在理解了反物质与暗能量之后，星际旅行会变得简单易行，即使是改造宇宙也不比我们现在改造一栋大楼的难度更大。

互为能源的生态体系

一张元素周期表，可以解释一切。超人可能会在宇宙尺度上，绘制出一张新的元素周期表，它包含了可见宇宙与不可见宇宙的一切循环要素。利用这张元素周期表，再加上先进的技术手段，使宇宙进入良性循环的发展阶段。自然地，能源领域也将形成宇宙全要素相互转换、互为能源的生态体系。

超人要开展的是宇宙生态文明建设，要打造的是宇宙命运共同体。超人的目标是宇宙的可持续发展，必须在宇宙尺度上实现能源的相互转化、循环利用。

在《流浪地球》中，人们想的是带着地球离开太阳系，以躲避太阳灭亡给地球带来的灾难。超人也许不会这么想这么做。他们可能把太阳当作一个热力生产厂，可以连续地给太阳提供燃料，以保持它的正常运行。现在也有人畅想在我们的宇宙灭亡之前，能够利用虫洞逃到另一个平行宇宙，使智慧生命得以延续。或许超人不这么想与这么做。既然能够发现并进入另一个宇宙，为什么不能改造曾经赋予自己生命的这个宇宙呢？或许他们能够依据新的宇宙学原理，改变宇宙的结局。又或许他们发现人类拿到的宇宙剧本是一个盗版的假剧本，并从中发现光明的未来。

不管目前人类拿到的宇宙剧本是真是假，超人都会致力于建设宇宙万物的大循环体系。或许他们能够控制超新星的爆炸，把它们改造成能源基地。或许他们可以利用宇宙中的各种光，使它们成为服从于超人意志的物质资源。或许他们可以再造恒星与行星，并把它们调配到合适的岗位上去。或许他们可以实现物质、反物质与暗能量之间的循环往复。或许他们可以实现平行宇宙之间的能量交互。

星际时代，能源即是宇宙，宇宙即是能源。

虚无之力场

特斯拉有两个预言，一个是信息的无线传输，一个是电能的无线传输。前一个早已变成现实，后一个也必将成为现实。

我们知道，大自然的力，都存于虚无之中，看不见、摸不着，根本不用任何可见物质来传输。大自然就这样利用有限的几种力，建设宇宙，制造万物，并建立秩序。神奇不神奇？大自然就是智慧生命唯一的也是最好的学习榜样。我们有时候会说神的启示。神的启示在哪里？就在大自然之中。

比如，对电磁力的应用，我们现在是利用电磁场转化为电力，再用电力转化为其他形式的动能。超人可能会利用电磁原理建设更强大的电磁力场，再使用力场直接进行制造、运输、工程建设及城市建设等。

再比如，对于核力，我们现在的方向是使其汇集成强大的力量，比如转换为热能、电能与其他动能，为我们的生产生活服务。超人可能会增加一个新的应用方向，在微观上利用核力制造物质、材料，以及改造生物、包括智慧生命等。

我们现在习惯建设各种网，比如电网、交通网、互联网、物联网等，超人可能喜欢建设"场"。只要进了力场，就能够获得动力，就可以方便地借助某种形式的力实现自己的意图。

看似虚无的力场大概就是质子、中子、电子等各种"子"的生态园，是万物生成的"桃花源"。

"上帝粒子"能

我们已知的所有力，其来源都指向粒子层面。粒子是怎么产生的，它们之间发生了什么，目前还说不清楚，只能猜其一二。

物理学家们像剥洋葱一样，一层一层地剥开物质的外衣，希望找到物质形成的核心机制。一次又一次，他们以为剥下了物质的"内裤"，但每一次激动之后都会很快发现还有"内裤"。虽然时不时地尴尬一次，但收获还是不少的。一个重要收获就是发现了粒子层面的若干力场。可以说，这些力场相当于创造物质的"子宫"。

在完善标准模型的过程中，物理学家预言并在实验中确认了希格斯玻色子的存在，解释了希格斯场与希格斯玻色子的运行机制，认为它在粒子中处于中心位置，是传递各种相互作用、赋予其他粒子质量的粒子，并称其为"上帝之子"。这个称号，既突显了希格斯玻色子的地位，也说明了科学家们对它的一知半解。科学家们发现了一大堆粒子，一时半会还搞不清楚这些"儿子""孙子""重孙子"的脾气、能力与"职业"角色。

相信智慧生命将破解物质形成的核心秘密，掌握希格斯场、希格斯玻色子以及其他粒子场、粒子的构成与运作机理，并在这个基础上发展出工程应用技术。这就意味着智慧生命找到了力、能量、物质的源头活水。那时，智慧生命将实现粒子层面的能源开发利用，以及粒子层面的材料与设备制造，使得能源开发与利用进入更高级的阶段。

我们知道，在大爆炸之后，发生了许多事情。许多事情我们还不清楚，但我们知道氢的产生是其中特别重要的一件事情。在宇宙星系的故事中，氢一直是主角。没有氢便没有恒星的氢氦聚变，也就没有了宇宙生命。

有人说，氢能是终极能源。或许氢能是人类的终极能源，但绝不是智慧生命的终极能源。如果氢被耗尽，宇宙恐怕就会死亡。所以，弄清大爆炸发生瞬间以及之前发生的事情，找到粒子产生的源头，对宇宙、宇宙生命将具有决定性意义。

或许，希格斯场与希格斯玻色子就是从无变有、由虚到实的枢纽，打开这个枢纽，就可以进行无到有、虚到实的相互转换。

直接利用恒星

找到力、能量与物质的源头，可以有效解决增量问题。智慧生命不会放弃对存量的有效利用。比如开发恒星。恒星是宇宙中最牛的氢能开发组织。

恒星是巨大的能源供应商，也是各种元素的生产基地。银河系有超过 1000 亿颗恒星，而已知的宇宙有数千亿个星系，或许我们已知的宇宙只是宇宙的一小部分，其中的能源总量就已经大到不太好想象。智慧生命自然不会让它们白白浪费掉。

目前，太阳主要是以光的形式给地球生命提供能源。人类利用太阳能的手段还十分有限。星际时代，智慧生命不仅会充分利用太阳，还会开发利用银河系及其他星系中的恒星资源。

用恒星来做什么呢？一个是解决能源供应问题，另一个是作为物质生产的原料创新与加工基地。恒星在通过氢氦聚变产生能量的过程中，也产生"废料"。这些"废料"就是化学元素周期表中的基本元素，全都是宝贝呀！

恒星像春秋战国时的大秦，喜欢"远交近攻"。我们喜欢歌颂太阳，因为我们与它的距离保持得刚刚好。你要和它太近，它就会用各种手段弄死你。比如辐射、高温等等。当然，离得太远，它也懒得搭理你。

智慧生命要开发利用恒星，需要用到新的物理学、新的材料与新的思路。肉身是无法与恒星近身的。所以必须开发出用特殊材料制造的智能机器人。它们能够抗辐射，还能承受超高温度的烧烤。不过要让它们与恒星近距离接触也很困难，这就需要借助无形的工具来进行操控。大概需要建设一种力场，用来进行超远距离的操作。总之，恒星将成为"太上老君的炼丹炉"，可以在里面制造稀有原料和锻造新物质。太阳这个巨大的熔炉，从中心到表面，再到辐射区域，不同的区间有着巨大的温差，就像不同等级的"锅炉"，可以锻造不同的东西。

地球生命大概首先会探索金星，然后是水星，从中积累经验，再进一步向太阳靠近，由远到近、由低到高进行梯级式开发利用。先是利用太阳的光能，然后是直接利用太阳这个天然的"锅炉"群。

智慧生命可能会采用调整星系结构的方式来利用太阳系外恒星。尽管我们已经在银河系发现了超过 1000 亿颗行星，但类地行星并不多，更没有发现存在生命的星球。众多的行星紧紧围绕的一颗恒星，竟然没有生命存在，如何体现恒星的价值？未来的智慧生命一定会改变这样的状况，让一颗恒星至少有一颗行星能够像地球一样适合生物与智慧生命的存在与发展。

发现新能源

如果说宇宙产生于"奇点"的大爆炸，那么产生大爆炸的巨大能量又来自哪里？有人说，粒子来自振动的弦；有人说，虚空中充满了振动的力场。可振动的弦或振动的力场又是什么？如果我们如此穷追不舍，最后一定不是追到"空"就是追到"无"。

空是万有，无中生有。这就是"道"。老子说，道生万物，道又是不可见的。未来，超人有没有可能认识和把握这个神秘的"道"呢？只要它存在，就能够被认识。

如果超人认识理解了"道"，掌握了"道"的规律，就会发现新的能源生产与利用方式。所谓道生一，一生二，二生三，三生万物。这个"一"就是能量。"二"就是氢与氦，"三"就是核变发生的过程，万物都是核变的后续产品。那么，道是如何创造"一"这个能量的呢？能不能直接利用这种能量呢？又或者我们一直在利用着虚空中的能量，只是我们并不知晓罢了。

这个道，这个虚空，也可能就是一种秩序规则，甚至可以说是一座"监狱"，规定了万物活动范围与行动路径，一旦认识上突破了，可能就会发现我们现有的科学理论，都是对"监狱"制度的解读。那么，走出"监狱"将会发现其实并没有那么多的限制。在核能之外，一定还有更强大的能源品种等待着超人去开发。

第三章

交　通

交通的新维度

　　交通一直解决的是物体的空间移动，星际时代的交通可能会有若干新的维度加入进来，比如新的时间、平行宇宙等，移动的也不必一定是物体，也可能是意识、灵魂，或者是可以编程的粒子流之类的。

　　去远方、去更多的地方，是智慧生命的一种追求。有条件要去，没有条件创造条件也要去。这当然也就是交通事业前进的方向。

　　超人不满足于看与听历史，他们要到历史现场去看个真切。时间不能倒流，我们能够逆流而上，回到过去吗？顺流而下的小草坚信不可能，可鱼儿可以来去自由。常识告诉我们不可能，但打破常识是有可能的。从理论上讲，只要超过光速，就可以飞回从前，也可以飞向未来。星际时代，时间飞船或许可以在历史长河中穿梭往来。

　　宇宙如此之大，还不止一个，且神秘莫测，没有理由不去走走看看。管它多少光年的距离，任它存在于何处，只要你在，我就会到达你那里。在万年前，一个人终其一生走过的路程也抵不过现代人一天的飞行里程。一千年前，中国人想到的西方就是印度。一百年前，没有人相信人类可以登上月球。超人不仅要行走在星辰大海之间，还在漫步于多维宇宙之中。

一百年前，我们还认为引力是一个魔障，普遍嘲笑戈达德的飞天实验；如今我们又认定光速是一个不可逾越的魔障。或许我们只是被一个游戏规则困住而已，光速不过是一个吹哨的裁判，只需要我们一拳将他打翻。

物理定律就是悟理发现，悟到的理不同，定律也就不一样。

核脉冲火箭

先回到现实，说一说我们当前认识到的物理定律允许做到的事情。

在"猎户座计划"中，科学家构想了这样一款飞船：使用"迷你"原子弹作为动力，速度可能接近光速，能够在宇宙中飞行几个世纪。

这个设想是由氢弹专家斯·坦尼斯瓦夫·乌拉姆提出，导弹专家泰德·泰勒和物理学家弗里曼·戴森等做了更深入的研究。戴森认为，火箭发射产生的核放射将使附近的人产生癌变，强烈的电磁脉冲也会导致附近的电子电路短路。泰德·泰勒则担心"迷你"原子弹的制造，可能为恐怖分子所用，带来可怕的后果。1963年，《部分禁止核试验条约》颁布，这一计划随之停止。

1973年，英国星际学会通过了"代达罗斯计划"，目的是建设一艘核动力无人飞船，将其送达距离地球5.9亿光年的巴纳德星。这项计划在实施过程中遇到了许多难以逾越技术难题，也就被搁置下来。

虽然这些已知的宏伟计划因各种原因被迫中止，而事实上，一些具备核研能力的国家与组织从没有放弃太空梦想与实验研究。只是这些项目都是绝密的，甚至一些从事这项工作的人也不知道他们工作的真正目的。

固体或液体燃料火箭，一般有三级，在升空过程中逐级脱落。核脉冲火箭就是一个一个地释放"迷你"原子弹,以推动飞船运行。星际时代,作为地球智慧生命的超人,已经掌握了安全利用核能的技术,那么这种飞船也必然会飞翔于茫茫太空。

核聚变火箭的比冲是 2500—200000 秒,核脉冲火箭的比冲可达到 100 万—1000 万秒。一艘能接近光速的火箭,必须具备约 3000 万的比冲。比冲是发动机的一个效率指标。比冲越大,效率越高,速度越快。

不过,由于这一构想产生于 20 世纪 40 年代,并不一定要等到星际时代才变成现实,可以想见的是超人会有新的构想与创新实践,所以这种飞船大概很快就会被淘汰掉。超人极可能使用不可见物质作为飞行器的主力能源。

反物质火箭

坏脾气也会有好作用。《星际迷航》中"企业号"星舰使用的能源就是反物质。反物质的脾气就相当暴躁,只要一撞上物质,就会瞬间爆炸。

老百姓说一个人脾气特别差,会用"点火就着"来形容。但反物质的脾气出奇地差,不用点火就能着。这简直太棒了!棒就棒在用反物质燃料制作火箭,在制作上相当简单。将反物质放在安全的容器里,稳定地输送到一个室腔。它会在这里碰上普通物质瞬间爆炸,产生的能量从排气孔喷涌而出,推动火箭高速前进。

反物质转化能量的效率是百分之百。这个效率是惊人的!要知道,目前核武器的效率只有百分之一。乘坐反物质火箭登上火星,只需要几毫克的燃料和几周的时间。如果乘坐目前的化学燃料火箭,则至少需要六个月的时间。只用一茶匙的物质 – 反物质就可以让火箭飞行到半人马 α 星系。可以把一艘中等规模的宇宙飞船加速到四分之一光速运行,在几年内完成常规火箭需要几个世纪才能完成的旅行。

脾气差的人好找，但反物质不好找。目前，只能人工制造，但是成本太高。制造一克反物质大概需要 70 万美元。未来有两种可能，一种是制造成本大幅度下降，一种是在太空找到反物质。极有可能在智能时代或生化时代，人类就能够利用反物质与暗能量，但这类技术的成熟与大规模应用可能要等到星际时代。

至于反物质是什么，我们在后面再细聊。

真给力的暗能量

暗能量藏得很深，科学家们也不清楚它的构成情况与工作原理，目前只知道它具有反引力，是推动宇宙加速膨胀的力量。星际时代，超人将有能力掌握并利用它。

暗能量一个劲地让宇宙四散而去，它哪里来的这么大的劲头儿？为什么不受光速的约束？它推动宇宙膨胀的原因，有可能就是源于它的质量是可见宇宙的若干倍，反引力大大超过了引力。但是，按照爱因斯坦公式，速度越快，质量越大，物质达到光速时，会变得无穷大，就走不动了，所以没有物质能超过光速。暗能量有能量，可并不吸收、反射或辐射光，还可以超过光速，这说明它的世界里有不同的游戏规则。

西方人曾经推测，地球是飘浮在茫茫大海之上的；中国民间有"龟驮城"的说法。人的想象力很神奇，或许这个暗能量就是那个"海"与那只"龟"。科学家们猜测，暗能量构建了宇宙的基本框架。或许超人可以像操纵船只那样，让星球沿着一定的航线在"大海"里航行；或许超人可以诱导"龟"，向着他们期待的位置移动；或许超人可以像我们改变楼宇的布局一样，有限度地改变宇宙的结构；或许超人能够利用暗能量，建设全新的交通与通信网络体系。

暗能量的存在告诉我们，真空不空。既然不空，智慧生命就一定能让它发挥出更大更多的作用。或许用不了多久，中国就会诞生"庄子宇宙研究开发中心"。

骑着光束去旅行

星际时代，星球间形成了一个超级网络，我们姑且称其为"悟空超级快递网"。

这是一个强大的信息交互网络，其特别之处是它可以投递"人"。你可以通过这张网神游八极、漫游天际。它可以将你在一秒钟内发送到月球，几分钟内送达火星，几小时内送达木星，4年内送达比邻星。

之所以称它为"悟空快递"，主要是因为它只传"神"不传"身"，但可以让你变身；或者说它传送的是你的灵魂，还可以为灵魂提供灵活多样的外在形式。它把你大脑里那个精神上的"你"，传送到目的地，由你选定的介质将你承接下来。你在这儿可以成为机器人、机器猫或机器车等，成为什么全凭你的喜好和需要。等工作完成或玩够了之后，再把那个"精神你"连同新增的知识、体验与情绪等传回你的大脑。

"悟空快递"使用的是激光传输技术。激光的波长极短，足以承载你身体的全部信息，足以将你大脑的全部信息，包括你的性格特点等复制下来，这样你的灵魂可以骑着光束去旅行。"悟空快递"优势十分明显：一是快，可以达到光速；二是安全，不用担心行星撞击、宇宙射线等会危及生命安全；三是成本低廉，不需要飞船，不需要携带给养。旅客不受自身健康状况的局限，在旅行中也不用担心遭到事故或患上疾病。有些遗憾的是，当你的灵魂骑着光束去旅行的时候，你的时间是停止的，你在穿越的途中看不到任何风景。

为了满足旅行者观看风景的愿望，"悟空快递"会在沿途建立许多中继站，就像高铁的站点一样，旅客可以在任何一个中继站停下来，玩够了再走。

你给我过来

你与朋友约会，可以有三种方法，你过去，他过来，你和他共同奔向约定的地点。

如果你的朋友在另一个星球，你们约会的方法大概可以有四种：你飞到他那里，他飞到你这里，你和他飞到两个星球之间的某个星球，你和你的朋友都不用动也可以面对面。

这个神奇的结果是从何而来？爱因斯坦发现，时空是可以弯曲的。地球围绕太阳转动，起主要作用的并不是引力，而是大质量的星球弯曲了时空，使得地球不得不在这个凹槽里转动。运用这个物理学原理，你的朋友不用动，你们也可以面对面。打一个比喻：你和你的朋友，一人拉着一个床单的两头，中间放上一个大钢球，如果重力足够大，这个床单就会折叠起来，你和你的朋友就会面对面、手碰手。

星际旅行当然没有如此简单，你没有办法向太空扔出一个巨大质量的钢球。爱因斯坦告诉我们，速度可以转化为质量。你可以乘坐带有曲速引擎的宇宙飞船，让前面的空间产生弯曲，达到"你给我过来"的效果。

制造这样的宇宙飞船，需要特殊的能源，可能会是暗物质或暗能量。

"交通隧道"虫洞

如何理解多维时空、平行宇宙与虫洞，物理学家加来道雄曾经用苹果做过比喻，我把这个类比改编如下：

一个苹果上生活着许多小虫，它们相信苹果宇宙是平的。一只虫子突发奇想，要来一次说走就走的旅行。它不停地走呀走，结果又走回了原点。它告诉同伴，苹果宇宙是弯曲的，可能是圆的。同伴们都笑话它，你真是疯了！

这只虫子接下来又做了一件更疯狂的事情。它在苹果宇宙上挖洞，从上到下挖通了一条隧道。通过这条隧道，它穿透了整个苹果宇宙，直接落到另一个苹果宇宙。

然后，这只虫子又发现，它们的苹果宇宙只是果树上众多苹果宇宙中的一个，这些苹果宇宙相距很远，却通过一种神奇的东西（枝蔓）连接在一起。后来，这只虫子又发现，果园里还有众多类似的苹果宇宙群（一棵一棵的果树）。

科学家们认为，我们的宇宙只是众多宇宙中一个，众多的宇宙可以由黑洞连接起来，黑洞的内部可能有一个虫洞。这个虫洞可以成为宇宙旅行的快捷通道。黑洞对时空的扭曲并不像虫子在苹果上啃出的虫洞那么简单，但其中的道理是相通的。

黑洞是有去无回的单程通道，要建立双向通道则需要两个黑洞，用"爱因斯坦—罗森桥"连接在一起。黑洞的引力巨大，想出门不容易，这就需要再创建"白洞"作为出口。"白洞"具有反引力，可以抵消黑洞的引力。

科学家们预测，黑洞是极不稳定的。让黑洞保持稳定，也需要暗物质或暗能量参与其中。星际时代，超人将能够利用暗能量的反引力，创建稳定的黑洞、白洞。超人轻轻一跳，便可以瞬间到达远在另一个星系或另一个宇宙的目的地。

行走在时间前后

1895 年 3 月，特斯拉遭到高压电击，说不清这是不幸还是幸运。因为有人说，这次事故让他精神分裂；可他自己说，这次事故将他从正常的时间流中分离，让他可以纵览时间这个第四维度，从而在时空的大海中任意遨游。

特斯拉所言为实吗？可以肯定的是，没有物理定律阻止时间旅行，制造时间机器只是时间问题。

我们在空间里，可以前行，也可以后退，这很正常。可如果说我们在时间里，也可以自由地前进与后退，就会让人感觉这个人脑子不正常。当特斯拉说自己可以进行时间旅行的时候，人们就认为他是一个精神病人。可对于神奇的大自然来说，绝大多数人都是病人，只有像特斯拉这样的极少数人才是精神健全的人。大自然与大多数人对话，比一个成年人与一个婴儿对话还要困难百倍。

大自然总会找到知己，因为它有足够的耐心。1937 年，27 岁的范施托库姆发表了一篇论文，为广义相对论提供了一个精确解。这个解说明，广义相对论与大型旋转物体相结合能够实现时间旅行。大型旋转圆柱体可以扭曲时空，足以让时空形成一种螺旋式环形结构，迫使绕圆柱飞行的观察者回到更早的时间点。

1949 年，43 岁的哥德尔计算出了广义相对论的另一个解。这个解要求宇宙旋转，这种旋转可以导致时间回路的出现。在牛顿的宇宙中，引力让星球联系在一起，可这个引力似乎不可避免地会让星球无限挤压。牛顿只能说宇宙是无限的，没有中心，各个方向拉扯的作用会彼此抵消。或者说，上帝时间长了，会来调整一下秩序。哥德尔提出了旋转宇宙的见解。宇宙不必是无限的，也可以通过旋转产生的离心力实现与引力的平衡。如果宇宙旋转的足够快，就能够改变时空结构，让生命在时间中任意行走。尽管宇宙并没有像哥德尔想象的那样旋转，但他说明了，时间维度可能被引力扭曲，让时间旅行多了一条路径。

大自然的孤独的确也怨不到普通人。因为理解它是十分困难的，而且从理解它到走进它还有很远的距离与艰难的行程。制造能够时空旅行的旋转圆柱体是一项超级工程，需要将 10 至 12 颗高速旋转的中子星合并在一起。以人类目前的技术，无异于痴人说梦。那么，不用操纵中子星可不可以呢？可以，但需要一种叫作宇宙弦的假想的物质形式。宇宙弦是宇宙早期留下的古迹，目前并没有观测到它。一些宇宙学家基于物质与宇宙本质的理论推测了它的存在。宇宙弦是一种伸展穿越空间的超长纤维，质量巨大，每平方厘米大约有 10000 兆吨。要利用宇宙弦进行时空旅行，得有一对宇宙弦，让它们高速远离彼此，制造时空扭曲，当我们围绕它高速转动时，就可以回到过去。

或许空间只是在时间里展开，我们不过是一秒一秒地在时间里走过，而我们走过时空时产生的一切并没有消失，只是我们没有掌握回程的道路与方法。

加来道雄认为，时间旅行是有限制的。回程旅行的终点是建成时间机器的那一刻。也就是说，你只能在初次建成时间机器之后形成的历史中穿行。从现有物理学上看，他的观点是对的。但我更相信超人会推翻现有的物理学定律，可以自由地在历史长河里漫游。

超物质交通

超光速、超光速、超光速，这件被爱因斯坦判了"死刑"的事情，将在星际时代被超人"无罪释放"。

即使以光速运行，穿越银河系也需要十万年的时间，在星系之间来往则需要上百万到上亿光年。相对来说，这样的速度在星际间回来，与老牛拉破车没什么差别，太不给力啦！即使超人可以长生不老，这样的交通状况也是不能让他们满意的。

爱因斯坦像一位裁判，他告诫我们光速的界线是不能逾越的。我们与我们已经知道的存在物都习惯了遵从他的裁决。在比赛场上，有遵守规则的运动员，也有不遵守规则的运动员。在宇宙中，有物质，也有反物质；有能量与暗能量。物质、能量遵守爱因斯坦的裁决，反物质、暗能量则不那么听话。在物质与反物质之外，可能还有超物质与反超物质。它们根本对爱因斯坦不屑一顾，超过光速就和玩儿一般。

超人可能会运用"超物理学"原理，利用超物质工程技术，使用超物质材料，建设星际超光速交通网络，制造超光速交通设备，让星际旅行变得像我们今天的城市旅行一样快捷，也和今天的高铁一样舒适。

高维度旅行

长期以来，人们认为空间是三维的。爱因斯坦发现，时间和空间是一体的，而且时空是弯曲的，这才让我们有了四维时空的认知。没有这个认知，就没有今天航天领域的空前成就。

人们常说降维打击，意思是不在一个维度的较量，一方摧毁另一方是相当简单的事情。小鸟吃虫子，像吃地上的一粒米一样，毫不费力。

现在，科学家们提出了多维时空的推测。如果时空不只是四维，那么交通也就不是现在的状况了。打一个比方：一条苹果虫子，只有平面这个维度的认知，它从一只苹果到达另一只苹果的方法，只能从当下这颗苹果爬到果枝上，沿着果枝爬到另一颗苹果，极可能终其一生也爬不到另一颗苹果上去。可在树上觅食的小鸟，从一颗苹果到另一颗苹果，可能只需要迈出一小步；从一个枝头到另一个枝头，叵能只需要一个跳跃。

鉴于我们对宇宙知之甚少，或许在虚空中隐藏着一些时空之门，只要发现并能够打开它，就可以走近路。如同现在的一些旅馆，它的有些房间与房间之间有一道门，关上这道门，就是两个独立的房间。从这个房间到另一个房间就得走出去，再从另一个房间的正门进去。如果打开这道门，两个房间就只有一墙之隔。事实上，在超过四维的时空里，门与墙可能都是虚空的，没有墙或门可以阻挡高维生物的自由穿行。

佛说，一切皆为执念。心学说，心外无物。超人或许有更高维度的认知，把交通变成我们无法想象的样子。比如到月球上去，就是一个迈步的事情。

如果多元宇宙是存在的，宇宙之间的旅行极可能不像我们想象的那么困难，可能简单得像小鸟从一个枝头跳到或飞到另一个枝头。

引力屏障罩

我们受益于引力，也受制于引力。在太空上，我们能够很轻松地飞起来。在地球上，我们要飞行，就得克服地球的引力。引力虽然不大，却是我们地球交通的最大问题。如果我们要到比地球质量大得多的行星，其引力也给我们的降落制造了许多技术难题与安全风险。

电磁波是可以屏蔽掉的，引力能否屏蔽呢？目前，我们还找不到这样的原理、技术与物质。但是，从阴阳相伴、万物相生相克的角度来看，能够制服引力的东西应该是有的，只是我们还不懂得、尚未发现。

或许，星际时代的智慧生命能够破解引力的核心秘密，找到引力的真正对手，让我们的交通运输变得更加省时省力、顺心如意。

也许他们可以制造一种引力罩，或者引力隔板，让移动物体与引力隔离开来。如此，舰载机在航空母舰上起飞就不再需要电磁弹射，火箭发射时消耗的燃料就会大大减少；汽车、火车与轮船都成了超低能耗的飞行器，而且也不需要修建那么多高速公路、高速铁路；宇宙飞船可以根据需要随时打开或关闭引力罩，以适应不同飞行环境与任务的需要。

也许引力并没有那么执着那么痴情，非要和万物粘在一起，只是我们没有正确理解它的心思而已。我们知道，暗能量是反引力的。或许在这里可以找到摆脱引力的"套路"。

第四章

通 信

全域通信时代

星际时代，通信发展的最大特点是全域性与即时性。信息交互将覆盖宇宙世界的方方面面，整个宇宙世界就是一个宏大的信息网络体系。

这个网络可以与历史交流，让每一段历史都变得鲜活，可以观赏，也可以对话。这个网络可以让万物交流谈心，从基本粒子、物质材料，到田园山川、河流大海与城市星球；从微生物、植物，到动物、智能机器与智慧生命；从物质、反物质、暗能量，到超物质、超能量；从信息数据、理论思想，到情绪情感、意识与潜意识；从梦境幻觉，到灵感灵魂；从虚拟宇宙，到实体宇宙；从可见世界，到不可见的"虚空"。它贯通古今，包罗万象。

最大的难题是如何超过光速，实现星系之间、宇宙之间通信的超宽带、低延时。目前，我们主要是通过光来认识世界、理解宇宙的，因此我们必然受到光的局限。世界并非我们今天认识的世界，宇宙并非我们今天理解的宇宙。我们对光只是知其然不知其所以然，何况还有似乎与光不相干的无尽的"黑暗"是我们几乎一无所知的呢！也许光速的秘密就在"黑暗"之中，也许"黑暗"之中有着比光速更快的东西。宇宙之中一定还有我们认识不到的物理学等待着智慧生命去发现去运用。

星际时代的通信运用的物理学原理主要是今天未被发现的，利用的工程技术大多数是今天无法想象的，使用的材料设备大多数是今天意识不到的。

想象不到的，自然无法言说，也就只能凭当下现实与有限想象先说个皮毛。

记忆取代自传

人老了，喜欢给子孙讲自己过去的故事。名人一般都有自传，或者自己动手，或者由别人代笔。大多数人都希望自己的故事可以永远流传下去，与未来有所交集。

星际时代，记忆本身就是自传。超人可以随时把记忆下载保存，成为最真实的自传。也可以把自己的记忆进行分类，形成"专业"性的自传。如果你想加工自己的自传，把记忆下载下来，进行编辑就可以了。可以转换成文字，也可以转换成图片或视频。这个自传可以完整细腻地反映你复杂的心理活动与情感变化。其中有些部分，可能你自己也会觉得陌生。自己认识自己、理解自己是记忆性自传的一个特别重要的功能。它的现实意义可能大于历史意义。

现在，许多人喜欢晒图片、发视频，而且特喜欢美颜；超人可能会直接"晒"记忆，有些超人大概也会美化自己的记忆。

超人美化记忆的过程，就是当下的自己与过去的自己交流的过程。这种美化也是对自己未来的一种期许。而这些美好记忆的传播，既是与他人的沟通，也是对当下世界的一种构建。

现在，我们的大脑忘记什么、记住什么并不能完全由自己作主，如果我们做了什么不合理不合适的事情，大脑会悄悄地给我们的行为找个理由，心理学上称之为"合理化"。随着超人大脑功能的持续增强，他们将可以直接在大脑中编辑自己的记忆，直到自己满意之后，再上传网络或下载保存。他们也可以将自己不满意的记忆永久删除，直接忘掉，而不用再需要有一个合理化的过程。

实时自体通信

人自身有多个通信网络。有以电信号为主的，有以化学介质为主的，有以气息为主的。没有这些通信网络，我们就不能正常工作与享受生活。这些网络虽然足够先进，但却不足够理想。

这些网络很脆弱，很容易出故障。像大脑的通信网络，就经常出差错。比如，你刚离开家门，就忘了是否锁门，你想给自己的海马体通电话，问问当时的情况，有时候就打不通，就只好再回去看看。喝大酒的时候，它还会断线，说过的话马上就忘，车轱辘话没完没了。更严重的是到有的还会"串线"，出现信息混乱。

这些网络覆盖面不全，存在一些盲区。比如，我们的肺部就基本没有信号，那里存在什么问题，我们就不清楚。等到感觉它运行不正常的时候，往往就没有办法补救了。

这些网络也不太灵敏，传递信息不够及时。比如，当某些细胞出现小毛病，就不能及时上传给大脑指挥中心，直到问题相当严重了，才发出求救信号。这时候，要么为时已晚，要么得付出很高的代价。

我们身体的通信系统还有很多缺陷。尽管如此，也能基本满足我们在地球自然环境当中的生存需要，但是超人面对的不是地球自然环境，而是科技高度发达的超自然环境和更加复杂的宇宙自然环境，因此也就必须对自身的通信系统进行科技改造，实现升级换代。

超人可能会在身体内派驻纳米机器人，以增强自身的通信网络功能；也可能运用基因技术，改造自身的通信网络；还可能利用化学元素，改善自身通信网络的性能。当超人选择非碳基生命介质的时候，会利用新的自体通信技术，可能会用到"黑物理学"原理，也可能会使用超物质材料与技术。

引力波"通信"

爱因斯坦的相对论预测了引力波的存在，物理学家泰勒和他的学生发现了引力波的存在。在爱因斯坦看来，时空在伸展或压缩的过程中会产生振动，由此产生了引力波。它是时空弯曲所产生的效应。如果把宇宙当作湖面，把星球当作石子，引力波就是石子投入湖面时产生的涟漪。

引力波的主要来源有：相互作用的致密双星，高速旋转的致密天体，超新星或者伽马射线爆发等；也可以说，只要是有质量的物体加速运动，就会产生引力波。引力波以光速飞行，充满整个宇宙。它有一个重要的特性，就是可以穿透任何物体，到达电磁波不绕道就过不去的地方。

引力波也是宇宙历史给后人留下的古老信息，可以传递遥远的宇宙、黑洞与其他奇异天体的信息。所以，引力波的发现是宇宙学上的一个大事件。历史上，每一种新型辐射的发现和利用，都会为天文学开启一个新纪元。第一种类型的辐射是可见光，伽利略用它来探测太阳系。第二种类型的辐射是声波，它最终能够使人们深入到银河系的中心，发现黑洞。引力波或许能够揭开宇宙最初的秘密，揭开可见物质与不可见物质以及超物质的神秘面纱，也许会发现我们现在不知道的东西。

也就是说，引力波可以让智慧生命与遥远的过去"通信"，也可以将即时信息传递到宇宙及星体内部，可能会成为宇宙物联网的一种重要的信息传输方式。

与过去通信

我们可以把信息留存给未来，却没有办法把情感向一位过世的亲人表达。我们已经接受了这个现实，但科学家们不甘心接受这样的现实。

有位叫麦克斯韦的人，喜欢研究光。他觉得光受到不同力的影响，就把电波与磁波一同考虑进来，发现光本身就是电磁扰动。麦克斯韦把他对光的分析写进了数学方程。当人们求解麦克斯韦关于光的方程时，得到的是两个解：一个是"延迟波"，代表着光从一点到另一点的标准运动；一个是"超前波"，光从未来回到过去。

光从未来回到过去，现实中没有这样的物理现象，所以"超前波"这个解被大多数人认为不过是数学存在，并没有认真加以对待。

总有人例外。

20世纪，两位伟大的物理学家费曼和惠勒对麦克斯韦方程的两个解提出了新的见解。他们认为：源原子与目标原子之间的互动是双向的，一个光子从源原子运动到目标原子，对应的是"延迟波"；另一个光子从目标原子出发在时间里逆向运动，在延迟光子发出的同一时刻到达源原子，对应的是"超前波"。

粒子能够在时间里逆向运动，那么制造向过去传递信息的系统从理论上说就是没有问题的。只是有一个时间限制，它的截止日期是时光通信系统投运的时间。如果它在2122年3月3日投运，生活在2222年的人，只能把信息送到2122年3月3日及以后的人，不能传送给2122年3月3日以前去世的人。

在时间里逆向运动的可能是负能量电子，目前我们还没有办法驾驭它。星际时代，超人可能会掌握这一工程技术，不仅能够和过去通信，或许也能够实现时空穿越。

与活生生的历史面对面

穿越到过去，可以看到那个时间点的全貌，我们也可以在现实中再现历史片段，随时进入到这个"片段"中与历史人物交谈。

超人可能会建设超级历史公园，利用再生技术再造生命。其方法大概有两种：一种是运用AI技术，一种是运用DNA复制技术。那些留下大量文字、图像记录但没有留下DNA的著名人物，像孔子、秦始皇、李白、苏轼、王阳明等，就可以根据他们的思想、性格等再造他们的大脑、外貌与形体，让他们成为活生生的人。那些既有文字、影像又有DNA的人物，则可以让他们重生，再把他们的思想与性格输入其大脑，让他们如大梦初醒一般活起来。这些人物将生活在不同主题的园区里，有时候也可以到其他园区"出访"。

他们会不会希望参与现实生活呢？或许有的人会、有的人不会。但要看超人怎么想，不取决于他们自己的意愿。在超人那里，创造历史人物大概和我们今天制作历史剧差不多，主要是为了娱乐，或者说寓教于乐，可能并不希望那些历史人物更多地参与到现实生活中来。

超人还会再造原始植物与动物，按不同的历史阶段进行分类管理，形成不同时期的自然历史公园。超人可以在地层与海洋深处找到相当一部分原始生物的 DNA，并让它们复活，把自有生物诞生以来的历史，变成一部活的现实。

和光叫板的快子

爱因斯坦不允许有比光还快的东西，但有一种粒子不服气，它的名字叫快子。快子就是要比光跑得还快。

快子非常奇怪。与一般需要增加能量来加速的粒子不同，它在失去能量的过程中会移动得更快；如果它失去了所有能量，就会以无限大的速度移动。普通粒子永远达不到光速，可快子起步就在光速之上。快子得到能量会减速，但永远降不到光速以下。

由于快子是比光还快的粒子，因此能够实现时间逆转。这个想法是德国科学家阿诺德·索末菲在 1904 年提出的。在科幻小说中，有一些不可思议的事情，炮弹会倒回到炮膛里，老人可以回到童年，死去的人也可以复活。这些现象可能在快子的世界里是真实发生的。在星际时代利用快子通信，不仅可以减少迟延，还能和过去与未来进行对话。如果用快子来制造时间机器，可以回到过去，也可以穿越到未来。

快子的静质量是虚数，它加速时会失去能量，可让它减速是件麻烦事儿。如果用它来制造星际飞船，一个巨大的困难是怎样让它停下来。或许让飞船在刹车的过程中制造物质是一种选择，或许如此可以实现能量的循环利用。

目前，"超前波"与快子，都还是一种理论上的粒子。但欧洲核子研究中心的科学家们，在 2011 年的实验中发现，中微子可以超过光速。不过，在以后的验证中，科学家们又否定了这个实验结果。可是，许多科学家相信快子的世界是存在的。

在我们的常识世界里，物体静止时其质量最小，获得能量后会加速运动，速度越快，质量越大。极有可能还存在一个相反的世界，处于光速之外。那是一个能量为负的世界，快子在那里获得能量的过程，则是一个减速的过程，能量越高，速度越慢，它的屏障恰恰是不能低于光速。星际时代，超人将破解快子世界的秘密，彻底突破时空的限制。

还有比快子更牛的

快子比光跑得快，但像快子这样身怀绝技的高手也不是绝无仅有。比如"量子隧穿"和"量子纠缠"。爱因斯坦把它们的行为称为"远距离鬼魅行为"。

"量子隧穿"，就是粒子可以直接在一侧消失，瞬间出现在另一侧，所需要的时间为零，所为称为"零隧穿时间"，这个就像神话小说中的崂山道士，可以瞬间穿墙而过。

人的想象力很难超越大自然的创造力。即使你没有崂山道士那样的法术，如果你持之以恒地撞墙，总有一天会穿墙而过。只是这个现象什么时候发生并不确定，时灵时不灵，这次成了，下一次成功可能要等上几万年。

"量子隧穿"效应，可以用于信息传输，可以发展隐身技术，也可以实现时空穿越。

前面说过，运用"量子纠缠"可以实现高速高安全度的量子通信。理论上说，利用"量子纠缠"，也可以实现时空穿越。量子虽然属于我们认识到的客观世界，但目前我们还不清楚量子世界的具体情况。或许在量子世界里，空间与时间压根就不是我们理解的样子。

星际时代，超人能够在粒子层面掌握物质的结构与性能，也就能够重建任何物质，也包括生命。因此，星际时代的运输系统与通信系统是部分重叠的。或许那时候，运输与通信就是同一个行业。

超物质通信

除了量子技术以外，超人可能会发明更新的通信技术，以实现比光速快到上百万甚至亿万倍的传输速度，最终实现星际之间的低延时乃至无延时信息传递。我们姑且称之为超物质通信技术。

超人生活在不同的星球与星系，动辄就是几十万光年的距离，如果不能及时交互信息，就会形成孤岛，分化为不同的星际文明。这个发展过程有可能与历史上非洲智人走向全球的进程类似。他们从非洲走出来，分别进入欧洲、亚洲、美洲等地区，由于没有通信、交通技术，便逐渐演化成不同的民族，形成了不同的文明。现代通信、交通技术的发展，又让不同民族、不同文明在加速变革、加快融合。

超人对低延时星际通信的需求是强烈的，他们能够如愿吗？从今天的物理学来看，根本就没有一丝一毫的可能性。但从历史发展的规律看，只要是人们需求强烈的事情，人类几乎没有不能实现的梦想。极大的可能是，超人在追逐这个梦想的过程中，发现了新的通信载体与通信方式。最主要的特性就是不受光速的限制，不遵守我们目前已知的任何物理定律，具有非电子信息传输能力，可以穿行于多维时空，善于不走寻常路。

第五章

生　产

智慧生命的彻底革命

进入星际时代，最重要的生产活动就是制造生命。因为智慧生命要向广阔的宇宙进军，与宇宙中万万亿的星球相比，百十来亿的生命存量实在是太少了。但是星际时代制造的智慧生命可不是今天的人类。

生化时代的人类是科技"加持"的后人类，到了星际时代，人类已经全面升级，系统改造为超人。人类的历史彻底终结，超人类的历史大幕开启。这是宇宙史、生物史、人类史上的一次全面彻底的自我革命。

这个事情，现在肯定有不少人是难以接受的。人类制造超人，有无奈的成分，也有主动的选择。我们知道，运动员如果不坚持训练，能力就会退化；酒量大的人，如果长时间不喝酒，酒量就会下降；身体任何功能，如果长期不做功，都会退化或废掉。现代社会，女生生孩子的愿望已经越来越低，目前多数只生一两个孩子，若干代人之后，即使想生也非常困难，何况无论男生还是女生想生孩子的意愿只能是越来越低，想生孩子的人也一定越来越少。所以，人类只能另寻出路。

人类不断地科学发现与技术发明，不断建设各种复杂系统，特别是AI、智慧城市、智慧网络等高度智能化的设备与系统的形成与日益自主精进，人类如果不改进自身，便无法掌握和驾驭这些智慧化的人造个体与系统，甚至完全被它们超越。因此，人类也只能通过科技手段来增强自身大脑与身体的能力。过去是人类推动技术进步，以后是科技助推人类自身改造、自我革命。

地球不能长期支撑生命的存在，智慧生命必须改造地球或者走出地球、走向宇宙，可人类的小身板不能适应不同星球的生存环境，也就必须重新设计与制造自己，以满足改造宇宙与建设宇宙文明的需要。

人类成为超人不仅面临着复杂的技术问题，还面临着更为复杂的伦理、情感问题，以及更深层次的社会问题、思想观念等问题。但再多再大再难的问题，统统抵不过生存问题。当生存问题摆在面前的时候，其他问题便不再是问题。

生存问题迫使人类制造超人，走出人类纪，迈向超人纪。未来，可能会有女娲生命发展中心、王母娘娘生命科技研究中心、赫拉生命管理与发展中心等超人制造组织产生。

重塑大脑

我们能不能成为超级天才？这事得问我们的大脑。大脑像宇宙一样神秘，人们对它也像对宇宙一样好奇。我们看《最强大脑》，常感自惭形秽。有时会想，都是父母所生，人家的大脑怎么那么强呢？现在年轻人为了生一个聪明的孩子，详细制定生产准备计划与具体工作步骤，把原本的情不自禁搞得给上班操作设备似的，这些办法管用吗？

大脑实在是太复杂了，但这个领域的科学家们一直在努力探秘，至今知之甚少。好在我们掌握了电磁原理，会利用各种波，可以不断创造出新的先进设备，比如我们熟悉的脑电图、核磁共振等，都可以在不伤害人脑的前提下，逐步揭开大脑的神秘面纱。

科学家认为，基因的变化与人类进化的标志性事件相关。人类的大脑在 500 万至 600 万年期间，发生过一次基因突变，让我们和黑猩猩分开。10 万年前发生了一次基因变化，现代人在非洲出现。大约 5800 年前发生了一次基因变化，这和农业与符号文字发生在同一时期。尽管人类智能出现了爆炸式增长，而生物信息学专家凯瑟琳·波拉德研究发现，只有 18 个碱基对自人类形成以来发生了某些改变。这是一个好消息，它意味着我们可以用较小的代价来破解基因与智力的秘密。从目前的科技能力来看，未来我们至少有如下几种方式来增强我们的大脑。

最复杂也最有效的手段是基因编辑。这需要破解大脑不同基因的各自作用与大脑运行的复杂机理。随着探测设备的进步与计算机能力的跃升，大脑终将会向我们"真情告白"，我们也就有能力通过基因编辑塑造最强大脑，使我们大脑的功能达到极限。另外，科学家已经发现 NR2B 基因可以像开关一样控制着大脑把若干信息或事件关联起来的能力，或许我们可以通过操控这个基因来改变大脑的运行方式，以适应不同的工作与生活场景。

最早最普遍应用的办法是药物增强。研究发现，一些化学元素，如多巴胺、血清素、乙酰胆碱等与人的记忆、情绪等密切相关；酶与基因的相互作用，可以影响到人的长期记忆。科学家们正在研究大脑运行的生物化学基础。未来，或许有"爱因斯坦"牌智力药片、"王勃"牌文学药片、"达芬奇"牌艺术药片，"霍元甲"牌运动药片、"贝利"牌足球天才药片、"贾宝玉"牌博爱药片等。我们可以在专家指导下选择服用合适的药片来增强自己的大脑。

最容易让人接受的措施可能是干细胞修复。长期以来，人们认为脑细胞不可再生。但这个认知已经被证明是错误的。我们可以通过干细胞，修复衰老的脑细胞，再造脑组织，以恢复和提升大脑的记忆等功能。用不了多久，我们的干细胞技术就会惠及脑疾病患者，并使所有人获益。

最有趣的方法是电磁与光学调控。我们知道，学习可以改变大脑的结构。未来，我们可以使用电磁干预，改变大脑神经元的连接方式；也可以利用电磁信号，将知识、技能等传输给负责长期记忆的海马体；这样就可以不再付出"一万小时"的努力，照样可以成为某一领域的专家。未来，可能出现知识定制中心，比如"鬼谷子"智慧定制服务中心之类。科学家们还发现，信息流以共振的方式连接不同的大脑区域，并不是完全通过神经元的连接。这可能是大脑能够无意识运作的主要原因。我们可以通过磁共振的方式，改变大脑不同区域的连接。另外，我们还可以运用光学技术，对特定的神经元进行照射，将它们激活或关闭。

最具创新性的途径是脑机互联与大脑再造。在大脑植入芯片，让人脑与电脑、互联网连接起来，这只是第一步。下一步，就是运用纳米材料在大脑植入电极，改善与增强大脑的连接，提升大脑的整体功能，同时实现大脑的互联。然后，可能会打破有机与无机的界限，制造出适应多种介质与各种场景的超级大脑。或许我们可以用纳米机器人，构建人造大脑。

目前，这些方向与技术多数已经在动物身上得到验证，少数正用于对人类脑疾病患者的治疗。因此，有许多愿景将在星际时代到来之前就能够造福人类。

设置身体模式

我们的手机可以选择静音模式、飞行模式，可以选择语音通话、视频通话与文字交流。我们的身体能不能任意切换不同模式呢？

切换什么模式呢？比如：做决策的时候，可以选择理性思维模式；欣赏艺术的时候，可以选择情感思维模式；休闲的时候，可以选择自由放任模式；学习的时候，可以选择记忆增强模式；参加不同的体育运动，也可以选择不同的模式。总之，我们可以根据需要，关闭与开启身体的不同功能，使身体内的功能与资源集中到最管用有效的地方去。

我们知道，有的人艺术才华突出，有的人运动技能超强，有的人科学研究能力超群，有的人管理能力一流，有的人是技术能手，有的人是理论大师。那么，一个人可以兼具多种突出能力吗？从理论上讲，是可以的。在江苏卫视的《最强大脑》节目中，有各种神奇的大脑。其中有一位初中毕业的女性，可以在几秒钟内，回答出任何一个短句中汉字的笔画，这说明她的认知模式是与常人不同的；有一位经营书店的小伙子，能够记住他书店中上万册书籍的作者、出版社和价格，反映出他的记忆力是异于常人的。研究表明，有些大脑意外受损的人，却意外获得了某个方面的突出能力；有不少自闭症患者，也有某个方面的超级特长；这说明关闭大脑某些功能，可以自动增强大脑的另外某些能力。像物理学大师牛顿便是极端"社恐"，无法与人正常交流。或许所谓常人，就是身体或大脑的各种能力普遍开张营业，使得各种能力都处在了平均水平。

在星际时代，人类将破解身体特别是大脑的各种回路及其运作原理，能够运用科技手段，增强不同回路的连接，并任意开启与关闭部分回路，以适应不同的工作与生活需要。那时候，人们可以像达·芬奇一样，既是艺术家也是科学家还是文学家。

更换身体装备

这个世界为什么只有人选择了直立行走？因为直立行走是非常困难的事情。但是人为什么选择了直立行走？这个问题我也回答不了，可能其他选择直立行走的动物都失败了。我知道的是，直立行走开阔了人的视野，提升了人的预判能力。

身体与大脑是一个整体，仅仅重塑大脑是不够的，我们必须在构建最强大脑的同时，将我们的身体建设得更加智能、坚韧与坚强，以适应更多的活动场景。

重建身体大致分三步走。第一步是改进与增强。目前已经起步，就是向身体植入设备，以增强器官与肢体的能力。第二步是重塑与制造。大约在生化时代前后，人类将利用基因编辑、蛋白质改造等生物技术持续改造内脏、骨头、肌肉与神经系统，并结束人生产人的历史，进入后人类时代。第三步是粒子、细胞等层面的制造。生化时代生产人，虽然不需要女人的子宫，但还需要精子与卵子，到星际时代，智慧生命将能够从粒子、细胞层面来设计构建自己的身体，使智慧生命成为能够变形、隐形等诸多超强功能的超人。

超人将可以自由选择身体的介质和形态。可以是金属的，也可以是肉体的；可以是碳基生命，也可以是硅基生命，或者是其他物质形态。

超人可以根据场景，切换身体的模式。可以直立行走，可以像鸟儿一样飞行，可以像马儿一样奔驰，当然也可以变成一辆汽车。你可以像换衣服一样，更换你的外在形象与身体模式，一切都服从你的生活需要，以及你是否喜欢。

或许在那时，衣服已经完全演变成一种装饰物，不再是必需品。

具有自我意识的机器人

智能机器人会不会有自我意识，目前是一个有争议的话题。真正的问题是，我们并不知道我们认为自己有的所谓自我意识是怎么来的，以及究竟是个什么东西，因此也就不可能理论清楚智能机器人将来会不会有自我意识。

只能退而求其次，从可衡量的角度来说，自我意识是一种将自己置于与目标一致的未来模拟之中的能力。人有对未来的规划能力，其他动物只有本能，这是人与动物的一个重要区别。其中有两点是最关键的。其一，人能够理解时间，其他动物是活在当下的。再聪明的小狗也不理解明天是什么、下一刻有什么意义。理解了时间，我们才能做出规划与计划。我们的大脑是计划机器，这个机器有时间设置。其二，人有强大的记忆与提取能力，动物只有自然而然的习惯，记忆与提取能力非常有限。磁共振成像显示，我们在执行一项任务时，大脑会调取之前类似任务的记录，作为决策与行动的参考。拥有记忆的目的是投射未来，基于目标、依据经验对未来进行谋划。没有记忆、不能提取加工记忆便没有自我与自我意识。

可以说，能够规划自己下一步要做什么，以及这样做的结果与后果，这便可以视为具备了自我意识。

"井蛙不可以语于海者，拘于虚也；夏虫不可以语于冰者，笃于时也。"井底之蛙没有见识、没有记忆，不知道外面的世界很精彩，不知道自我的局限。夏虫生命短暂，不知道季节变化，没有时间概念，亦不知道自我的局限。它们都缺乏记忆与时间概念，也就不能对未来做出规划，形不成自我意识。

智能机器人完全不同于夏虫和井底之蛙。它有超强的记忆与提取、加工记忆的能力，也有时间设定。当下的主要问题是，它对记忆的提取与加工方式同人脑还有着很大差异，对时间的理解也与人类并不相同。最迟到超人时代，大概不用等到超人时代，借助对人的脑回路及其运作机理的全面掌握，以及计算机技术的持续进步，智能机器人将具备对未来进行规划的能力。这也标志着智能机器人具有了自我意识，可以独立自主地做自己想做的事情。

制造反物质

目前，世界上最昂贵的东西是什么？是反物质。它有多贵呢？哪怕制造几盎司的反物质，都足以让任何一个国家倾家荡产。

反物质是什么东西？简单理解，就是与物质相反的东西。在我们的物理学常识里，原子由带正电荷的原子核和一个带负电荷的电子构成。原子核由质子和中子组成，电子围绕原子核转动。反物质正好相反，它的原子核带负电荷，而电子带正电荷。20世纪30年代，物理学家第一次发现了反电子。它带正电荷，也称为正电子。1955年，加利福尼亚大学伯克利分校的吉伏质子加速器制造出了反质子。反质子带负电荷。1995年，费米国家加速器实验室制造出了100个反氢原子。

我们有现成的物质，为什么还要制造反物质呢？当然是因为它的能量大啊！反物质的能量密度比核燃料大了 1000 多倍。有了反物质，能源设备就可以小型化，应用场景便能够多样化。有了反物质，超远距离的星际旅行，就有了更为轻便更为可靠的能源保障。

科技发展的历史表明，任何一个新的创造性成果，其生产成本都是持续下降的。一旦越过成熟期，成本便会快速下降。

星际时代，制造反物质的相对成本将低于核能利用的成本。反物质能可能是继核能之后，智慧生物使用的又一个主力能源。

制造"海市蜃楼"

蒲松龄的小说中，多有神出鬼没的场景。有些人也在生活中，看见过奇幻的海市蜃楼。如果说人类可以在瞬间创造一座超级城市，又能在瞬间让这座城市无影无踪，你觉得可能吗？

星际时代，这类奇迹也就是动动手指头的事，或者就像今天我们按一个按键，机器就会运转一样简单。不仅在陆地上可以办到，在海洋中也是轻而易举。而且根本不用钢铁、水泥和玻璃等材料。并且可以给城市搞一个看不见的安全罩，可以防风防水防污染，可以调节内部气候与温度，可以阻挡各种武器的攻击。

这是怎么做到的呢？就利用力场。

法拉第最伟大的发现是发现了电磁力场。在他进行一系列实验的过程中，好奇的人们问他："你这个东西有什么用？"他说："我也不知道。生孩子有什么用呢？就是看着他长大吧！"

法拉第的电磁场奠定了人类进入电气化的基础。自古至今，人类创造的所有神奇，其实都是在借用大自然的力量。到目前为止，我们发现了引力、电磁力、强核力与弱核力，应用最为广泛的是电磁力。但是，我们依然不能认为我们已经回答清楚了当年人们对法拉第提出的问题："它有什么用处呢？"我们远未穷尽"力场"的神奇力量。

星际时代，智慧生命可以制造超级力场，并利用力场进行超级制造。只要需要，瞬间就可以建造一栋别墅、一座大厦或一个城市，或者是你想要的任何建筑形式。当然，这个力场不仅仅是电磁场，一定会有今天我们还不知道的"场"。总之，用今天的眼光看，那时的超人就如同《创世纪》的上帝。

"反季节"城市

冬天的哈尔滨人，希望温暖；夏季的三亚人，渴望凉爽；庄稼则需要四季变化，候鸟则随季节而迁徙。所有的人都像候鸟那样渴望去自己喜欢的地方。

人与鸟并不完全相同。鸟儿只能适应环境，人类能够改造自然；人追求舒适，也需要刺激。

星际时代，超人可以任意调整一个城市的温度与湿度。严冬的哈尔滨人，可以在城市里尽享春天般的温暖，也可以到城市外体验冰雪世界的刺激。盛夏的三亚人，可以在城市中享受秋天的凉爽，也可以到大海里与沙滩上体验夏日的风情，还可以在冰雪馆中体验冰上运动那晶莹剔透的爽快与雪上嬉戏那富有弹性的激情。不论你住在哪个地区，都可以既有一年内的四季分明，又能在同一季节体验"四季"风情。

怎么做到的？开始的思路和农民种菜差不多，就是建设"城市大棚"。当然，不是塑料大棚，也不是玻璃大棚。可能会用到某一种力场，来构建一个无形无色的保温层，其内部的温度可以任意调整。不用担心封闭空间的污染与空气质量等问题，因为每一个"城市大棚"都是经过科学计算、有序安排的。容纳多少人口、布置什么设备、养殖什么动物、种植哪些植物等都是有计划有目的地，足以保证实现城市的自然循环。

随着科学技术的不断进步，超人可以像今天的南水北调一样，通过调动风云来调节气候与温度。但是，他们要做的只是避免极端恶劣气候现象的出现，或者因特殊需要而在短时间、小范围内制造一种适宜的气象条件，而不会让任何一个地区保持四季如春。因为四季如春的环境会丧失物种的多样性与生活体验的丰富性。

制造"反季节城市"体现的是超人的一种能力，为的是给生活体验提供更多更便利的选择，而不是为了单纯的享受。超人将利用这种能力，在地外行星上来改造自然生态。

太阳系大开发

星际时代，超人的基建工程主要在太空。这个时代初期，太阳系的开发建设进入成熟期，以地球为根据地的太阳系文明已经基本形成。

火星生态建设工程。火星开发由基础建设阶段转入生态改造阶段。智慧生命将利用超导体等新科技在火星建立强大的磁场，以抵御太阳耀斑及有害宇宙辐射对生命带来的致命影响，防止大气被太阳风吹到太空而导致气温下降，并且在生活区制造与地球大体相当的引力，使火星能够保持与地球基本相似的生态环境。有了适宜的环境，万物将自由生长，百业自然兴盛。我们也得以建设城市，开展工业与农业生产。火星的引力只有地球的三分之一，更有利于火箭发射，因此火星将成为超人第一个最大的太空工业基地，也是第一个最繁忙的太空港。火星在一段时期内将成为太阳系中除地球之外最繁华的星球。

小行星带经济开发区。小行星带位于火星与木星之间，初步估算有50多万颗小行星。这些小行星富含碳、硅酸盐还有大量稀有金属。小行星带是火星开发区与木星开发区建设的原材料基地。这些原材料经过初步加工，经由谷神星太空港运往火星、木星的卫星欧罗巴和土星的卫星泰坦等开发区，少数稀有材料也会送达地球。

"土木卫"新兴星际带。木星可以轻松地装下1300个地球，吸力巨大。土星自转速度快，风速高达1800米/时。直接对木星、土星进行开发是非常困难的，所以短期内只能在它们的卫星上做文章。目前已经发现，木星有79颗卫星，土星有82颗卫星，实际上可能更多。对这个区域的开发，极可能从两颗卫星起步，一颗是木星的卫星欧罗巴，一颗是土星的卫星泰坦。

泰坦具有罕见的大气层，气压比地球高出45%，可惜没有氧气，温度低到了零下180度。可喜的是，它有池塘、湖泊、冰川和陆地组成的天然基础设施。欧罗巴可以说是太空"海洋"，其海洋体积是地球海洋体积的2至3倍。这里虽然温度极低，却有液态水存在。

超人首先在会这两颗卫星上建设小型风力电站，用来升温和制造氧气，然后建设太空港和核能电站。有了核电站，便可以对生态环境进行逐步改造，使之成为生命的家园。超人还将在这里建设科研基地，对木星、土星等巨型气体星球进行系统研究。

有了欧罗巴和泰坦这两个基地，超人将向木星和土星的其他卫星进军，并逐步形成地球文明、木星文明和土星文明相互联系而又各具特色的太阳系文明系统。

"两云"基础建设

在土星、海王星之外，是柯伊伯星云和奥尔特星云。目前，我们对这"两云"还知之甚少。

做一个不太恰当的比喻。把太阳系视作一个鸡蛋，奥尔特星云就是蛋壳，柯伊伯星云就是蛋壳下面的那层软皮。当然，它们由浩瀚的星群组成，并不像蛋壳、蛋皮那么薄。这两个区域是几万亿颗彗星的聚集地。

我们熟悉的哈雷彗星，就是从柯伊伯星云出发来探视地球的。像哈雷彗星这样到此一游的彗星已经发现有600多颗。有科学家推断，地球生物有可能是来自柯伊伯星云或奥尔特星云的星体与地球疯狂"接吻"的结晶。

回到关于鸡蛋的比喻上。人类要像小鸡一样破壳而出，就得突破"蛋皮"、撑开"蛋壳"。超人将在柯伊伯星云地带和奥尔特星云地带建设星际高速公路，沿途建设若干周转站、补给站。这些站点可能会以主要建设地区的名字命名，可能会有北京站、东京站、首尔站、吉隆坡站、新德里站、莫斯科站、迪拜站、纽约站、柏林站、伦敦站、巴黎站、罗马站、开罗站、悉尼站、里约站、开普敦站等等。

这条星际高速公路的建设，可能让超人对宇宙与生命起源有了崭新的认识，有可能发现新的物理定律，也有可能发现新的生命形态。从而为人类走出太阳系奠定理论基础、形成技术储备、积累实践经验。

超人将沿着这条星际调整公路走出太阳系，首先到达与太阳系最近的半人马座，并在比邻星B上建设第一个太阳系外开发基地。

彗星能够长途旅行，到达地球，地球能否像"两云"中的彗星那样漫游宇宙呢？理论上说，是可能的。只是没有现实必要性。如果人类可以带着地球去流浪，那么人类也就有能力改造和建设其他类地星球。带着地球去旅行，就像我们现在带着自己的房子去旅游，完全没有必要。

开发银河系

以进入比邻星为标志，星际时代迈入第二阶段。在这个阶段，"天涯若比邻"不再是一种意境，而是实实在在的现实。

银河系有多大呢？它的直径大约有 10 万光年，最厚的部分大约有 6500 光年。银河系呈椭圆盘形，有四条对称的旋臂，旋臂相距约 4500 光年。其中估计有 1000 亿到 4000 亿颗恒星，大约有 60 亿颗类地行星。银河系的总质量大约是太阳的 1.5 万亿倍。

从地球到银河系中心的距离大约是 26000 光年。即使到达太阳系外最近的星球，也要有 4.2 光年的距离。可见，在银河系的尺度上，地球在宇宙中就像一粒尘埃，人远不如原子核中的一个电子；那些百岁以上的老寿星，远不如朝生暮死的细菌。如此看来，智慧生命追求永生，不只是生命的内在追求，也是宇宙文明发展的现实需要。

在太阳系周围 10 光年的范围内，共有七个星系十颗恒星。离地球最近的星系叫半人马座 α 星系。它有三颗恒星，分别是半人马座 α 星 A、半人马座 α 星 B 和半人马座 α 星 C。半人马座 α 星 C 离地球最近，也被称为比邻星。比邻星距离地球大约 4.22 光年。

有些星系是在持续向太阳系靠近的，迟早会与太阳系产生碰撞与融合。这也意味着，智慧生命在到达太阳系的边缘与外星系的边缘地区之后，必须千方百计地尽快向外星系的宜居区域进发，才能提高自身的安全系数。这也说明了宇宙中有生命的星球为什么会如此稀缺。

目前，我们对太阳系外星系还不太了解。但已经确认半人马座 α 星系有一颗类地行星，天文学家称其为比邻星 B。它的质量大约是地球的 1.17 倍，处于宜居带，可能存在液态水。这是一个喜讯，也可能是一个噩梦。因为可能大概也许有智慧生命存在。无论这颗行星上有没有智慧生命，地球超人都会到达那里，并建立起第一个太阳系外根据地。或许就像当初非洲智人走向全球一样，演绎一出到达、征服、整合与发展的大戏。

超人走出太阳系的星际天路可能是这样的：由地球到月球、火星、小行星带的谷神星、木星的卫星欧罗巴、土星的卫星泰坦，穿过柯伊伯星云和奥尔特星云，然后进入半人马座三体系统的比邻星 B，再向其他星系进发。

超人走出太阳系，或者与太阳系外文明产生交互，或者开创太阳系外文明。总之，超人将建立起遍布银河系的"银色"文明。

然后就是走出银河系，进入仙女系。这标志着星际时代进入第三阶段，也就是宇宙文明建设的新阶段。

开发与利用黑白洞

太阳对地球生命是不可或缺的，而黑洞似乎无关紧要。但是，如果放在银河系的尺度来看，或许没有黑洞就没有恰到好处的太阳系。这个想法来自后羿射日的神话故事。或许如果没有黑洞，恒星会更多，宇宙中的"垃圾"也会更多，那么太阳系可能仍然处在混乱之中，无法形成适合生命诞生的"生态环境"。

如此说来，黑洞相当于宇宙清洁工。清洁工要把垃圾转送到垃圾处理场，黑洞又怎样处理宇宙"垃圾"呢？有科学家认为，黑洞清理掉的东西，会通过白洞转移到另外的地方，可能是另外的时空或者是另一个平行宇宙。

白洞是个啥？白洞与黑洞类似，都具有极高的密度，不同的是它将一切物质向外推，而不是向内吸。这就相当有意思了！白洞与黑洞可能是相伴而生的，如同垃圾车必有装和卸两种功能，或许有些"洞"本身就是"黑洞"与"白洞"合体的。

利用黑洞与白洞，可以制造出"爱因斯坦－罗森桥"，建成像隧道那样的星际双向"快车道"，或者是平行宇宙间的双向"高速公路"。或许可以利用黑洞，改变宇宙的时空布局，让宇宙旅行更为快速和便捷。或许可以利用黑洞，进一步清理宇宙"垃圾"，开辟宇宙旅行的航线，使得星际旅行变得安全与顺畅。

制造黑洞与白洞，是一项超高难度的巨大工程。我们知道，太阳的直径为140万千米。如果要它成为一个黑洞，必须将它的直径压缩到只有6千米。这相当于把地球挤压到一颗葡萄大小。要把地球弄成一颗葡萄大小，我们在今天连这样的玩笑都想象不到。但是，既然黑洞已经存在，便有可能再加工再创造。我们今天能够建设港珠澳跨海大桥，这在一百年前还是想都不敢想的事情。

这样的能力是如何积累起来的呢？其实就是向大自然学习。大自然中原本就有天然的桥梁与洞穴，最初是利用，然后是略加改造，之后才是设计制造。利用黑洞与白洞的过程大概也是如此。黑洞遍布整个宇宙，它可能和天然洞穴类似，是通向另一个时空的门户。当然也可能有些黑洞与某些洞穴类似，只是一个洞穴，没有另外的出口，这就需要加以改造。

这个改造的过程就是认识提高、经验积累、能力提升的过程。经过日积月累的发现与创新，就可能自由地利用与制造黑洞与白洞，使其成为支撑宇宙文明发展的重要基础设施。

开发暗能量的领导力

牛顿认为，引力是一种神秘的"拉力"。爱因斯坦证明了，引力其实是大质量的物体扭曲了周围的空间而形成的"推力"。既然引力是一种"推力"，那么，暗能量的反引力又是一种什么力呢？

在大爆炸之后，星球慢慢形成，随着时间的推移，宇宙膨胀速度将在引力的作用下逐渐减缓。但天文学家们经过观测，惊讶地发现，宇宙膨胀不仅没有减慢，而且还在加速，其飞驰而去的速度已经大大超过了光速。科学家们经过数学计算得出的结论是，暗能量的反引力正在加速宇宙膨胀。暗能量存在于虚空之中，既不占空间，也不挡光线，它以什么方式存在？又是怎样工作的呢？

目前，对暗能量的理解都是推测。暗能量对于可见宇宙，如同大海之于鱼儿。暗能量可以吸收反物质，暗能量以旋涡运动的形式推动宇宙膨胀。"道常无为，而无不为。"暗能量工作方式，类似这个无为无不为的道。

超人可能不能同意暗能量就这么自由自在地玩下去。照这个玩法，再过上几百万年，智慧生命就只能看到宇宙的小片段了；再过上百亿多年，宇宙就让它玩死了。超人会让暗能量充分发挥其强大的"领导力"，调整宇宙结构，控制宇宙膨胀，维护宇宙的长期稳定与持续繁荣。

超人可能在黑暗物理学原理的指导下，运用暗能量，改造和建设宇宙，最终改变宇宙与生命终将灭亡的宿命。

一切都可以"返老还童"

不少人都希望自己可以返老还童，那么物质能否回到自己的"童年"呢？

在科幻电影中，某种星球上的人与地球人的生长过程是相反的。他们一出生就是老人，生命是由老年到婴儿的过程。在这里，所有的移动在我们看来都是后退的。炮弹在退回到炮膛，跳远在返回到起跳点，跳高就是在下落。如此荒唐、相当搞笑的事情，有朝一日会成为真实的日常吗？

人能想象到的事，不论有多么离奇，或早或晚都会成为平常事。

当然，人由老变小，后退式前进等，对人来说并没有什么实质性意义。但有些事物，能够返回去，并且可以循环起来，那就非常有价值了。

星际时代，是没有废物、垃圾的。所有的物质都可以和某种反物质或超物质元素产生化学反应，回到最初的物质元素，实现循环生产与循环利用。而那些超过了使用年限的建筑与超过了使用寿命的设备等，则可以通过添加某种超级元素，使它们"返老还童"。

或许，如果你定期给自己的房子贴"保鲜膜"，它就是你永远的新房；或许，你把自己的旧衣服放在溶液里泡上一会，它和你就如同初见；又或许，如果你和自己的老伴一起喝下一瓶魔水，就会进入初恋的状态，腿肚子里都是满满的荷尔蒙。

创造幽灵生命

我们经常谈到魂魄、幽灵、鬼怪、神仙与上帝，他们无影无踪却神通广大。他们是否真的存在呢？没有证据说明其有，同样没有证据说明其无。

不管之前与当下有没有，未来一定也会有无影无形的智慧生命。

科学家们已经可以让一束光停下来，可以产生振荡，形成与大脑类似的工作系统。科学家们相信，有意识的生命能够以纯能量的形式存在。这个生命，只有灵魂，没有形体，如鬼魅一般来无影去无踪。智慧生命也可能以暗能量或超物质的形式存在。他们不吸收、折射与辐射光，我们人类的肉眼根本发现不了，也无法感知到其存在。

超人将有能力制造诸如此类的幽灵生命。他们自由自在地在宇宙间漫游，或者不受光速的约束，或者不受宇宙射线的伤害，或者不受任何可见物质的阻挡，或者不受重力、温度、湿度等条件的制约。

他们可以轻易地到达星体深处，可以在炽热恒星里玩"干蒸"，可以在极寒的行星上搞派对。他们可以用意念进行操控。因为他们可以支配暗能量或者超物质，如同我们操控电子或电力设备。

他们的家园就是宇宙，或许宇宙也要听从于他们的安排。

第六章

商　业

无市场的经济社会

星际时代，市场经济终结，无商业社会产生，进入更高水平的"自然经济"。金钱作古，铜臭气消失，社会因无商业活动而进入一个前所未有的经济时代。

资本的力量是强大的，市场经济的效率是极高的。但是资本主义社会与市场经济必然也要有"洗洗睡"的时候。安息吧！历史不会忘记资本与市场的历史贡献。

市场经济有一个固有的悖论，那就是生产的经济性与消费的浪费性并存。没有"剁手党"，何来产销旺？市场繁荣的背后都有资源浪费的"雄厚"。有人说，私有是万恶之源；有人说，金钱是万恶之源；有人说，资本是贪婪邪恶的。不管人们怎么说，反正它们都不会思考，也不能说话，只能任人评说。万恶、邪恶与贪婪，来源都是人心，私有、资本、金钱，只是给人心提供了某种条件或某种工具。私有、资本、金钱等不过是替人承担罪名而已。

人们为什么要创造这类条件与工具呢？说起来，这是两难的选择。

不创造这类条件与工具，人们会偷懒；创造了这样的条件与工具，人们会贪婪。大家都偷懒，就没饭吃了；大家都贪婪，必然相互伤害与自我压榨。没办法，总得先解决有饭吃的问题，也就只能选择市场。为了尽量减少相互伤害，便辅之以法治。法治的力量也有限，只能扼制，并不能根治，并且对自我压榨毫无办法。市场经济制造的最大问题，是人们自己对自己的压迫。市场经济条件下的经济危机，不是源于物资绝对短缺，也不是生产的过剩，而是来自人的欲壑难填与自欺欺人。

在以人为主体创造物质财富的时候，市场经济是相对不那么差的一个选项。星际时代，物质生产领域是智能机器人的天下。智能机器人，不需要金钱，也没办法用物质刺激来调动其积极性。劳动力不需要钱了，那么消费形式会有什么变化呢？超人的需求大部分在元宇宙里实现，在现实世界的生活需求很少，主要就是吃与穿。要什么就有什么的时候，人们的贪心也就平息了。比如，正常情况下，没有人会去独占空气。因此，也就不需要市场机制来促进生产与刺激消费了；或者说，市场机制也就失去作用了。

那时候，物质资源包括生产资料与生活资料是共享的，也就不用金钱作为交换的媒介。货币也将完成自己的历史使命。共享会不会造成浪费呢？不会。想想看，过去生活环境特别差的时候，人们随处丢烟头、随意扔垃圾、随地吐痰，生活环境改善以后，这种现象也就成为历史了。浪费不是需求，而是习惯。贪婪不是本性，而是攀比心理作怪。浪费与攀比都与环境有关。它们存在的土壤不存在了，也就不会出来作怪了。

而且，超人是基本透明的。从心理动态到所作所为都无处可藏，容不得任何人徇私舞弊。最重要的是，超人的价值观与心理诉求是与当下的人类有着巨大差别的。这一点将放在后面再谈。

所有权变成使用权

星际时代除了自己是"私有"的，其余所有的资源与时空都是共享的，但又不是随便利用的。

超人生活在超级元宇宙里。这个超级元宇宙是由目前我们认识的现实宇宙和虚拟宇宙组成的综合体，是一个多层次多维度的"道"体。它像大自然一样，是开放的共享的，但每一种生物可以到达的时空与能够利用的资源又是完全不同的。超人虽然超越了人类，超越了肉体生命，却也与希腊神话中的诸神类似，具有不同的灵力，并以灵力决定可用时空与可用资源。

灵是智慧、是超越。只有摆脱了肉体的限制，才能获得真正的生命智慧。但凡与身体、身心相关的东西都属于信息、知识和技能的范畴，都算不上智慧。柏拉图的"理念论"，简单说就是摆脱感官的非器物非心理层面的认知，所以带有智慧的属性。柏拉图并非唯心主义者，而是对本真的坚定探索者。康德认为，人们只能认识事物的表象，不能认识事物的本质，其原因就是人类无法摆脱肉体的限制，达不到智慧层面。这也让康德具有了智慧层面的思考。或许这也解释了康德为什么终生未婚。老子讲："道可道，非常道；名可名，非常名。"也是在说，智慧是不可言说的，一用语言描述，就远离了本质。因为语言是经由肉体感官制造出来的东西。佛家强调意会、觉悟，也是指灵性的交流感悟。圣贤、真人、菩萨、佛等都是超越了肉体感官的局限，获得了一定智慧的人。

释迦牟尼说："我不是神，也不是先知，我是觉悟了的人。"觉悟了的人也可以说是神。人们视释迦牟尼为神，大致也不错。可如果认为释迦牟尼可以救你，那就错了。释迦牟尼还说过："能救自己的只有自己。"你得修行，得自我提升。你修到什么层次，就有什么法力，就得到多少自由。

超人的世界大概与佛家描绘的世界类似。在这里金钱与权力不好使，仅以灵力决定自己的地位、可以进入的时空与维度、可以使用的资源等。这里没有什么限制，一切取决于你自己的灵力达到了什么程度。也可以说，能够限制你的只有你自己。

能量成为通用"货币"

万物来自能量，能量来自场的振动。虚空中到处都是振动的场，能量也就无处不在。万物相生相克、循环供养，它们之间争夺与交换的都是能量，并把能量转化为不同的结构、形态，形成了不同的性质，带来了不同的功用。可以说，大自然的通用"货币"就是能量。

星际时代，能量是不是货币的"货币"。由于不需要物质交换，没有了市场行为，充当一般等价物的货币只能选择"退休"。这并不是说，任何人都可以任意支配物质财富或使用能量，而是每个人有着不同数量的能量使用权。能量就像煤炭的标准发热量，可以通过折算来获取不同物资的使用权。这样做不是因为短缺，而是因为任意支配可能导致浪费或者混乱，丧失社会公平，危及宇宙安全等。

能量是公共资源，那么人们从哪里获取能量使用权呢？每个人都有一个核定的基础值，足以保证一个人的日常活动所需。差别的部分是依据个人对集体的贡献来分配的。能量使用权也可以透支，允许透支的额度依据个人信用等级的不同而不同。个人信用等级是即时动态调整的。

人们的能量使用权可以合并使用，也可以让渡给他人。如果开展重大科研或建设活动，可以专门申请特定的能量使用权。总之，谁的能量大，做出的贡献多，谁就可以获得更多能量的使用权。但是，任何人都仅仅是拥有一定能量的使用权，而不可以私自囤积任何形式的能量。

第七章

生 活

摆脱"六道轮回"

佛说，世间众生因行善或作恶而有业报。业报有六个去处，分为"三善道"与"三恶道"。"三善道"是：天神道、修罗道、人间道；"三恶道"是：地狱道、恶鬼道、畜生道。多做善事，可以进"三善道"；多有恶行，就会进"三恶道"。众生多在这六道中轮回往复。这很像是一个能上能下的奖惩激励约束机制，看来天道与人道是相通的。

在物理学那里，万物都不过是粒子的不同结合方式。一个人来到世上，他身上可以有雄鹰的粒子，也可能有家雀的粒子；一个人死后，他的粒子可能成为一只狗的组成部分，也可能成为一条鱼的组成部分。也就是说，粒子永远处在轮回往复的过程中。

三生三世的轮回，众生并不确定到底有没有；基本粒子的轮回，对众生也没什么实质性意义。但有一个现象是值得认识与重视的，那就是众生在现世中的轮回。一个社会，总是由乱到治，由治到乱，始终在交替轮转。一个人，总是由不满足到满足，再由满足到不满足，始终在循环往复。于是，就有人说，历史能够让人类能记住的唯一教训，就是永远记不住任何教训。

四十年河东、四十年河西，风水轮流转，明年到我家。循环是万物的存在与发展方式。那么，佛为什么要提倡摆脱六道轮回呢？

　　佛倡导的是一种知性生活，追求的是一种灵性存在。佛学思想，你可以理解为出世，也可以理解为俗世的智慧生活。这种活法，其实没有什么特别之处，无非就是求自由、得解放，为的是摆脱低水平的人生重复。我们一直在为求解放而不惜流血牺牲，为得自由而始终执着奋斗，结果并不怎么理想。向外求，与他人争，同天地斗，永无满足，永无宁日，永无自由，有的只能是成败胜负的轮转、得意与失意的轮转、和谐与纷争的轮转。在佛看来，此路不通。在佛看来，不要，当下就满足；不争，瞬间得解放；放下，即刻得自由。道理很简单、方法很明了，可是，众生做不到啊！

　　到了星际时代可就大不一样了。借助科学技术的帮助，超人具有和人类完全不同的格局。超人可以和宇宙同寿命，有的是时间来保证他们在宇宙范围内活动；宇宙范围内有着目前难以计数的星系，假设分配给现有人类的话，一个人要管理若干个星系。想想看，当你拥有豪宅大院，过着丰衣足食的日子，可天天都只能自己跟自己玩，忽然有一天来了一群人，你是想把他们留下还是想把他们赶走呢？

　　我听过这样一个故事。一个团队到沙漠地区搞开发，按规定买了一条狗协助看管储存炸药的仓库。最初几天，这条狗见了陌生人就狂吠，三个月后，它见了谁就想和谁亲热。

　　星际时代，人们在一起，好好玩，将会成为一种自觉。人与人之间不再有相互的限制，人的内心也不再有自我的限制，由此获得大解放与大自由，从而摆脱了低水平的轮回往复，大家都可以进入庄子的逍遥游。

没有最高只有更高

外部条件的变化，深刻地改变了超人的内在需求。

心理学有许多分支，比如有认知心理学、演化心理学、发展心理学、社会心理学、行为心理学、个体心理学、儿童心理学等。不管是什么分支，都会涉及个体心理与外部因素的关系。总之，心理需求与心理变化不是凭空而来的，即使是古老的顽固的基因也是会"见风使舵"的。

九型人格分析理论，研究了人格的形成与原生家庭的关系，也分析了不同的人格类型持续完善的路径与方法。人格也是一种习惯，这些习惯与生存环境密切相关。不同的外部条件，会形成不同的习惯。外部条件变了，习惯也会慢慢改变。马斯洛的需求层次理论，认为人的需求层次是逐步上升的，从基本的生存需求逐渐上升到自我实现的精神满足。心理学家们调查发现，在经济发达、社会稳定、受教育程度高的地区，高层次的需求占比也高；相反，在欠发达地区，低层次的需求占比就高。这很好地说明了人们的需求与外部环境的强关联性。

人们的心理需求是逐渐提升的，那么，自我实现是最高层次吗？在马斯洛生活的年代，将自我实现放在人的需求层次的顶端，大致上是合理的。就当下的情况来说，依然可以说没有太大的不妥。不过，到了星际时代，超人的需求将会有巨大的变化。

生存需求将不再占据超人的心理空间。因为基本的生存条件会得到充分满足，就像空气一样，虽然是必需，但因供给充分，就不会构成一种心理需求。安全感会被冒险精神取代。因为超人可以再造置换身体，大脑与身体的信息可以存储，没有安全担忧的超人则可能以冒险为荣。另外，在自我实现的层次之上，也会产生出更高的心理需求。

或许超人的需求层次是这样的：尊重、爱、自我实现、自我超越、灵性共鸣等。被认可与尊重成为基本需求，爱、自我实现、自我超越居于中间层次，灵性的共鸣成为更高层次，而且是最主要的精神需求。灵性是超越了肉体的，也是超越了我们目前认识的一种存在。我们只能理解为"精神性"的或神性的。也有一种可能，超人主要是灵性层面的需求。什么是智慧生命的最高需求？或者说，智慧生命追求的最高层次是什么？极大的可能是，没有最高，只有更高。智慧生命的理想与追求是随着自身能力的提高与外在环境的变化而发展变化的。所谓的"高"都是历史的阶段性的。

在超人看来，我们目前的心理需求是原始的、蛮荒的，大概和我们今天看待猴子差不多吧！

认识是否错位

新冠肺炎疫情，引发了思想界的反思与争论。有不少思想者呼吁，要纠正人类对自身认识的"错位"，从科技崇拜与人类中心主义中走回来，回到对大自然的敬畏中来。人类对自己的定位真的错了吗？

有人说，自从人类掌握了科学技术，就越来越以为可以战胜自然，贪婪地掠夺资源，不尊重自然规律了。这种认识其实是很表面化的。病毒是一种寄生菌，与宿主是共存亡的关系，但病毒根本不考虑宿主的死与活。大自然中的每一种生物都与人一样贪婪，都在掠夺自然资源。羊不会考虑生羊生多了草还够不够吃，一定要努力吃草、努力繁殖；狼也不会考虑狼崽子生多了羊还够不够吃，一定是尽可能地多下崽；大树不会考虑是不是遮挡了小草的阳光，一定是尽可能地向四周扩张。每一种生物都想扩张，才有了物种的演化，才有了大自然的繁荣。这才是大自然的根本规律。

大自然来自竞争，而不是谦让。小草并不想供养牛羊，牛羊更不愿意供养虎狼，谷物从来也没想过作人类的食粮。它们只是没有能力选择而已。人类有了科学技术之后，本质上并没有发生任何变化，只是获取资源的能力大大提高了。人类向大自然索取的能力不断提高，而对自身在大自然中的定位毫无调整，这才是人类面临的一大问题。也就是说，人类的真正问题，是该调整自己定位的时候，没有真正把自己调整到领导"岗位"上，因而也就没有发挥领导作用，而不是因为科技崇拜把定位调整错了。

智慧生命处于宇宙的中心，居于领袖地位。只有明确了这个定位，坚定了这个信心，才能认清自己的责任与使命。羊可以不考虑草原，狼可以不考虑羊群，树可以不照顾小草，但人不可以这么做。因为人有智慧，明白大家是共生关系；因为人类有科学技术，有能力把共存关系落到实处。智慧生命这个领导"阶层"，就是为万物服务的，就是为宇宙文明发展服务的。让万物长期共生共存、让宇宙成为文化类存在，就是智慧生命的责任与使命。

人不是要遵从自然规律，而是要超越自然规律。或者说，智慧生命不能满足和屈服于已知的自然规律，而是要不断突破已知，努力发现新的自然规律，从而改变自身与宇宙万物的命运。这就是智慧生命的神圣使命。按照自然规律，一定会有"醉驾"的行星撞击地球、地球还要进入下一个冰川纪、太阳一定会"破产"，难道智慧生命只能被动接受这些规律的宣判吗？

有人会反问："难道你有办法不接受宣判吗？"暂时没有，却不等于将来没有。面对严寒与酷暑，人类过去也没有办法，现在不是有空调了吗？面对旱灾，人类过去只能背井离乡，现在不是可以南水北调了吗？那时候，人类做梦也想不到还有空调这种东西，更想不到水也可以倒流。冬暖夏凉、让水倒流难道不是违反自然规律吗？

人类对自身定位没有调整到位的主要原因，不是因为陷入科技崇拜，而是因为科技能力不足，掌握不了自己的命运。病毒朝生暮死，活不了那么久，看不了那么远，顾不了那么多，所以它会弄死自己的宿主。如果智慧生命在自然当中始终是被动的无奈的，他们就顾不了太多。目前，人类能够控制的变量极其有限，连老天什么时候变脸都说不准，何谈人类命运与未来发展？人不是因为掌握了自然规律而任性和贪婪，恰恰是因为对自然规律缺乏认知。任性是无知的表现，贪婪是无能的外显。

人类的大觉醒，需要科技的大革命。这个大革命将把人类生命延长到与宇宙共生共存的尺度。星际时代，超人的生命将达到这样的尺度。与此相适应，超人的价值观与生活态度也将发生根本的转变。与自然万物共生同乐将成为他们的生活态度，让宇宙生生不息将成为他们的价值追求。

进入大自在

向大自在进发有两个方面，一个是向内，提升自己的认知，修炼自己的心性；另一个是向外，打破外在的限制，拓展生活的空间。两个方面是相辅相成、相互增益的。

人类首先遇到的是大自然的限制。每一个物种都以自己的方式看待自然，以及处理与其他物种的关系。每个物种都以自我为中心，并依据自己的能力确立自己的生存方式。由此，万物形成了相互依存又相互限制的生存状态，谁也得不到大自在，人类也是如此。那么智慧生命能否在大自然中获得大自在呢？

可以走向内的路，就是接受自然的限制，无欲无求就仿佛没有限制了，这个也叫顺其自然。但是，单纯向内的路其实是走不通的。生物都是掠夺自然资源，力图将自己的利益最大化，人类不可能独善其身，而且大自然本身也反复无常。向内求，少数人可以，多数人做不到；短期可以，长期不可能。况且，向内求多多少少也有些自我麻醉的成分。

可以走向外的路，就是拓展认知与提高能力。大自然不只是创生，也会毁灭。这是大自然对生命的最大限制。人类要摆脱大自然的限制，只有尊重自然是不够的，还必须有能力改造自然。一流武林高手才会尊重人、尊重对手，也才会自觉地保护弱者。拥有保护他人的本事，才能让自己处在一个自在的状态。智慧生命也必须成为大自然中的一流高手，如此才能成为大自然的守护神。

神既在自然之内，又在自然之外；神只管大局，不抓细节，所以得大自在。超人在大自然中，具备了类神的地位，也就进入了大自在的状态。

社会生活中对个体的限制，常让人深感无奈。人类社会也和大自然类似，人与人之间、人与组织之间、组织与组织之间，也是既相互依存又相互限制的。因为这种限制，社会才有了秩序；亦因为这种限制，人类社会又经常爆发大规模冲突，带来巨大的人为灾难。为了减少冲突，一些聪明人利用人们在认知上的差距，设计了一些制度，创造了一些观念，使人们受到限制而不自知。比如曾经在世界上居有突出优势的资本主义制度，通过确定个人财产权、建设市场机制等，大大激发了人们的积极性与创造力，促进了社会繁荣。但这种体制机制需要持续地激发人们的消费欲，使人变得虚荣与贪婪，大多数人不过是为满足贪欲而努力工作。但新自由主义将其美化为自我实现。为了实现自我，一生放弃自由。自我设定的执念，变成了一个牢笼，让自己成了"自首"的囚徒。

而新自由主义给人们灌输的观念，则会让"囚徒"产生"狱警"的幻觉。

体制机制与思想观念的优劣，是要放在历史背景下判断的。社会可以给人们的自由，必须接受科学技术水平的限制。过多与过少，同样是在减少人们的自在程度。也就是说，人类只有摆脱大自然的限制，才能为摆脱社会限制创造条件。或者说，借助高度发达的科学技术"加持"，社会就可以演变成无形无象的"道"，人们就感觉不到它的存在。

没有科技文明的高度发达，不可能有社会文明的高级形态。星际时代，高度发达的科学技术极大地拓展了超人的生活空间，人人皆可以从心所欲而不逾矩，进入大自在的生活状态。

灵性生活

傅佩荣先生把人的需求，分为"身心灵"三个层次。身体有生理需要，主要是食色；心理有情感需要，主要是认同、尊重与爱；心灵有精神需要，主要是自我实现与自我超越。西方心理学把人分为本我、自我与超我。本我大致上是那个追求生理需要的我，超我大体上是希望超越的那个我，自我要居间平衡协调并做出选择的那个我。

我们常说到心灵（这里所说的心，是器物之心，非佛学等概念中那个形而上的心），其实这两个字组到一起是有矛盾的。因为心是肉体的，灵是超越肉体的。心灵会有痛苦、有纠结，源于一个是肉体，一个要超越肉体。所以，这两个字组在一起，很准确地反映了人的矛盾所在。

古希腊人说，万物有灵。中国人送葬，有一个环节叫起灵。灵可以借助肉体表达意图，但不一定以肉体为介质，极有可能以某种特殊的振动方式存在。人死了，灵不会消失，极可能成为若干片段，或者说成为若干振动的能量场。所以，你有可能在睡觉的时候，进入另一个人的梦乡，或者别人进入你的梦乡。人在睡觉的时候，生理心理的作用变小，更容易接受微弱的信息。冥想、入定等能够与灵相通的道理也是如此，都是在摆脱肉体干扰。

灵与神大体上有一个共性，就是超越了肉体的存在。在古希腊的语言体系里，神的词根就是力量。神就是一种超级力量。庄子能够逍遥，就是因为他不在乎肉体，解放了灵性。从这个意义上说，庄子就是神灵。

超人能够不以肉体为介质而存在，也就是说他们可以摆脱生理、心理的影响，没有了本我、自我与超我的矛盾纠缠，使灵性得以彰显，过上神性的生活。

肯定有人觉得，那样的生活有什么意思？是的，我们以肉体之自我，很难理解灵性生活的美好与奇妙。所以，神话传说与科幻故事，都会编辑神仙或超级生命渴望人间的桥段。比如：七仙女下凡，神瑛侍者变成了贾宝玉。其实，我们不必担心，超人是可以让这样的故事变成现实的。他们可以像神仙下凡一样，以肉体或其他介质存在。但只是偶尔为之，就像我们搞化装舞会，把自己打扮成神仙鬼怪一样，增添一些生活的乐趣。

灵性生活的乐趣是我们今天难以想象的。

不肯抛弃充满伤痛的世界

人有七情六欲，也有生死离别，由此带来喜怒哀乐。如果超人没有了生死离别，没有伤害与痛苦，那么还有没有情绪的起落，会不会失去大部分情绪体验？超人是否也需要一个对立面？是否需要有一个否定性？

没有人过上那样的生活，很难想象那时超人的心理会有怎样的变化，有哪些主要的诉求。但是，在我们文艺作品里，神仙多乐意下凡来玩一玩，好像大多也玩不太久，就会因各种原因回到仙境了。似乎人类很渴望过上神仙般的生活，但苦于无法得道成仙，而神仙呢，又好像很喜欢人间烟火，但仙界的规矩又不允许。

这反映了什么问题？

凡人不能理解神仙的生活，误以为神仙们没有凡尘的苦难，便没有了烦恼，也就失去了斩不断理还乱的情绪体验，便会向往俗世生活，想尝一尝人间滋味，所以就整天琢磨着下凡。这样的想法，把奋斗搞成了轮回，也就把躺平弄成了循环，永远也不能进阶。

这反映了凡人的想法。我们所描述的神仙生活是我们凡人的想法，神仙想到人间体验人类的生活也是我们凡人的想法。

超人已经不是凡人，超人会以何为喜、以何为悲，这是很难想象的。可以想象的是，其中绝大多数都是我们人类没有想过、没有体验过的东西，因而目前也没有词汇可以描述或形容。尽管无法想象与描述，但一定还有矛盾，有矛盾就有烦恼与痛苦，也就有着比较丰富的情绪体验。

或许，他们为了理解和体验他们的创造者——人类的喜怒哀乐，也可能会创造一个虚拟人间，就像今天的人们在网络游戏里约战一样，几个超人约着一起下个凡，吃一吃人间的苦，尝一尝人间的乐。

超人的审美生活

超人的审美与我们有什么不同呢？我们还是先回想一下我们的审美体验。

对于美的体验，往往是心中似乎明白，说又说不清楚。美人、美景、美食等美的事物，都是看得美与想得美的秘密联合体。审美活动不是分析、理解与说明，而是被打动、被迷惑、被陶醉，是一种以电化反应为基础的过程。

美能够带来什么呢？审美体验可以令审美主体失去自恋性，不再突出自己，从而处于一种共存共振的状态。美邀请人停留，停留可以出现美美与共。在美面前，我不是我，或者说可以忘我。

我们发现美，或者被美激发，是需要一些条件的。

在空间上需要一定的遮蔽。美具有诱惑力，诱惑来自一定的遮蔽与恰当的距离。若隐若现、半遮半掩等空间结构都是美的空间策略。没有云雾缭绕，黄山的美就丢了一多半。

在时间上需要一定的延迟。太急促、太直接、太直白都是美的敌人。时隐时现、惊鸿一瞥等才是美的呈现方式，延迟、分散注意力等都是美的时间策略。没有十八盘，泰山的魅力就大大降低。

空间与时间策略往往是相互配合、共同起作用的。若隐若现、时隐时现等都是时空结构的调整变化。黄山云雾时阴时晴、时浓时淡，既有空间上的调整，也有时间上的延迟。泰山十八盘，给游客制造出了丰富的审美体验。你要"会当凌绝顶"，它制造了延迟；你被迫停下来休息，那么你在不同的台阶上会看到不同的泰山，就发现美的千姿百态。

冲突的张力创造美，或者说激发我们的审美意识。雪压青松，青松仿佛变得更酷，雪呢，好像成了青松的时装。梅花带雪，那花与雪便成了梅的妆容，放射着精气神的美。美丽的女子哭起来，人们说是梨花带雨，似乎是很诗意很美好的样子，因为美人的悲伤具有天然的张力。

困难、灾难等，都可以使事物、人物、事迹产生美感，这是文艺作品的惯用手法，《霸王别姬》是典型案例之一。有人说，美是没能承受的不可承受之物，或者是变得可以承受的不可承受之物。一个是悲剧之美，一个是喜剧之美。

体验美需要有些浪漫与幻想。审美体验是一个创造性过程，是对客体的超越。在多数人眼里，数字是无趣的，公式是乏味的，可对数学家、物理学家来说，数字的美是超凡脱俗的，公式的美是无与伦比的。失去浪漫与幻想，美就死掉了。俗话说，情人眼里出西施，这便是对审美活动的最美解释。

人类的审美活动是如此，超人的审美活动又会怎样呢？

超人既然是人的创造物，必然会有许多与人类相同的审美活动与审美体验，但超人毕竟与人类有着"级差"，因而一定会有与人类不同的审美活动与审美体验。

人类的审美活动虽然形式多样、情况复杂，但归结起来也很简单，都有"一线相牵"，这根"线"就是生存与延续。超人的生存与延续和人类的生存与延续面对的是完全不同的问题，因而超人的审美活动也必然与人类有很大的不同。要把超人的审美体验说清楚是困难的，这里也只能幻想一二。

审美不再具有强制性。人类的审美活动是具有政治、道德等属性的，对审美活动有一定限制，并影响到具体的审美体验。人类会对某一种美打上某种标签，比如"资产阶级"的、"下里巴人"的等等；也会给个体的审美体验贴上一种道德标志，比如品位低下、眼光粗俗等等。超人的审美活动将更倾向于个人体验的独特性，较少强制性与限制性。

审美不再具有功利性。《论崇高》的作者朗吉努斯说，美丽的女人是"眼睛的痛"。一个原因就是"眼睛"有着太强的功利性。人类的审美活动与审美体验是与功利紧密相连的。美与审美都可以用金钱来衡量，拿到市场上来交易。超人的审美活动要的就是过程体验，没有另外的目的。或者说，创造美与体验美就是目的，不必另外再寻什么目的。

至于超人以何为美，又怎样体验美，并不好想象。大概创造之美应该是其中的重要组成部分，因为超人最需要的就是创造力。

超人大概可以用多种形式来实现审美体验，可以是电化形式，也可以是某种振荡形式，或者是我们目前根本不知道的形式。

第八章

其 他

重新认识生命

说到生物，你会想到什么？提到神灵，你觉得有没有？如果相信有，他们是从哪里来的？以什么方式存在？又生活在哪里？

我们知道，最初的生物是从化学元素转化而来，并以化学物质为食物。古生物菌的美食就是简单的化学物质。经过漫长的历史过程，由古生物菌逐步演化出千奇百怪、五花八门的生物形态，形成了庞大而复杂的生态体系。但是，生命一定是有机物吗？智慧生命一定是碳基生物吗？没有人知道全部答案。有一个值得思考的问题是：AI 算不算生命？这个问题目前还存在争论，但既然我们连蚂蚁、小虾、猴子等都认作是生灵，智慧比这些动物高得多的 AI 为什么不能视为生命呢？

不相信有神的人估计有不少。但是，头一回看到汽车的人一定会觉得汽车很神，首次见到飞机的人一定会觉得飞机很神，初次听说火箭升天的人一定会觉得火箭很神，AI 刚刚打败人类顶级棋手的时候大家都觉得 AI 很神。如果有某种智慧生命能够做到比这一切还要神奇几百倍几千倍的事情，那他们是不是神呢？

再来看看宗教经典中描述的神，究竟神在哪里呢？大概有三种：一种创造力特别大，比如可以创造宇宙万物；一种可以预知未来，也叫先知；一种能够解救人，比如菩萨。概而言之，就是神能知道我们不知道的事情、能做我们做不了的事情。历史事实是，人类就是在不断知道前人不知道的事情，不断在做前人做不了的事情，如此说来，人类不是一直走在通往神的道路上吗？

如果你相信神是存在的，大概不会认为神也和我们一样是肉身凡胎。那他们是从哪里来，又是什么样子呢？可能性有很多，其中可以有这样一种可能性：经由科学技术的高度发达，有机生命转化为另外一种或多种生命形态，因生命形态的突破实现了能力上的突破，因能力上的突破实现了生存时空与生存方式上的突破。

如果有神，他们生活在哪里又是过着怎样的生活呢？这两个问题是我们无法想象的。可以肯定的是，他们可以生活在我们的世界里，也可以生活在我们目前还认识不到的世界。

走向无限

人生苦旅，众生皆苦。如果静下心来想想，这些苦来自哪里，就会发现绝大部分来自我们自身，只有极小部分来自不可抗拒的外力。

佛家说得明白，痛苦的根源无非是"贪、嗔、痴"三个字。这三个方面与个人的人生追求、认知水平、实践能力紧密关联。人的精神追求不能持续地向上走，就越是习惯向外求，越是习惯从外部找原因。

现在有一个热词叫"内卷"。其实人类社会一直在"内卷"，为什么现在忽然热起来了。主要是因为人们的认知上不去、边界打不开，而欲求却在急剧上涨。这就必然加剧内耗。"内卷"不只是大家相互"卷"，也是自己"卷"自己，本质上就是自己"卷"自己。我们自身都出了问题，这些问题就会外溢出来，带来相互伤害，仿佛问题不在自己身上，人人都觉得是不得已而为之，或者觉得自己的行为是正义正当的。

众生皆如此，你说大家不对，是没有多少用处的。大家都这样想、如此做，自然是有原因的。我们面对着那么多的限制、那么多的不确定；我们自己又是那么有限，生命有限、知识有限、能力有限；我们还面对那么多的诱惑，金钱、权力、荣誉、美色等等都是那么地具有魅力；又如何跳出"三界"之外呢？佛家给出的"戒、定、慧"之路，又有几人走得通呢？唐三藏那么高的定力，还得要孙悟空、猪八戒、沙和尚再加上白龙马保驾，也还要菩萨等出手相助，才千辛万苦地取来真经，常人又怎么能够做到呢？

所以，对于大多数人来说，还是得靠发展来解决问题。发展什么？发展科学技术。科学技术就是众生的孙悟空与白龙马，也是众生的菩萨。

科学技术能解决什么问题呢？我们都知道科学技术是第一生产力。我们过度地聚焦科学技术对经济发展的推动作用，但是单纯的经济发展解不了人生之苦。科学技术还有另外两个重要的作用，一个是提高人们的认知，一个是改造人自身。这三个方面构成一个三角形，经济发展是底边，再加上另外两条边，才能形成一个稳定的三角。

科学技术最重要的功能是破界。一是让人们的认知破界。借助现代科技，我们能够上天入地、周游各地，观察粒子、探索宇宙。通过互联网，我们可以遍知天下事，了解众生情。总之，人人都可以方便地"行万里路、读万卷书"，进而增长见识、开阔视野、提升认知。二是给人们的能力破界。人工智能、移动互联、宇宙飞船、卫星通信等，打破了大脑与身体的局限，打破了时空对我们的限制，让我们可上九天揽月、可下五洋捉鳖，许多过去不敢想不能做的事情，如今都成了动动手指头的事。

到了星际时代，超人借助人类长期积累并持续突破的超级科技成就，再加上他们自身的接续创造，将实现全面破界，进入无限时代。

由于超人能够以某种能量场的形式存在，如此一来干啥事都方便多啦！不用方便了，省了时间，还省了场所。不用吃饭了，也就不用粮食之类的了，这得省下多少事！开个玩笑，这都是小事。再说说稍大点的事，比如：穿墙而过，随风飘过；意识交流，不会出错；无需睡眠，不会错过；不占地儿，随处是家。

最重要的是，可以突破生命时间限制、地理环境限制等，能够方便地星际遨游，可以自由地在虚拟世界里玩耍，或许进入其他平行宇宙也是很方便的事。反正我们今天能够想到的大事难事，都不会是事。超人肯定会有烦心事与难办的事，那都是我们今天想不到的事。

冲破光障

光速很神奇！它一起步就是最高速度，完全没有加速时间，是不是太过离奇？它一生出就成了霸主，不允许任何东西跑赢自己，是不是有些传奇？你和光速赛跑，就是和时间赛跑，你跑得越接近光速，时间就走得越慢，是不是相当神奇？

超越光速后，会带来什么？很可能没有了过去、现在与未来。那么，我们可以与过去的自己常相会吗？

按照爱因斯坦的狭义相对论，当你达到光速时，时间就会停止，你将变成无限重。如此看来，任何东西也无法突破光速。人们为此感到沮丧，但是爱因斯坦没有被沮丧困扰，他继续思考，于是就有了广义相对论。在广义相对论里，一直被视作惯性与静态的空间与时间，实际上是动态的，如同可以拉伸或弯曲的床单。地球围绕太阳运动，不是受到太阳的引力，而是因为太阳使其周围的空间弯曲了。就是说，运动不是引力拉动，而是由于空间推动。

快速奔跑的兔子，在猎鹰的眼里，不过是一帧一帧的画面，就像我们看幻灯片。如果我们可以超过光速，如果我们能够发现超四维的世界，我们会看到什么？或许没有过去、现在与未来，我们看到的就是一帧一帧的画面。一个人由小到大，就像一本连环画册。或者一个人在这个时空里消失了，在另一个时空里存在着。

如果我们能回到过去，能够改变历史吗？或许物理定律决定了，我们只能像看连环画一样，即使你可以撕掉一页，甚至烧掉整本画册，也改变不了什么。所以，你不必担心因为你回到过去，误杀了自己的童年爸爸，那就没有你了。

又或许物理定律就像我们下棋，可以约定落子为安，不能悔棋，你可以知晓终局，却不能改变进程与结果。也有另一种可能，万物的活动就是一场游戏，只要你愿意且有能力，就可以再玩一次。或者说，你不是在看连环画，而是在画连环画，你可以撕掉它，重新再画。这就带来了一个悖论，如果一个人误杀了自己的童年爸爸，那么他就不会出生，又怎么回到过去，见到自己的童年爸爸呢？可能的解释是，这个人误杀的是一个时空里的爸爸，而他的爸爸依然会在另一个时间里和他的妈妈把他创造出来。

如果我们不能改变过去，那么我们可以改变未来吗？一种可能是不能。因为在更高的维度上没有过去、现在与未来。未来像一套连环画的下册，早已成册，只是我们还没看到而已。一种可能是，未来就是空白，等着生命去创作。也就是说，并没有未来可以穿越；所谓的穿越，不过是加快了画画的速度，只要是你能够到达的时空，便是现在。

多种可能性

地球能够产生生命是一件神奇的事情。通常来看，需要有太多太多太多的巧合。到目前为止，在太阳系的其他三颗类地行星中，都没有发现智慧生命存在的迹象。但是，随着科学家们对宇宙历史了解的越来越多，他们的情绪也慢慢由感叹神奇转向忧患未来。

水星是和太阳最亲密的行星。水星上有大量高浓度的钾，这让科学家们好生奇怪。钾是高挥发性元素，怎么会安居在如此高温的水星上呢？宇宙学家们推测，水星大概形成于火星附近，后来在星球大战中被撞入了太阳的怀抱。在宇宙的历史上，曾经发生过多次星球大战，只是近来才相对和平，但局部战争的风险依然存在。

金星有类似地球的地容地貌，和地球一样具有生物诞生的全部要素，也就是说具有生命产生的充分条件。为什么我们没有在那里发现生命迹象呢？它可能曾经有过，后来没了；也可能在生命还没有演化出来之前，条件就发生了变化。情况大概是这样的：太阳在青少年时期，并没有如此强大的能量，送达金星的热量和现在供给地球的热量差不多，使得金星成为宜居星球。但太阳成年之后，活力四射，金星就热得受不了了，而离太阳更远的地球反而感觉刚刚好。

透过水星的遭遇，我们知道行星并不总是能够安稳地在自己的轨道上运行的。虽然宇宙现在不会像早期那样经常发生星球混战，但局部战争，也就是流星撞击行星的事情，还是经常发生的，比如月球就是这种局部战争带来的副产品。在上百万年的尺度上，地球再次被流星撞击是确定性事件。

透过金星的经历，我们知道太阳随着年龄的增长，凝聚力会降低，体积会逐渐膨胀，水星与金星将率先被熔化，地球会在一段时间内变得像金星一样成为炼狱，任何生物都将不复存在。

超人会怎么办呢？

第一种可能，逃离地球。逃到哪里去呢？第一步是逃往木星的卫星和土星的卫星。木星是太阳系中体积最大的行星，是地球体积的1321倍，它的卫星很多，到2019年就已经发现了79颗卫星，特别是那个叫作欧罗巴的卫星极可能有生物存在。木星的卫星更多，已经发现的就有80多颗，其中的泰坦是否存在生命倍受科学家们关注。当地球变得水深火热的时候，木星与土星所处的地带会变成宜居区，它们的少数卫星将成为生物的暂时居所。为什么是暂时居所呢？一来太阳已经进入老年，支撑不了太久；二来木星与土星都是气态巨星，随着温度升高，将产生巨大变化，极可能无法维持自身与卫星们的良好秩序。所以，第二步就是逃出太阳系。智慧生命会在这儿落落脚，再向太阳系外转移。第三步就是走出银河系。所有的恒星都会死亡，智慧生命也就只能不停地逃亡。智慧生命在任何一个星球上，都是短暂停留的过客。

所谓的短暂是从宇宙历史角度来说的，起码也要有数亿年的时间。

第二种可能，改造宇宙。人类早期应对威胁的主要特点就是逃跑。见到干不过的大型动物就跑，遇上火灾也跑，碰上洪水常常是跑也跑不了。现在的情况已经完全不同了。人类开始保护动物，能够防火救灾，可以治理水患。未来，超人面对宇宙自然也不会束手无策。如果有小行星执意要亲吻地球，可以让它改变轨道，这事应该不难做到。延缓或阻止太阳衰老也是可能的。太阳相当于一个超级能源工厂，可以给它补充燃料，使其维持长期生产。如此一来，就不必到处逃跑了。或许超人能够像人类维护自然生态那样，可以维护宇宙生态，使其得以持续发展，并最终改变宇宙终结的命运。

超级元宇宙

西塞罗说:"当宇宙诞生出有意识的智能生物后,你为什么还坚持说,宇宙自身并非有意识的智能体呢?"或许智能生物代表了宇宙意识,并最终令宇宙自身具有了意识。或许在数万年后,智能生命集结了数百万年的实践成果与理论成果,自己创造出全知全能的"神"。这个"神"主导着大一统的宇宙秩序。

这个"神"性宇宙有个学名,叫作超级元宇宙。超级元宇宙,其大无外,其小无内。包罗万象,内含万有。

超级元宇宙是多维宇宙。超级元宇宙包含了现实宇宙与虚拟宇宙。对于超人来说,已经无所谓现实宇宙与虚拟宇宙,二者都是现实世界的组成部分。

超级元宇宙能够有效管理调度物理宇宙的运行。超人破解了宇宙的核心秘密,建立了大一统的物理学。超人运用全新的物理定律、星际互联网、超级感知系统与超级计算体系,建立起数字化智慧化的宏观宇宙调度运行系统,能够对星球、黑洞、反物质、暗物质、暗能量等的工作状态进行实时监测、有效控制与调度调整。孤独的宇宙与寂寞的星球终于有了自己的组织,真正有了自己的领导者。

超级元宇宙能够有效管控星球的微观环境。超级元宇宙的万物互联系统,可以全面感知万物需求和发展状况,从而实施科学准确的供给侧管理。阴晴冷暖是服从指挥的,风雨雷电是遵从号令的,云雾霜雪是执行命令的,山川河流是服从调度的,潮起潮落是遵守规矩的。大自然不再是喜怒无常的,而是服从命令听指挥的。

超级元宇宙通过供给侧管理,引导和服务于星球生物的发展需求。

老庄构想的理想世界得以落实，万物自由发展，快乐地生长，却感觉不到主宰的存在。超级元宇宙通过调节供给、调整生态，使得微生物、植物、动物等有计划按比例发展，实现高质量生存。

那么，超人在超级元宇宙中处于什么地位呢？超人是超级元宇宙的创造者，又是超级元宇宙体系的"移动终端"。超级元宇宙有《超人基本法》，超人在法律范围内自由生活。违犯了法律规范，就要受到处罚。超人只接受《超人基本法》的规范，除此之外没有任何组织或个人可以另行制定任何法律规范。

超人在元宇宙中与其他生物有什么不同呢？一个不同是，超人可以自主地利用元宇宙生产生活资料，其他生物是没有这个权利的。另一个不同是，超级元宇宙还有一个数字化的虚拟宇宙，这是超人的专属领地。超人在虚拟宇宙里发明创造、游戏娱乐，在玩乐中丰富发展超级元宇宙。

超人进入超级元宇宙是不需要接口的。他们能够以能量作为自身存在的载体，在超级元宇宙里遨游。也可以恢复肉身，在现实宇宙中体验另类生活。还可以选择各种不同的载体，在不同星球上体验生活。

超级元宇宙就是人类一直向往的天堂。超人在天堂里过的是天使般的精神生活。

对科学的批判

一条生活在二维世界的虫子，假设它在桌面上爬行，它前方有一个圆锥形的物体，紧贴着桌子的边沿做上下运动，那么虫子会看到什么呢？它会看到一条直线时而延长时而缩短。事实上，圆锥体只是在上下移动，并没有发生任何物理变化，虫子发现的"变化"不过是看到了圆锥体的不同位置。

由此引出一个问题：当下的科学真的科学吗？答案是既科学又不科学。

已知的物理法则，大多具有一定程度的经验法则。物理学家们努力尝试从"结果"的角度来解释万物，他们取得的科学成果，大多只是对客观世界的呈现方式的理解，并没触及世界的本质。他们了不起的地方是，运用几何原理与数学模型，比较贴近地解释了客观世界的一些外在现象，使我们可以方便地应用到生活生产之中，推动了技术进步与生活改善。

目前的大多数科学，解释的是现象之间的共性与联系，或者说是"二级结果"，并没有深入到其内在。这么说的依据何在？比如牛顿的万有引力，并没有说明引力来自哪里，也没有说明引力是如何传导的。爱因斯坦的相对论，引入了时间这一维度，导出了时空弯曲，丰富了牛顿的引力学说。但是，大质量的物质为什么能够制造时空弯曲，并没有完全说清楚。牛顿的引力也好，爱因斯坦的时空扭曲也罢，都有一个不小的漏洞，那就是这种力为什么没有消耗，完全违背了能量守恒定律。

比如，我们说原子由质子、中子、电子组成，质子带正电荷，电子带负电荷，中子是中性的。可质子为什么带正电荷、电子又为什么带负电荷、中子为何是中性，并没有真正弄明白。科学们只是给这些现象做出了能够自圆其说的解释，离原子的本来面目相距甚远。

再比如，量子物理中的"量子跃迁""量子纠缠""波函数"等，仅仅揭示了某些现象，并没有找到其原因。就连量子物理学家也说，没有人懂得量子物理。

理论物理学家还在不断地探索，有人提出粒子是"振动的弦"，宇宙就是大自然的交响乐团演奏的交响曲；有人说，所谓的引力、强核力与弱核力压根就不存在，一切都是"膨胀粒子"制造的现象。不过，粒子振动的力来自哪里，粒子膨胀的能量又来自何处，还是无法说清楚。

引力、强核力、弱核力、正电荷与负电荷等，都是科学家们建立的假设与概念，既然是假设，就有可能被推翻。如果智慧生命发现了宇宙最本质的东西，必定会给大千世界带来我们无法想象的改变。所以，对未来的想象，就有必要超越我们已知的物理法则。

重新认识光

可以说，科学的起源来自人们对光的追问。也可能，对光的再认识将把智慧生命引入新世界，令宇宙文明跨入新时代。

声音需要借助空气来传递，光是借助什么来运行的呢？有人猜测空间中有一种叫作以太的东西，光是在以太中飞行的。后来发现，宇宙空间并没有什么以太，光可以在真空中飞行。它这种本领是哪里来的，科学家们也说不清楚。

惠更斯提出了光的波动说，因为有水的波纹作参照，就比较容易让人接受。牛顿提出了光的微粒说，当时并没有多少人当回事。爱因斯坦对光电效应进行了解释，将光束理解为一群离散的量子，现在称为光子。慢慢地，物理学家们才接受了光的奇怪特性，那就是既有波的特性也有粒子的特性，简称为"波粒二象性"。接受归接受，依然不知道为什么。知其然，不知其所以然。

光以接近每秒 300000 千米的速度在真空中飞行。科学家们说，光速是恒定的；当物体运动接近光速时，质量为无穷大，所以超过光速是不可能的，只有静质量为零的光子可以创造和保持光速；当一个物体相对于另一个物体接近光速运动时，这个物体相对于另一个物体的时间会变慢。

科学家们观测或实验得到的科学结论，还有很多可疑之处。这些解释，虽然具有数学意义与应用价值，但并没有说明其真正的物理属性。比如，光子从哪里获得的动能？为什么可以瞬间加速到光速？又为什么不会衰减？当光子以光速飞行时，质量是无穷大吗？如果是无穷大或者非常大，生物为什么不会被光子撞死？如果不是无穷大，又为什么不能飞得更快？有没有静质量为负的东西，是不是可以比光子飞得更快？既然光通过玻璃时，会有时间延迟，玻璃还会发热，说明光在做功，并丧失一部分能量，可为什么光速会不变呢？

相对于神秘的光，人类至今依然在黑暗中摸索。那个制造光速与限制光速的"法则"到底是什么？那个可以让光子在穿过玻璃等材料之后迅速恢复到光速的神秘力量存在何处？现在的物理学家们毫无头绪。或许超人能够找到全新的物理解释。

如果超人能够控制光速，可以让光速变慢，或者加快，宇宙万物会发生怎样的变化？说不定，光速就是一种游戏规则，如果超人可能改变游戏规则，宇宙世界便会成为一种新的游戏。说不定，在光速之外还有比光速更快的传播形式。或许宇宙间还有用光之外的东西看世界的方式，看到的是完全不同的世界。

目前可以肯定的是，用什么看、怎么看，决定了看到的是什么。

重新认识电磁力

电磁力是迄今为止人类应用最普遍的一种力，也是让人类受益最大的一种力。我们最直接的体验就是几乎无处不在的电力。

库仑定律、安培定律、法拉第电磁感应原理与麦克斯韦方程等让我们得以方便地展开电磁力的工程技术应用。但是，我们只是掌握了电磁力的部分外在特性，并不了解它的核心秘密。如同我们天天使用自己的大脑，却并不知道大脑是如何工作的。

磁铁会吸引铁块。如果我们要用手来阻止铁块与磁铁的亲切拥抱，就得消耗身体的能量，不可能支撑很久。但是，磁铁好像完全不知疲倦。这是不是违背能量守恒定律？它的力量来自哪里呢？

火力、水力、风力等发电机都是把某种势能转变为机械动能，再将机械动能转化为电能。其中应用的是电磁感应原理。定子与转子两个各自封闭的体系，通过电磁场联系起来，实现了由动能到电能的转换。可是，封闭的电路中哪里来的那么多的电子呢？或者说，电磁场是怎么创造电能的呢？是不是有一种神秘的"能量"加入进来呢？

在 18 世纪初，人们普遍认为炭等可燃物质里有一种"燃素"，物质燃烧时，燃素就会释放出来。现代化学的奠基者、法国人拉瓦锡不满足于这种解释。他通过实验提出一种新的观点，燃烧是燃料和氧气结合，并释放二氧化碳的过程。这就是说，燃烧的过程也是燃料吸收外在能量的过程。

种子只要有适宜的环境，就会发芽、发展，带来万紫千红与硕果累累，因为种子能够吸收土壤中的养分和利用太阳能。电子会不会跟种子似的，只要有一个合适的条件，就会汲取外在的能量，实现自我发展、自我壮大呢？如果是这样的话，也许会有新的能源生产方式出现，不再需要搞那么庞大的发电厂，也不会产生环境污染。

一个磁体，不会是"男性"，也不会是"女性"，一定是"雌雄"同体，这种海枯石烂心不变的力量来自哪里？也许这种结合就是为了"生产"力呢！或者说，磁体具有吸收外部能量的本领。这一切，我们目前还搞不太懂，超人一旦搞懂了，一切就会变成不同的模样。

重新认识核力

科学家们认为，在原子内部有两种力，强核力与弱核力。核能开发就是对这两种力的研究应用。

据说，强核力是把质子与中子结合在一起的一种力，胶子身上具有这样的魅力；弱核力是粒子衰变产生的一种力。太阳辐射的能量主要来自强核力，原子弹是弱核力强大魔力的体现。

量子世界像春秋战国，有"诸子百家"，是各种"子"的天下。比如质子、中子、电子、胶子、介子、玻色子等等。至于这些"子"是怎么来的，以及核力是怎么形成的，目前还说不清楚。"万有理论"说粒子是"振动的弦"，不同的"子"源于不同的振动。"终极理论"说膨胀是粒子的存在方式，根本就没有那么多"子"，只是粒子的膨胀引起的碰撞造成了粒子们不同的存在与运动方式。

量子世界里藏着打开宇宙世界的钥匙，找到了这把钥匙，就可以解开引力、电磁力、强核力与弱核力的奥秘，就可以打开能量、质量的秘密，就可以破解生命的神秘，也就解码了生命、物质与天体的所有故事。上帝有没有，灵魂在不在，鬼神为何物，大概也能大白于天下。当然，智慧生命了解了此宇宙，可能会发现另外的宇宙，也可能会发现那里还隐藏着更多更大的秘密。希望是如此，否则智慧生命可能会生无可恋。

如果找到了这把钥匙会发生什么呢？总体来说，难以想象。或许，可以真正实现"无"中生有，再也不存在能源紧张、物资短缺；可以制造出新元素、新材料、新物种，能够适应不同行星的生活生产需要；可以发展出全新的交通与通信技术，让星际旅行与星际交流变得无比快捷与舒畅；可以自由地调控宇宙运行，可以制造恒星、行星与黑洞，甚至可以制造新星系与新宇宙。

不可能是不可能的

我们习惯如此考虑事情，就是："能或者不能。"这仿佛是一种判断，事实上是一种习惯，准确地说是更多的时候表现为一种习惯。这种习惯来自古老的潜意识。

人类早期，生活在丛林之中，遇上事儿，必须迅速做出决策并采取行动。怎么才能快速决策、快速行动呢？就是要减少选项。选项越多，变量越多；变量越多，决策越慢。人类是怎么简化决策的呢？首先确定目标，遇上事了，只考虑活下去，不考虑其他。如此一来，策略也就简单了，无非就是选择"跑"还是"留"。那么方法也简单了，有危险就跑，没危险就留，不好判断就先跑了再说。由于这种方法比较有效，就被"写进"基因程序里去了，类似于今天我们说的制度化、标准化、程序化。运用这种东西搞应急处置，多数时候是有利的，可要处理长远的事情，这在多数时候都不靠谱。由于这套古老的程序总体上倾向于跑，造成今天我们对新事物很容易说"不"，对未来的一些预见很容易认为不可能。历史证明，对于长远的事，说不可能一般都是错的。也就是说，不可能基本上是不可能的。

除了这个古老的决策机制在暗中作怪以外，还有我们的认知非常有限，严重影响了对事物的判断，尤其是对未知领域诸多可能性的判断。更为严重的是，尽管我们知之甚少，可当我们知道了一些知识以后，又往往以为自己上知天文、下知地理，好像无所不知、无所不能。这三个方面相互作用、叠加影响，做出的判断就愈发不靠谱。

特斯拉说通信可以无线传输，人们听了觉得这是疯子的胡言乱语，可今天人们对无线通信已经习以为常了。戈达德搞火箭的时候，几乎人人都在嘲笑他愚蠢，那么重的铁家伙怎么可能飞上天呢！后来阿波罗号成功遨游太空，《纽约时报》在头版向这位已经故去的探索者致歉。笛卡尔说，光是波。牛顿说不可能，光是微粒才对。托马斯·杨通过实验证明了光的确具有波的属性。海森堡说："粒子本身并不真实，它们构成了潜在性与可能性的世界，而非事物与事实的世界。"海森堡与玻尔都相信不确定性、测不准以及测量改变了粒子的状态，但爱因斯坦坚定地认为这是不可能的。量子物理的发展证明爱因斯坦错了。

大约公元前5世纪，古希腊哲学家恩培多克勒最先提出了光理论，认为眼睛中有一块奇妙的火石，可以照亮我们想看到的任何物体；他还提出了构成物质的四大元素：火、水、风、土；他还认为没有四肢的动物到处爬行，随机结合成了各种动物，形成了物种的多样性。后人说，恩培多克勒在科学史上的主要工作就是提出一些疯狂的想法，让别人证明他是错误的。这种评价对恩培多克勒是不公平的，当然也是不科学的。恩培多克勒不只是哲学家，也是那个时代的科学家。谁又能保证，未来牛顿、爱因斯坦等人不会与恩培多克勒命运相同呢？或许再过几百年，或许用不了那么久，现代物理学知识都会成为不科学的东西。

我们经常说要尊重科学，要按科学规律办事，但是科学同样是有限认知，同样具有历史性、局限性，今天科学的不一定明天依然科学，科学也经常不知道自己是不是科学。因此，我们需要对新事物、对未来持开放的态度；在这个前提下，保持谨慎才是有益的。

物理学之外的物理学

科学并不一定科学，因此我们也需要科幻、奇幻与魔幻。科幻是什么？科学幻想是以科学理论为基础，用幻想的形式表达人类利用科学成果所创造的生产生活场景或者神奇事迹。而没有任何科学依据甚至违反科学定律的作品，则属于奇幻、魔幻或超现实主义作品。

可是，所谓科学既是我们的依据也是我们的局限。没有物理学，就没有工业化与数字化，也就没有今天的现代生产与现代生活。但是，目前的物理学解释的是什么呢？是地球环境下的物理学，是地球条件下物质的性质、性格与形象等，而且还是浅层的、部分的真相，离全部真相还差得好远好远。如果我们被已有的物理学局限住，我们这些生命体就会自我局限成僵死的移动物体。这就是说，现有的物理学需要突破，现有物理学之外的物理学更需要开拓。

何为现有物理学之外的物理学？就是研究地球环境条件之外，物质运动及其相互作用规律的学问。比如，研究恒星、黑洞、巨型气体行星，还有暗物质、暗能量、平行宇宙等领域的物理与化学。

未来，像恒星物理学可能会称为"红物理学"，黑洞物理学、暗能量物理学等可能会称为"黑物理学"，而平行宇宙、多维宇宙等领域的物理学，可能会称为"紫物理学"。相应的，也会有"红化学""黑化学"与"紫化学"等学科出现。更重要的是，还会有我们今天想象不到的物理学被发现被利用，化学也是一样。在这个基础上，才有可能最终形成一个大一统的物理学，掌握主宰一切的终极物理法则。

今天的科幻，在100年前大都是没有科学依据的，都属于奇幻、魔幻或超现实主义的东西，而今天的科学在明天将大多成为不科学的东西，况且在地球上科学的东西在另外的星球就一点儿也不科学。今天的奇幻、魔幻可能是未来科学事业前进的方向，今天的超现实主义作品可能就是明天的现实生活。改造宇宙、塑造未来的物理学一定在现有的物理学之外。而真正的宇宙也一定在我们目前的认知之外，智慧生命的意义也一定在我们当下的认知之外。

我们需要现有物理学之外的物理学，这个物理学会把我们带入我们已知的世界之外、宇宙之外。

超宇宙观

链球运动员，如果手持链球持续旋转，用不了多久便会精疲力竭。可地球吸引着月球、空气、大海与众生，为什么不知疲倦？我们知道世上没有永动机，也知道能量守恒，可我们习以为常的引力、电磁力消耗的是什么？为什么它们似乎永远也不知道疲劳？

还有更神秘的量子力学，目前更是观点林立、解释各异。

哥本哈根学派的观点，如不确定性、测不准与波粒二象性等，就像是螺蛳粉，很受追捧，也让一些人难以理解、不好接受。其中需要添加一些说不清的东西，包括信仰。所以，不少相信神灵的人士，看到量子物理就感觉特别有理且特别亲切。

德布罗意·玻姆诠释，带来了隐秘的振动与波导，消除了"二象性"的困难，解决了"测不准"的焦虑，可它在数学上太过复杂，也证明不了振动的场究竟来自哪里，就像是玻璃罩里的美食，打开它十分麻烦，还不确定能否食用，这就影响了人们的食欲。

克拉默的"交易诠释"，制造了过去、现在与未来之间的纠缠。克拉默将"双缝实验"中粒子的行为比喻成市场交易，粒子发出要约、探测器完成确认，接近狭缝的粒子和探测器中的粒子使波函数同步。就是说，粒子可以知道它未来会被检测，因为它收到了来自未来的信息。打一个比喻，你无意间上了某位网红的直播间，买了两支"故宫红"，你自己觉得是无意进了人家的直播间，然后自己决定买了"故宫红"，其实是未来给你发回的信息，引导了你的行为。就像你吃烤串吃得特别过瘾，其实并不是你自己在过瘾，而是未来的你要过瘾。这是不是有些玄幻？

还有更玄的。你认为自己的身体是由粒子构成的吗？或者你认为你手里的这本书是由粒子组成的吗？如果是，不能说你的认知完全不对，但还不够全面。因为有物理学家认为，粒子是由振动的"弦"弹奏出来的"音符"，这些音符叫夸克，宇宙就是一首夸克的交响曲。就像你明明吃的是肉糜，却有人说你吃的是乐章，你觉得是诗意还是瞎扯？

还有更酷的平行宇宙与多维宇宙理论。这种理论认为宇宙有许多个，我们的观察、测量、认知等只不过是确认了某一个世界的状况，其实你能想到的所有状况都在不同的世界里存在着发生着。在另一个世界里，"俄乌"冲突并没有发生，"新冠"和人类相处得十分友好，爱因斯坦仍然活着但并没有提出相对论，而正在看这本小书的你，正在另一个世界里给爱因斯坦讲量子力学。

此时，我想到的是，不管存在是什么，不管世界是什么，不管有多少个宇宙，总得还有个宇宙之前、宇宙之外吧？

许多动物都有眼睛，我们司空见惯、习以为常。事实上，这些生物最初是没有眼睛的，都经过了漫长的进化才成为了今天的样子。我们很难想象，没有眼睛的动物，感受到的世界是什么样子。由此延展开来想象一下，我们的眼睛以及其他感官，感知世界的能力也是非常有限的，和没有眼睛的微生物一样，所感知的世界仅仅是能够满足生存需要的部分，并非世界的真相。

人类很渺小，很短暂，也很幼稚。如果把宇宙历史压缩到一个地球年里，那么人类有记录的历史仅有 14 秒，而人类产生科学技术的时间只有可怜的 1 秒，我们目前知道的实在太少。但是，我们只要知道自己的幼稚就好，知道我们并没有真正"睡醒"就很好。

在宇宙之前、宇宙之外，还有什么？老子说是道，佛祖说是虚空。道，至大无外，至小无内。佛性，不增不减、不生不灭。是不是可以这样理解，道是元初、本来，佛性便是悟道得道之后的状态。道生万物，万物有了佛性，便可以与道同在。

如果不能认识那个元本、元初，便不能得道，无法成佛。这个道是什么呢？道家说是"无"，佛家说是"空"。无中生有，空穴来风。无，不是没有；空，并非真空。

假如那个元初是老子说的"道"，"道"是什么、从何而来就成了问题。如果是佛家说的"虚空"，那"虚空"是怎么创生宇宙的，也就成了问题。

不管那个元初是个啥，智慧生命都需要"超宇宙观"来建立自己的信仰与指导自己的实践。

何谓"超宇宙观"？在思想上，要不断追问宇宙之前、宇宙之外究竟是个什么情况，不能局限于老子的"不可言说"，也不能满足于佛家的"虚空"；在认识上，要打破人类的傲慢，放低姿态才可能发现更多的真相，才可能看到更宏大而美好的未来；在观念上，要突破物质与意识的二分法，打破人为制造的对立、边界与藩篱；在行动上，要立足于求存，更要着眼于求真。

有了"超宇宙观"，人类才能突破生命有限性、物质有限性、时间有限性的局限，才可能突破小我、小家、小国的局限，从而认识到我们不只拥有一个地球、一个银河系、一个宇宙，并因此而消除"内卷"，真正成为有智慧的生命，团结一致地共建宇宙世界的美好未来。

主要参考书目

1. 马克思：《1884年经济学哲学手稿》，人民出版社。

2. 白春礼：《当代科学技术前沿知识读本》，中国人事出版社。

3. 贾阳：《月球车与火星车》，中国宇航出版社。

4. ［美］加来道雄：《人类的未来》，中信出版集团。

5. ［美］尼尔·德格拉斯·泰森：《给忙碌者的天体物理学》，北京联合出版公司。

6. ［英］布莱恩·克莱格：《量子时代》，重庆出版集团。

7. ［美］达戈戈·阿尔特莱德：《进击的科技》，中信出版集团。

8. ［美］加来道雄：《不可思议的物理》，中信出版集团。

9. ［德］韩炳哲：《娱乐何为》，中信出版集团。

10. ［德］韩炳哲：《他者的消失》，中信出版集团。

11. ［美］加来道雄：《平行宇宙》，重庆出版集团。

12. ［美］加来道雄：《超空间》，重庆出版集团。

13. ［英］布莱恩·克莱格：《构造时间机器》，重庆出版集团。

14. ［加］马克·麦卡琴：《终极理论》，重庆出版集团。

15. ［英］迈克尔·布鲁克斯：《自由基》，重庆出版集团。

16. ［英］布莱恩·克莱格：《量子纠缠》，重庆出版集团。

17. ［英］内莎·凯里：《遗传的革命》，重庆出版集团。

18. ［南非］迈克尔·特林格：《物种之神》，重庆出版集团。

19. ［美］切特·雷莫：《行走零度》，重庆出版集团。

20. ［美］罗伯特·兰札，鲍勃·伯曼：《超越生物中心主义》，湖南科学技术出版社。

21. ［英］迈克尔·布鲁克斯：《未来科技的13个密码》，重庆出版集团。

22. ［英］阿德里安·雷恩：《暴力解剖》，重庆出版集团。

23. ［美］加来道雄：《心灵的未来》，重庆出版集团。

24. ［美］罗伯特希勒：《叙事经济学》，中信出版集团。

25. ［美］尼尔·F.科明斯：《太空旅行指南》，中信出版集团。

26. 宋冰：《走出人类世》，中信出版集团。

27. ［英］齐格蒙特·鲍曼，蒂姆·梅：《社会学之思》，上海文艺出版社。

28. ［美］侯世达，丹尼尔丹尼特：《我是谁或什么》，上海三联书店。

29. ［英］诺曼·戴维斯：《欧洲史》，世界知识出版社。

30. ［美］约翰·米勒，斯科特·佩奇：《复杂适应系统》，上海人民出版社。

31. ［美］大卫·伊格曼：《隐藏的世界》，浙江教育出版社。

32. 韦政通：《中国思想史》，吉林出版集团有限责任公司。

33. 杜君立：《现代的历程》，上海三联书店。

34. ［美］菲利普·奥尔斯瓦尔德：《代码经济》，上海社会科学院出版社。

35. ［美］斯塔夫里阿诺斯：《全球通史》，北京大学出版社。

36. ［日］福田雅树，林秀弥，成原慧：《AI联结的社会》，社会科学文献出版社。

37. ［美］史蒂芬·平克：《思想本质》，浙江人民出版社。

38. ［美］贾雷德·戴蒙德：《昨日之前的世界》，中信出版集团。

39. ［瑞士］卡洛斯莫雷拉，［加］戴维弗格森：《超人类密码》，中信出版集团。

40. 张伯里：《当代世界经济》，中共中央学校出版社。

后　记

　　我在写这本书的过程中，重新理解了"盲人摸象"这个寓言故事。就算是牛顿、爱因斯坦、麦克斯韦、霍金等这些世界顶级的科学家，也都是在"摸象"，也都仅仅摸到了大象的鼻子尖、尾巴梢、眼睫毛，甚至只是摸到了大象的一点影子而已。与那些杰出的科学家相比，如我这般的科技"白丁"连大象的汗毛或者影子也没有摸到，所以我就只能对大师们顶礼膜拜，只能相信大师们的理论就是世界的真相，而事实上大师们是真的不认识"象"。与浩瀚的宇宙相比，今天人类引以为自豪的认知水平与科技能力，其实还不如井底之蛙的见识以及跳蚤的奋力一跃。

　　宇宙中蕴藏着无尽的奥秘，我们身体里蕴藏着无尽的奥秘，每一粒尘埃中都蕴藏着无尽的奥秘。因此，宇宙有无限可能，生命有无限可能，万物有无限可能。作为目前已知的唯一有智慧的人类，其宿命就是持续地发现这些奥秘，并把这些发现转化为技术成果，回馈于宇宙、回馈于万物，同时也成就人类自身。

　　在这个过程中，我们须牢记自己的幼稚，从而审慎地肯定，更加审慎地否定；审慎地接受，更加审慎地拒绝。一不小心，我们就可能自我伤害、自我毁灭；稍微随意，我们便可能延缓或丢掉更加美好的未来。面对新生事物，轻易地说"NO"，便有极大的可能成为落伍者。新事物一定会制造新问题，可没有新事物，我们自身就成了问题。表面上看，科学成了现代人的宠儿。可历史事实并非如此，人们对于科技的态度基本上是急功近利与叶公好龙。科学上的每一项重大发现都是令人不安的，并常常伴随着压制与敌视。充分考虑风险是必要的，但面对风险首先应该想到的是"无限风光在险峰",而不是退回到山谷里。看到问题是必需的,但发现问题后的姿态应该是迎上去,而不是躲起来。斯宾诺莎说:"如果你不想做,会找一个借口;如果你想做,会找一个方法。"面对创新带来的风险与制造的问题,只有找方法才能走在时代的前列,才能完成智慧生命应该承担的宏大使命。

必须清醒地认识到,人类解决问题的能力越强,制造的问题就越多,带来的危机就越大,迫使人类更加积极地更具创造性地解决问题,这是人类文明进步的基本逻辑。问题无止境,进步无止境。

村上春树说:"不确定为什么要去,正是出发的理由。"毛姆曾说:"当一个人用某种看得见、摸得着的前景,代替了对未来的畅想,那么他人生的全部课题,就只剩下慢慢变老。"我们无法确定未来是什么样子,但我相信对未来的想象多一些美好,未来可能真的美好起来。我同样知道,我的想象力是苍白无力的,所以我希望多一些人加入到对未来的美好想象中。如此就一定有更加美好的未来。这也是我写这本小书的动力所在。

张爱玲说:"阳光温热,岁月静好,你还不来,我怎敢老去。"我要说,此处不是最美的地方,前面还有无尽的风光,你还不来,我怎能独往。

让我们一起想未来、一起向未来!